U0154025

策略精論：
系統暨動態觀點

謝長宏 著

作者簡介

學歷：

台灣大學土木工程系學士

亞洲理工學院系統工程與管理研究所碩士、博士

經歷：

交通大學管理科學研究所、經營管理研究所教授

交通大學管理科學研究所所長

中華民國管理科學學會總幹事

中華民國管理科學學報總編輯

中國工程師學會秘書長

財政部賦稅改革委員會稅務行政研究組組長

交通部主任秘書

行政院科技顧問組研究員、顧問

行政院國家科學委員會副主任委員

國票聯合證券投資顧問公司董事長兼總經理

專書：

《管理新論》（三民書局，1980 年）

《系統動態學》（中興管理顧問公司，1980 年）

《A Systems View of Development》（Cheng Yang Publishing Co., 1984 年）

《科技管理之基本概念與實踐經驗》（行政院科技顧問組，1992 年）

《科技類智慧財產權之性質與保護》（行政院科技顧問組，1993 年）

《系統概論》（華泰文化事業公司，1999 年）

《析論證券市場的投資操作》（華泰文化事業公司，2003 年）

目錄

表目錄

 # 圖目錄

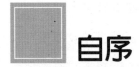 自序

　　人的心智在發展成熟後，人就會針對他在未來一段時間內所想要進行的活動，做預先的構思、規劃、設計、安排。這是人的心智的自然反應。不過，由於人所處環境的複雜、多變、易變，人對於他自己所規劃、設計而擬於環境中施行的未來行動是否妥適、有效，具有強烈的不確定感。因此，人們就開始講究未來行動在規劃上的周全性及合理性，希望因而促使所規劃的未來行動可以適用於具高度不確定性的環境，並且產生所期盼的成效。而「策略」或「戰術」這類辭語，在本質上就是用來強調所規劃的未來行動具有較高程度的周全性、合理性及有效性。換言之，「策略」或「戰術」之辭語，只是在表達人們對於他們所規劃的未來行動在周全性、合理性及有效性上，是有信心的。然而，「策略」及「戰術」這兩個辭語本身，雖不能顯示規劃者所規劃的未來行動究竟具有何種程度的周全性、合理性及有效性，卻很受規劃者所喜歡使用，尤其在管理學界及管理實務界更是喜歡使用。因為管理的活動都是未來導向，所以，具未來意涵的「策略」及「戰術」辭語在管理界就特別的流行，幾乎在所有的管理活動都可以加上「策略」兩字，像是「生產策略」、「行銷策略」、「財務策略」、「組織策略」等。甚至，「策略」這一名詞在晚近也已成為管

理學特有分支的專用名詞，而有「策略規劃」、「策略管理」、「管理策略」、「策略選擇」、「策略競爭力」、「企業策略」等術語及專業課程的出現。

雖然，「策略」這一辭語在管理學界及實務界已相當普遍地被使用，但對於「策略」這一辭語所代表的概念，特別是從一個機構（或系統）的最高領導層級之立場來使用「策略」這一辭語時所表達的意涵，似乎因為「策略」字眼的普及化及耳熟能詳，而並不太被使用者所深入細究。「策略」兩字對管理學界及實務界的絕大多數人士而言，似乎是不言自明的詞彙，只要是管理領域的人幾乎都無法不將「策略」兩字掛在嘴邊，愈是高階層的管理者及機構的最高領導人、經營者就愈常使用「策略」一辭。因為，許多機構（或系統）的高層管理者對於他們所討論的任何管理實務問題，只要將它歸結到與「策略」有關，像是「策略不當」、「策略有偏差」、「策略正確，但執行不當」等，也就等同於共識出現，結論已成。「策略」一辭，固然大家都能琅琅上口，也將它當成狗皮膏藥似地貼到許多管理實務問題的處理上，但是，機構（或系統）的領導人、經營者及管理者，他們如果不能正確、深刻地理解到「策略」一辭所代表的概念、內涵及與機構（或系統）運作的關係，則對於機構（或系統）所面對的各種管理實務問題，並不會因為他們的使用、強調「策略」一辭就會獲得真正的解決。

「策略」一辭就字面而言，確是在強調規劃者所規劃的未來行動具有

較高程度的周延性、合理性及有效性。然而，機構（或系統）的領導人、經營者及管理者，若要在經營管理實務問題的處理上運用「策略」一辭，並且希望他們所實施的處理行動具高度周延性、合理性及有效性，則他們對於「策略」一辭的認識與瞭解，就不能僅止於字面的層次。因為，有關經營管理領域的各種實務問題，在基本上都產生自某一個特定機構（或系統）及它所施展的各種活動，而任何一個機構（或系統）所施展的活動一定與機構（或系統）的經營、管理階層有關，所以，「策略」一辭運用於經營管理實務問題的處理時，自然包含經營管理實務問題所涉及的某一個（或某一類）特定機構（或系統）以及該一（或該類）機構（或系統）的經營管理階層、運作機制、與周遭環境的互動等因素，從而，「策略」一辭有著遠比字面詞義更為深刻的內涵，包含著相當豐富、複雜的概念。管理學界及實務界似乎因為「策略」辭語在使用上的普及，而忽略對「策略」概念及其內涵的深究，也因為對「策略」概念瞭解不足卻又言必稱之，致使許多機構（或系統）的領導人、經營者及管理者在面對自家機構（或系統）經營管理上的重大問題時，常因膚淺的「策略」認知而做出偏差，甚至是錯誤的決斷。

　　有鑑於「策略」概念對於機構（或系統）領導人、經營者及管理者的重要性，本書針對「策略」的構思、規劃與執行上所涉及的因素、事項，從整體系統及系統動態演變的觀點，將「策略」這一辭語所包含的概念做深入的剖析、討論。期盼機構（或系統）的領導人、經營者及管理者以

及他們的幕僚們在閱讀本書後，能夠從整體系統及系統動態演變的觀點，來看待自家機構（或系統）的經營管理運作並建立正確、深刻的「策略」概念。從而，當他們在面對自家機構（或系統）在發展、經營及管理上的重大問題時，可以構思、規劃出具周全性、合理性、可執行性及有效性的「策略」，以帶領自家機構（或系統）克服困境，邁向坦途。本書在「策略」概念的探討上，主要是以方法論的建構來著眼，希望讀者，特別是機構（或系統）的領導人、經營者、管理者以及他們的幕僚們，能夠運用本書所討論的概念來發展出一套適用於自家機構（或系統）的「策略研擬方法」，以提升所研擬「策略」的周全性、合理性、可執行性及有效性。總之，本書雖以「策略的構思、規劃與執行」為主題，但其內容則是以「系統思維」及「系統觀念」來貫穿，因此，本書或可視為作者所著《系統概論》（華泰文化事業公司出版，1999 年 9 月，台北）一書的續篇，也是「系統思維」概念的應用。

　　本書內容分為三篇十章。第壹篇：「綜論管理與策略」，共有三章。全篇針對本書主題所涉及的一些重要基礎概念，包括：管理、管理學、系統觀點、策略、戰術等，進行綜合討論，以釐清策略在機構（或系統）營運、發展過程所扮演的角色。第貳篇：「以系統暨動態觀點觀察機構行為的基礎觀念」。由於機構（或系統）不只是產生策略及執行策略的主體，而且也是需求策略及承受策略執行後果的主體，因而，正確理解一個機構（或系統）的各種行為及各行為間的關係，就成為策略規劃者要為一個機

構（或系統）研擬策略時所應具備的前提條件。本篇共含四章，主要在闡述：有關於要從「整體系統」的視野以及「系統動態演變」的觀點，來深入觀察、認識、分析一個機構（或系統）的各種行為時，所必須具備的基礎觀念，包括：啟動並操控各種經營管理活動以使機構（或系統）持續維持運轉的「基底機制」(underlying mechanism) 的構造及運轉邏輯；機構（或系統）與環境達於最佳調適情況之「定常狀態」(steady state) 所涉及的各種概念；機構（或系統）呈顯出動態演變現象的各種流體（包括：資產流體、產品暨服務流體、物料流體、金錢流體、人員流體及資訊流體等）的重要特性。第參篇：「策略的思維、規劃、評估與執行」，共有三章。全篇內容係針對策略的思維、規劃、評估與執行等一系列事項所涉及的觀念、處理原則及處理步驟，進行方法學上的分析及討論。本篇係本書主題的直接闡述，全篇各章所提出的觀點、原則、程序及步驟等，將可協助機構（或系統）的領導人、經營者、管理者和他們的幕僚，建立一套以「整體系統」及「系統動態演變」觀點為基礎的「策略規劃與執行方法」，使他們可以為自家機構（或系統），研擬並推行具完整配套意義且有利於機構（或系統)生存與發展的「策略計畫」、「戰術計畫」及「現場行動計畫」。另外，對於有興趣進一步藉建構模型來規劃策略計畫、戰術計畫的讀者，本書特在附錄增列「模型的意義」及「建構流體動態模型的程序」兩章，希望這兩章的內容能對他們的模型建構工作有所助益。

　　本書對「策略」議題的論述觀點及處理方式，是作者將「管理學」、

「系統科學」及「系統動態學」相關知識予以綜整應用的嘗試。雖然作者已經努力促使本書的內容，特別是「策略的思維、規劃、評估與執行」各章所提出的觀點、原則、程序，具有一般化的性質而可廣泛應用於各類型機構（或系統）在各種策略問題的處理上。不過，作者個人才疏學淺，處理機構（或系統）策略問題的經驗有限，因此，本書觀念的謬誤之處或內容上的有欠完備，必定是所在多有而難以避免。為此，祈請各界先進惠予指正、鞭策，更歡迎讀者惠示意見，俾使作者能有機會改進。

本書承蒙作者昔日在交通大學經營管理研究所系統研究室的工作夥伴蘇韶懿博士的協助，不但為本書內容提供許多寶貴意見，而且將全書手稿輸入電腦。對於韶懿的幫忙與辛勞，作者要向她表達最誠摯的感謝。此外，作者另一位昔日工作夥伴徐文宏先生，在本書定稿前多次協助作者透過 e-mail 與客居溫哥華的韶懿進行修改手稿的傳輸，使手稿的刪修繕打能夠順利完成，對於文宏在繁忙工作餘暇的幫忙，作者也要向他致謝。最後，要謝謝內人倪淑卿女士長期給予作者的體貼與支持，讓作者免除日常俗務的擾煩而得能自由自在地悠閒生活，並在思考及寫作中獲得莫大的精神愉悅。

謝長宏
謹識
2009年元月

第**壹**篇
綜論管理與策略

本篇含三章：第一章「管理與管理學」，第二章「系統觀點與管理」，第三章「策略暨戰術之基本概念」。全篇主要針對管理、管理學、系統觀點、策略及戰術等概念，作一綜合的討論，俾釐清機構(或系統、組織)在營運、發展過程面對整體性、全面性及長遠性課題時所必須具備的基本觀念，以作為本書後續各篇章的討論基礎。

第1章

管理與管理學

1-1 何以管理被視為藝術

　　每一個人每天都必須為個人生活及工作上各項活動的時間安排，或是為活動所涉及人、事、物的處理（包括金錢或資源的分配及運用），來傷神費心，因此，每一個人或多或少都具有一些「管理的經驗」，也都懂得一些「管理的道理」。再者，從個人的日常生活安排、家庭的建立與維護、公司或事業的經營、機關或政府的行政，以至於各種跨國性組織的營運，這些不同層次、不同規模、不同功能的「組織」、「機構」或「系統」的經營及運作，都是「管理」所指涉的對象。所以，「管理」這個詞彙就難有一致且精確的界說，幾乎，每一個人對「管理」都有他個人獨特的體會與觀點。

　　自從資本主義運動在西方興起以來，過去三、四百年來，有關工商企業及國家的管理，已累積相當豐富的經驗。不過，對大部分的管理實務工

作者而言，「管理」仍是一種藝術。過去半個多世紀以來，雖然「管理科學」已有相當的發展，然而，「管理科學」仍未成為各領域各階層管理工作者的工作依據，它更不足以用來作為高階層經營者及管理者解決他們所面對的經營管理問題的知識基礎。不可否認的，經營者及管理者的工作遠要比數學家、物理學家、醫師或是工程師的一般性工作，更富於挑戰性，也更顯得困難。因為，進行管理工作時，除了眾多有關「事」的重要因素必須加以考慮外，「人」的因素更是管理工作的核心。而更困難的是，除要考慮「人」與「事」所分別涉及之眾多龐雜因素的每一因素本身外，還要考慮「人」與「事」這兩大類群因素中各個因素間的相互關係，更要考慮到「人」的各個因素與「事」的各個因素彼此間所具有的相互對待關係。此外，若再考慮到這些複雜關係的隨時有所變化，則管理工作的複雜程度將是難以言宣，而更不可能有固定、細密、精確、標準的答案。總而言之，管理工作者所面對的是，一個由「人」與「事」這兩種要素所構成的「人的群體」，這個群體有錯綜、繁複的內部運作及外部活動，不論這個群體是企業公司、政府機關或非營利機構，它們都是龐大、複雜的「動態系統」。處理這種動態系統所遭遇的困難及問題，絕非植基於數學、物理學或工程學等傳統知識領域所發展的解析工具及分析方法所可奏效，其實，這些工具及方法對實際管理工作及管理問題的分析與處理，在大部分的情況常是無能為力或緩不濟急的。因此，管理工作就無可避免地被認為是一項「藝術」，亦即是一項以「天賦及經驗為基礎」的「藝術性」工

作，而不是一項以「知識為基礎」的「科學性」工作。

　　有人稱：「管理」係「藝術」、「專業」及「技術」這三股線繩所交織而成的工作[註1.1]。確實，管理工作包含不少的「技術」成分；同時，在現代社會的分工上，管理工作也普遍被認為是一項「專業」；此外，從傑出經營者及管理者在經營管理的實踐及表現上，管理工作更顯現出它的擔當者必須具有創造性、獨特性及諧和性等屬於「藝術本質」的特質。誠然，技術能夠傳授，專業也可檢定，但是，藝術則必須經歷時間的考驗以及個人在刻骨銘心式的鍛煉並有所領悟之後，方可自然呈顯。事實上，從許多成功的企業、非營利機構及政府機構的領導人身上所展現的管理風格，使我們必須承認：管理確是一項無法經由課堂教學或前輩指導來完全傳授的藝術。因此，也難怪大部分的實務經理人員都認為：「真實情境中的管理」基本上是一種訴諸直覺及靈感的藝術性作為，那是一項只能感覺、意會而無法全面言傳的工作。

■ [註1.1]

Vannevar Bush 於 "Science is not Enough: Reflections for the Present and Future" 一書 (Vannevar Bush, Mass., USA 1967) 提出此項觀點。

1-2 管理學的局限─以欠缺堅實科學基礎的管理經驗作為主要的建構素材

　　「管理」，目前正處於一個過渡時期，在管理的實踐面上，雖然它仍被視為一項藝術，但就管理的技術面而言，它已被認可為一項專業。因此，「管理」正從純憑個人體驗的經驗階段，逐漸發展過渡到以科學方法為基礎的專業階段。科學方法加上藝術的特質，將是未來經理人員的寫照。

　　公、私部門各類組織、機關或機構的領導人、經營者及管理人員，他們在「管理」工作上的成就，促進了近一、兩百年來西方先進國家的社會與經濟的進步、繁榮。尤其是最近一個多世紀，在現代資本主義體制發展較為興盛、進步的地區與國家，其各部門、各類機構在「管理」上的進步，更是這些地區、國家在社會、經濟上有著高度發展的基本原因。近百年來「管理學」的發展，則與「管理」的進步，有極為密切的關係。至於當前國內外各界對「管理」的重視與強調，更是與「管理學」及管理相關知識的普及、傳播有著莫大的關係。

　　然而，當今的「管理學」或管理知識是否能有效滿足實際管理工作的需要，進而推動管理實務的進步?從實務經理人員的觀點來看，當前在大學課堂所講授的管理課程，或是大學教授所進行的管理學術研究，這些管

理知識對管理實務進步的貢獻，恐怕是相當有限的！因為，今天絕大多數的實務經理人員，他們之所以能夠列居「機構」中的經營管理職位，其主因絕不會與他們曾否研習過管理學、是否具有豐富的管理知識有關。很顯然的，由於今天的「管理學」知識還不能夠像工程學、醫學、農學等應用科學，於實務應用時具有普遍的可靠性與準確性，所以，實務經理人員的被任用，一般均與其是否具備「學院的管理學知識」沒有必然關係。事實上，今天主要的管理學知識與技術，以及管理工作這項職業，基本上仍在經驗摸索及經驗彙集階段，而尚未進步到以科學知識為基礎的階段。

從現代文明的發展歷程來觀察，凡是仍停留在經驗摸索及經驗彙集階段的任何一種學問、技術或職業，由於它本身所擁有的知識（即廣泛的經驗）缺乏系統性的組織，它常會在成長到某個程度之後，就停滯不前，而難有大幅度進步。任何種類的學問、技術或職業，就其發展的過程來看，當其發展所需的必備基礎（即與該門學問或該行業工作相關的經驗與判斷已具有相當程度的累積），能夠與外在社會環境的需要相互配合時，該門學問、技術或職業就應該，同時也會，引入科學的方法，並且藉著科學的方法來解釋、組織、精煉前人所流傳下來的經驗，而使經驗以一種更為簡潔與有用的型態來呈顯，俾方便後人能以這些「經過精煉的經驗」（即經驗已被精煉並轉換成為具有科學內涵的知識）為基礎，繼續開展、創新相關的知識與技術，進而提昇該門學問、技術或職業對社會及人類的貢獻。

過去數個世紀以來，「管理」一直被認為是一種「實踐的藝術」，自

二十世紀初期以還，經由記述及歸納前人的經驗，「管理學」逐漸發展並成為在大學傳授、研究的學科。近二、三十年，「管理學」更成為「社會科學」領域的一門「顯學」，發展極為迅速。不過，任何缺乏科學基礎的經驗學科（empirical discipline），其內容將永遠只是一些實務上的常識、特殊的經驗以及零碎個案的彙集或歸納，而無法讓它們進入真正的科學知識殿堂。因為，欠缺以科學方法精煉的前人經驗，不論是其傳授或是其延伸應用，都有特定情境以及特定時間、空間條件的限制，而難以成為可以普遍傳授以及可以普遍援用的可靠知識。在過去一個世紀裡，「管理學」雖已有相當的進步，並在實際的運用上發揮不少貢獻，但其大部分內容，基本上仍未能具備類如物理科學、工程科學、生命科學等正統經驗科學（empirical science）所具有的堅實性科學基礎，所以其發展也就相對的緩慢。

今天，在公、私部門各機構、各單位的領導人、經營者及經理人員，都會發現，記錄於文獻上的許多上一代領導人、經營者及經理人員的經驗，對於他們眼前所面臨的各項具體經營管理問題的解決上，並沒有太大的幫助。這是由於文獻上的記載常是不夠周全而且又缺乏精確，使得前輩領導人、經營者及經理人員在他們過去的環境與情境下所獲得的經驗，竟是如此地難以援用於今日的情況。

同樣的，即使是當前的經營管理經驗，對於其他機構的領導人、經營者及經理人員的幫助，也是極其有限。因為，每一個公司、機構、機關

或單位的領導人、經營者及經理人員，都堅信他們所面臨的經營及管理問題絕對是獨一無二的。因此，在每一次的經營管理案例討論會上，當出席的領導人、經營者及管理者被詢問到，要如何將某一家公司或某一個機構的某項經營管理經驗應用於他們自家公司（或自家機構）的相同或類似情況時，總會聽到這樣的回答：「是的，這個經驗確實很有意義、很有價值，應該是可以多加參考！不過，就我們公司（或機構）的實際情況及相關條件而言，與這個經驗（或個案）的內容有很大的不同，我們公司（或機構）恐怕不能夠直接地援引應用這個管理經驗（或個案）！」縱使經過再三說明，並強調此項經驗（或個案）所具有的普遍意義，仍然還會聽到如此的回答：「是的，這個經驗（或個案）在理論上、原則上應該是可以被援引應用到我們的公司（或機構），不過，我們仍然會擔心的是，因為我們公司（或機構）各項情況（即人員、心態、財力、物力、組織文化及所處環境等）所具有的特殊性，如果貿然援引這個經驗（或個案）時，恐怕會在實施上出現該一經驗（或個案）所不能預見的阻礙或後遺症，而極可能會對我們公司（或機構）造成不良後果！」確實，管理學者們除非能使他們所講授、討論的各種經營管理原則、理論、個案或實務經驗，都是來自於可靠的科學方法，並且能像物理學、工程學或醫學等學科，可以經得起論證上及實務上的檢驗，否則，在實務界的領導人、經營者及經理者是不太可能相信：學院中的「管理學」、「管理理論」以及個案「管理經驗」，會是具有普遍可應用性的科學知識。

　　總之，從實務中所產生的各種類管理經驗，雖然是當今「管理學」的主要素材，但是當前「管理學」的知識內涵，「管理學」各分科知識間的關係與結構，「管理學」知識的建構方法及其驗證，以及應用「管理學」知識應該具備的條件等，都仍屬極為粗糙、模糊，而難以如同物理科學、工程科學及生命科學般的體系嚴謹且可靠、精準。所以，目前的「管理專業」及「管理學」仍被視為：係處於經驗摸索及經驗彙集階段的學科、職業，它亟需發展出能夠支撐其知識體系的堅實的科學基礎，從而，才能進一步提升「管理學」相關知識的準確性、可靠性以及可應用性。

1-3 管理科學的困境

　　溯源於二十世紀初期，由 Frederick W. Taylor(1856-1915) 倡導的「科學管理」(scientific management) 運動（以科學的方法確定工廠中每一類工人的每一工作要素，並以科學的方法選用及訓練工人），經延續至 1930 年代末以至 1960 年代中期，繼而由以「作業研究」(operations research, OR) 分析方法為核心而興起的「管理科學」(management science, MS)，在「管理」學術界及實務界形成一股盛大風潮，而頗有藉「科學管理」及「管理科學」的稱號，一舉奠定「管理學」為「科學性知識」的氣勢。

「管理科學」強調將科學分析的方法應用於管理及營運作業問題的處理與解決，其所採用的途徑 (approach) 是，經由「數學模型」的建構及求解，以協助經理人員於面對複雜的作業問題時，能依據「數學模型」所提供的解答作出最佳決定。

「管理科學」基本上包含了機率模型 (probability models)、候隊理論 (queuing theory)、模擬方法 (simulation techniques)、數學規劃 (mathematical programming) 或尋優方法 (optimization techniques)、網圖理論 (networks and graph theory)、以及賽局理論 (game theory) 等數學理論與求解演算方法 (algorithms)。「管理科學」所發展的這些數學理論與求解演算方法，對於軍事、企業、政府公共事務、工廠、農場、醫院以及學校等各部門各類型機構在「作業管理」或「營運管理」(operations management) 上所涉及有關資源之配置 (allocation)、產品或物料之存貨 (inventory)、設備或設施之維修 (maintenance)、機器或生產設備之重置重購 (replacement)、服務之候隊 (queuing)、工作或服務之排序 (sequencing)、運輸遞送之路線安排 (routing)、工作或服務之時表安排 (scheduling) 及資源之使用競爭 (competition) 等性質的問題，以及對於這些問題在處理上涉及物資、能源、人力、機器設備、設施及資金等各種不同資源 (resources) 時，從資源的獲取 (acquisition)、配置 (allocation)、分配 (distribution) 以至運用 (utilization) 等管理上所要面對的課題，都能提供解析性的量化解答 (quantitative solutions)。

　　理論上，以「作業研究」為核心的「管理科學」(OR/MS)，應該已為「管理學」提供了堅實的科學基礎，而可以廣為實務經理人員所信賴及接納，並成為實務經理人員所不可或缺的工作利器。然而，「管理科學」經過 1960 年代的發展高潮後，自 1970 年代中期開始，在「管理」實務界及學術界就不斷有人對「管理科學」（OR/MS）的功能及角色提出檢討與批評[註1.2]，而到二十一世紀業已展開的當前，「管理」領域已少有人相信：以 OR/MS 為核心的「管理科學」可以作為「管理學」的科學基礎。

　　雖然，以作業研究為核心的「管理科學」確實能為「作業管理」或「營運管理」上的各種問題提供解析性的量化解答，然而，這種量化解答僅只是問題分析者所建構之數學模型所產生的解答，而不一定是作業現場的真實問題所需要的解答，或是可在作業現場實施的真正解答。進一步言之，實務經理人員縱使接納研究人員所建構的數學模型是可以代表真實問題的實況，並且也有強烈意願要將數學模型的量化解答在作業或營運現場予以施行，然而，他們卻無法從數學模型的量化解答中，得到他們在作業現場指揮工作人員來施行該項解答時所必需掌握的竅門或相關提示。因

[註1.2]

Russell L. Ackoff 於1979年所發表的 "The Future of Operational Research is Past"（Journal of the Operational Research Society, Vol.30, No.2, pp.93-104, 1979）一文，頗值得參考。

此，OR/MS 不易為一般實務經理人員所接受，就屬自然之事。

以作業研究為核心的「管理科學」，即 OR/MS，之所以陷入不能廣為實務經理人員所接受的困境，主要在於：它所揭示的目標與基本理念並非是源自於對管理實務的深思。此外，它的內容及表達又過度地偏重於數學的結構及形式，以至於在許多時候，竟無法讓實務經理人員辨認出它與「管理」的關係。如果我們檢視一般「管理科學」（即 OR/MS）的論著，將很容易發現：它與一般「管理學」著作存有極為明顯的差異。一般「管理學」著作所探討的問題，範圍廣、問題所涉及因素龐雜而不易明確定義、內容偏重於概念性的討論，在表達上則以文字敘述為主；而「管理科學」的著作則與一般「管理學」著作相反，它所探討的問題範圍小（僅限於作業問題）、問題所涉及因素較為簡單明確、內容偏重數學解題過程有關操作性及技術性問題的討論，在表達上則特別重視數學式及抽象符號的運用。事實上，許多「管理科學」（即 OR/MS）的研究論文，在基本態度上已變為一種嚴謹數學邏輯的追求，而完全忽略了研究本身是為協助解決實際（或實務）問題的任務，致使「管理科學」在研究上所得到的數學解答，常會成為一種不切實際的假想解。

另外，由於「管理科學」是以數學作為推理工具，因此，學者及研究人員就極易醉心於數學演算的「最佳解答」(optimum solution) 的追求，並且汲汲於強調：「管理科學」所提出的數學解答具有一般科學研究者所宣稱的「客觀性」(objectivity)。然而，對於企業及社會系統在經營及管理上

所面對的大部分複雜、動態問題，今天的數學解析工具仍還無法求得能夠在真實情境中操作的最佳解。無可否認的，運用數學工具所求得的解答確實具有透明性及可查驗性，然而，並不能因為數學工具的此一特性，而認為「管理科學」的數學模型解答就是它所要處理的經營管理問題的客觀性解答。事實上，「管理科學」的學者或工作者在數學模型的建構過程中，有關模型中各個變項 (variables) 的選取、各個變項相互關係的設定以及模型中各個參數 (parameters) 的決定等，無不充斥著分析者或研究者個人的主觀判斷。因而，「管理科學」的數學模型的客觀性，僅只在認可了模型構建者為使模型成立而特別安排、採行的各項假設、設定是具有合理性及正確性之後，方才具有的相對客觀性，而不是物理學、工程學的數學模型所具有的普遍客觀性。換言之，對經營管理問題而言，「管理科學」之數學模型所提供的解答並不必然具備「客觀性」。所以，以數學為核心工具所發展的「管理科學」(OR/MS)，就成為「海市蜃樓」般的「幻景」，並未能為以實踐為導向的「管理學」奠定堅實的科學基礎。

1-4 管理學再發展的關鍵

　　如果「管理學」還想企求再發展與再進步，以期能無愧地成為可與工程學、醫學相比擬的真正應用科學時；以及，如果「管理學」也期望能以科學知識及科學方法為基礎來將「管理」發展成為一種真正的「專業」，而使各機構（或系統）的領導人、經營者及經理人員所施行的各種經營管理作為，確能成為一種以專業為基底的藝術；則想要成為應用科學一支的「管理學」，首先就必須設法將「管理」的原則與經驗置放於一個「基本且共通的架構」，在這個架構上，所有經過適當專業教育與訓練的機構(或系統)領導人、經營者及經理人員，都能在他所隸屬的機構（或系統）中，將「管理學」所揭示的理論、原則與經驗，準確地應用於不同時、空情境下的各種經營管理活動，如此，「管理學」才能無愧地被稱為具有價值的應用科學。

　　「管理」係以「機構」[註1.3]以及「機構」中的「人」、「事」、

■ [註1.3]

對於各種由人所組成並持續呈現一定功能之群體，包括：公司、學校、軍隊、工廠、政府、學會、協會及俱樂部等各種營利性或非營利性的「機構」、「組織」、「機關」、「團體」或「系統」，如未特別加以說明，本書均以「機構」這一詞彙作為通稱，亦即，本書所稱「機構」亦泛指一般所稱之「組織」、「機關」或「系統」。

「物」為對象。然而，「機構」並不是孤絕地存在，「機構」必須與其他「機構」共存、互動，也必須與「機構」外部的許多個人進行互動，同時，「機構」內部的各個單位及成員也必須進行有關「人」、「事」、「物」的各種活動或互動。這些不同層次、不同種類的活動及互動，都是導源於「機構」所身處的社會的文化與生活方式，並且直接起源於環繞「機構」周遭的各級政府、消費者、媒體、公益或道德團體、同業、上下游廠商、相關業界、國際企業及其他具利害關係的團體所進行的各種自主性與自利性活動。外部環境的其他機構及個人的各種自主性、自利性活動會對「機構」的日常運作產生干擾、威脅，但也為「機構」提供了發展的契機。現代的「機構」就如同一位住在公寓中的城市居民，他飽受城市生活中所無法迴避的各方壓力，但是為了工作與生活，他必須面對城市在個人周遭環境所施加的壓力，並且設法承受、抗拒或反擊周遭的各種壓力。「機構」的複雜與動態，使得它的領導人、經營者及經理人員在「管理」上的經驗及觀點極為歧異，因而學者將「機構」在管理上的課題歸納為下述三種取向：有從「機構」在組織上的「結構面」著眼者，即從溝通系統、權力配置、工作流程等向度著眼；有從「機構」在硬體上的「技術面」著眼者，即從器械、設備、設施、工具等因素著眼；有從「機構」在成員分子上的「人性面」著眼者，即從人際關係、群體態度等向度著眼。由於「機構」本身的複雜性與動態性，以及它的領導人、經營者及管理者在管理觀點上的歧異性，因而，如果「機構」的領導人、經營者及經理人

員在「管理」專業上缺乏適當且共通的基本觀念，當他們面對彼此間各種歧異的經驗及觀點時，他們相互間是不可能出現真正有效的整合，而他們個人的經驗也不太可能獲得精煉，以至於他們雖有多年工作經驗，卻難以將其有效落實運用在複雜、動態的管理工作上。

　　不管領導人、經營者及經理人員在他所隸屬的「機構」（即指各種不同種類、不同規模的機關、公司、組織、團體）中所體驗到的管理經驗是如何的特殊，對「機構」的領導人、經營者及管理者而言，所謂的「管理」就是：他們依據「機構」（即機關、公司、團體、組織、系統等）在所處環境與情境中的角色、地位，運用「機構」所可動用的人力、物力、財力、資訊、知識等資源，設法掌握環境提供給「機構」的發展機會，或設法回應環境所加諸於「機構」的威脅，以促使「機構」不但可以適應環境的各種變化並能在環境中長期持續地生存與發展，而他們為此一目的所實施的各項「作為」，就是所謂的「管理」。換句話說，「機構」的領導人、經營者及管理者都是運用上述的「管理」的定義，來綜整他們所經歷、體驗到的各種不同的「管理經驗」。亦即，「機構」的領導人、經營者及經理人員心中都存在一個他們用來思維自己各種「管理作為」的概念性架構，在這個概念架構上，他們考量「機構」、「環境」、「時間」及「空間」各因素後，針對「人」、「事」、「錢」、「物」等對象所發生之問題的處理，決定出輕、重、緩、急的處理順序以及處理的原則、方式，進而據以產生各種「管理作為」！以上所作的說明，事實上就闡明了

「管理」的本質與內涵，因而據此尋找一個能精煉管理原則與管理經驗的「基本且共通的架構」，應該是可能的！

　　然而，很可惜的是，時下的企業管理或行政管理，特別是高階層的管理，仍然依循著傳統的觀念，將「管理」依「企業職能」(business functions) 分割為：製造（生產）、財務、會計、營業（行銷）、廣告、人事、企劃、研發及庶務（總務、秘書）等不同職能事項的處理，並因各職能分工的深化實施，進而使各職能事項的操作愈趨繁複、細瑣，以致各職能像是了無相關的專門技術，彼此都很難產生「同舟一命」的歸屬感。尤其，隨著「機構」規模的擴增以及職能部門分工的細化，不同職能部門的管理人員彼此間更難以建立「共通的管理語言」來相互溝通。所以，長期以來從無數機構的管理經驗中顯示，只有很少數機構能夠將各分工職能部門的諸多事項整合在一個明確的「整體系統」下來運作，當然，更少有經營者或經理人員能以「整體系統」的觀念來處理他所負責「管理」的事務。因此，「管理學」除了必需儘快建立一個能精煉管理原則與管理經驗的「基本且共通的架構」外，還要發展出適宜的「整體系統觀念」，方有可能使機構（或系統）的領導人、經營者及經理人員（也就是一般所謂的高階管理人員），在面對複雜、多變、動態的內外部環境時，將「管理學」作為他們所需管理知識的可信賴及有效來源，同時也是他們實施各種「管理作為」時的可靠準據。

　　由上述的討論，顯示：「管理學」的進一步發展，關鍵在於要先設法

建立一個「基本且共通的架構」，而這個架構不但能涵蓋「機構」的各種
管理功能，即包括：規劃 (planning)、組織 (organizing)、人員募集及任用
(staffing)、指揮 (directing)、監控 (controlling) 及協調 (coordinating) 等
順序性功能 (sequential function)，以及從分析 (analyze)、作決定 (make
decision) 以至溝通 (communicate) 等連續性功能 (continuous function)[註
1.4]，並且還能將這些管理功能落實到「機構」在各個「企業職能」事項上
的處理。另外，為促使「機構」的各個部門在運作過程確實有效整合，以
利「機構」能夠在其內外部從事各種經營管理活動，進而確保「機構」的
永續發展，顯然，「管理學」還要發展一套「整體系統觀念」，這套觀念
可以協助高階管理人員，將「機構」及其內外部環境的各種人、事、物的
活動統整為一個「整體系統」下的行為，因此，這套「整體系統觀念」必
須可以適用於不同類型、不同規模的「機構」，並且能夠協助「機構」在
各種環境、情境下有效運作。「管理學」在發展上述之「基本且共通的架

■ [註1.4]

> 機構之經營者及高階管理者就其角色所必須達成的任務 (tasks) 有：概念性思考
> (conceptual thinking)、行政管理 (administration) 及領導 (leadership) 等三大項。
> 為達成這三大項任務，經營者及管理者必須依序執行規劃、組織、人員募集任用、指
> 揮、監控及協調等六項順序性的管理功能，同時必須配合各順序功能的執行需要，持
> 續地進行分析、作決定及溝通等三項連續性的管理功能；換言之，經營者及管理者必
> 須同時將順序性管理功能及連續性管理功能，落實執行於機構的每一個「企業職能」
> 事項上，才有可能達成他所擔負的管理任務。

構」以及「整體系統觀念」時，對於支撐「機構」進行常規運作 (routine operation) 所需要的「程序」(process) 及「機制」(mechanism) [註1.5] 也必須同步列入考量。未來的新「管理學」應該能夠提供有效的知識與方法，以協助「機構」的領導人、經營者及管理者能使他們所安排設計的「程序及機制」確是植基於「基本且共通的架構」及「整體系統概念」之上，並且使三者之間具有明顯的對應關係，同時也使三者的對應關係不但是可查驗，而且具有調整彈性。我們相信，運用上述概念所發展的新「管理學」或管理知識，將會具備較為堅實的科學基礎並可對應到真實的管理活動，從而就比較有可能被「機構」的領導人、經營者及實務經理人員所認同、接納，進而也能作為教育、訓練新一代領導人、經營者及經理人員的有效知識。

■ [註1.5]

機制 (mechanism)，本意為機械、機械裝置，或具機械作用的結構或機構，進而引伸意指為：凡要經由合作性努力以達致一定結果的程序或技巧。社會科學各學門運用「機制」一詞時，通常均採用此一引伸之義，本書各章所用「機制」一詞亦採此義。另外，對於自然或自然的程序，若將其視同機械或其係純依機械定律而作用者，也可用「機制」一詞來指稱。我國的醫學領域，則將 mechanism 一詞翻譯為「機轉」，「機轉」之意義與「機制」一詞應為相同，不過，中文「機轉」一詞似乎要比「機制」更能表達複雜的生命系統其 mechanism 所具有的複雜性、動態性、及演變性。雖然作者個人認為「機轉」一詞頗適於描述企業及各種社會系統的 mechanism，不過，由於國內社會科學各學門已習用「機制」一詞，故本書仍以「機制」一詞來代表 mechanism。

總之，強化「整體系統觀念」，建構「基本且共通的概念架構」，確保「運作程序及機制」的合理性、透明性即可操作性，以及促使各種「運作決定」的產生過程具有科學性(亦即「決定」的產生是透明、可查驗、具調整彈性)，這些都是「管理學」再發展的重要關鍵，而針對這些重點事項發展出適當的方法論以及適用的技術或工具，則是當前管理學界需要努力以赴的任務。

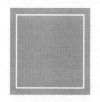

第2章

系統觀點與管理[註2.1]

2-1 系統時代

在第二次世界大戰之前，經濟、社會、政治、科技各領域的發展情況，與戰後的發展相較，實屬單純。即就科學理論、工程技術或企業經營而論，這些科域在 1940 年以前，基本上，都還算簡單，任何有心的個人可以很容易地理解他所感興趣的任何理論、技術、器械與企業。例如：亨利福特 (Henry Ford, 1863~1947)，他不但是一位能夠清楚他所主持設計之 T 型汽車的每一零件的傑出工程師，而且也是一位能夠充分瞭解並掌握到汽車大量生產細節（他於 1913 年首創汽車之裝配線生產方法）的幹練生產經理人員，同時，他更是一位傑出的大型汽車企業的經營人。然而，到了

■ [註2.1]

有關系統觀點與管理之討論，請詳參作者所著《系統概論》(華泰文化事業公司出版，1999 年 9 月，台北) 一書之第一篇〈綜論系統觀念與管理〉各講。

二十世紀後半葉之後，隨著科學、技術、經濟、社會、政治各領域在學術研究及實務應用的進步，每一個領域不論是所涉及知識的深、廣程度，或是實務運作上的複雜、繁細程度，都已經不是任何個人所能完全瞭解，更不是任何個人所能獨自掌控。對於由高度複雜的科技、經濟、社會、政治各領域所構成的二十一世紀，今天及未來的世界已經不太可能再出現跨足多個領域的學者及實務專家，更難以見到類似亨利福特這種全知全能型的全方位經營者及經理人了。

從第二次世界大戰爆發迄二十世紀結束長達六十年的人類社會發展來看，科技是推動這段期間的經濟及社會發展的最主要力量。而這段期間所發展的科技，本質上是以現代科學知識為基礎所開發的應用技術，它的主要特色是：它是一種結合在數個「大規模系統」(large-sale systems) 上的綜整式複雜技術。這種與「大規模系統」相連結的現代技術，已將我們的社會迅速地推進到人類歷史所未曾經歷過的「系統時代」(systems era)。

那些與科學知識、工藝技術息息相關的大規模、複雜系統，其範圍極為廣泛：像是一枚有待測試的衛星，或是交通急需進行控制改善的都市街道路網，或是一個準備將生產設備予以自動化的工廠，或是一條捷運路線或高速鐵路的規劃與興建，或是全民健康保險制度的建置、推動或改革，或是大地震大風災的救難及災區重建，或是口蹄疫或 SARS 疫情的控制、消滅等。這些事項不論是計畫、政策或問題，都是大規模、複雜的系統。這些系統，它們都包含或涉及許多的企業公司、政府機關、非營利機構、

民間團體及個人。面對這種大規模、複雜系統，不論它們被稱為大型計畫、重大政策或緊急問題，它們的運作、推動、處理或解決，都必須動用許多不同種類的資源，並且要運用許多不同科域的專門知識與技術。

　　事實上，任何一個現代社會其各個部門、各個層面的事務、活動及問題，以及這些事務、活動及問題的處理、解決，都包含或牽涉數個極為複雜的「系統」。換言之，從當前社會的各種事務、活動及問題的處理、解決來看，我們都必須正式地去面對各種複雜的「系統」。確實，我們不論是從計畫、政策或問題所涉及的機構、組織的數目與關係來看，或是從它們所涉及的人、事、物、及活動的數量與關係來看，都顯示著這些「複雜系統」的存在，而無法不加以正視。因此，我們確實是身處於一個前所未見的時代，這個時代充滿著許多經由結合「多系統」、「多學科知識」、「多類型技術」而形成的「複雜、大規模系統」，簡言之，也就是身處於一個「系統時代」。

2-2　系統時代在經營管理環境上所呈顯的特點

　　從宏總的觀點來觀察從二十世紀末以至二十一世紀初的人類社會的發展趨勢時，將如前節所述地發現，我們確實已經進入一個「系統時代」。

當今的任何一個現代社會，基本上都會發展出：道路交通系統、通信系統、電力系統、給水系統、瓦斯天然氣供應系統、垃圾廢棄物收集處理系統、廢水污水收集處理系統、排水系統、教育系統、警察保安系統、衛生醫療系統、消防救難系統、經濟活動系統、休閒娛樂系統及行政管理系統等不同功能的系統，才能讓其龐大數量的公民在食、衣、住、行、育、樂、工作及保健各方面，享有合理品質的生活。這些無所不在的各種「系統」，它們的規模龐大、構造複雜、運作不停，而且明顯籠罩在各個機構、組織、個人之上，同時，它們又彼此相互關連、相互作用、相互影響，它們已成為當今社會上的每一個機構、組織在謀求生存與發展時所必須認真因應的基本環境。身處於「系統時代」社會的機構或組織，它們的領導人、經營者及管理者必須能夠認識並掌握到「系統時代」社會的發展特點，並將其作為自家機構或組織所面對的經營管理環境的主要特點，再據以規劃自家機構或組織的經營管理策略、措施，如此，他們所領導、經營及管理的組織或機構才能有效因應「系統時代」社會的經營環境變化。當前之「系統時代」社會的發展特點中，最值得各個機構或組織的領導人、經營者及管理者特別加以關切的部分，可大體歸納如下[註2.2]：

■ [註2.2]

參閱 P. N. Murthy，"Paradigm Shift in Management"，Systems Research, Vol.13, No.4, pp 457~468, 1996.

1. 這是一個講求「改變」(change) 與「速度」(speed) 的時代。由於數位電子產業在1980年代快速發展，帶動了電子商品全球市場的高度競爭，使得技術的研發及新產品的開發，不斷地推陳出新，市場改變的幅度及速度也已遠非1990年代之前所可比擬、想像。企業能否主動地進行本身組織、人員、技術及產品的調整、改變，並以更快的速度進行本身營運的變革，已是企業在「全球化市場」中能否通過嚴苛競爭考驗的關鍵。

2. 這是一個講求「全球性文明」(global civilization) 的時代。由於商品經濟市場全球化的快速發展，電視、冰箱、冷氣機等家電用品，手機、個人電腦、筆記型電腦、電玩遊樂器、隨身聽等數位電子產品，已成為全球各國人民日常生活中共同需求的用品；再加上國際民航空運的便捷化、普及化發展；以及即時性、全面性、透明性的網際網路 (internet)、通訊衛星等全球資訊傳播網絡的高度發展；這些都加速全球各國人民間的頻繁來往及相互了解，因而使全世界先進國家人民與開發中國家人民在生活方式及生活觀念上的差異，快速地縮減，進而促發了地球村「全球性文明」的形成。

3. 這是一個百家爭鳴、百花齊放、放言高論的自由言論時代。媒體、文獻上的說辭以及專家學者的意見，多如牛毛。在這個時代，許多觀念或理念 (ideas) 常是在真實行為 (behaviors) 真正出現的很早以前，就已先行傳播、流行，因此，媒體上所傳播的言論、觀念並不

全然是「真實」或「正確」的。社會上所出現的每一種行動，幾乎都可以從媒體上看到有人為它找到一套說辭來給予支持、辯護，從而，任何人都可以為他的任何行為或行動，提出可以「言之成理」或「自以為是」的「藉口」來自我合理化。所以，在當前時代的任何人，若是未能具備一顆可以分辨、掌握「真實」及「真相」的清醒、冷靜頭腦，他將會被各種資訊、觀點、意見，耍弄得團團轉。

4. 「科學」(science) 與「技術」(technology) 正以指數型態快速的成長及發展，並對社會產生重大衝擊。然而，社會在面對來自「科學」與「技術」的發展所引發的衝擊時，卻無法引導人們在慣有行為上作出適切的調整。而必需加以強調的是，技術發展的步調與速度，並不會因為社會的拙於調適而減緩，「系統時代」的「科學」與「技術」已經建立起有力的自主發展邏輯，它仍會持續地快速成長。

5. 生存及生活的各類環境，包括：氣候、生態、文化、政治、社會、經濟、科技等環境，都演變得日增紊亂。因為，構成各種環境的眾多元素，從無生命的天候地理及物質、有生命的動植物、以至於個人與機構，都是組成環境的元素，它們種類繁多、數量龐大，每個元素除有自身的演變邏輯外，各元素彼此間也相互作用，所以，環境就無時不在變動之中，變動也日趨頻繁、激烈及隨機，因而環境自然顯得日增紊亂。

6. 這是一個「大眾」(masses) 與「民主」(democracy) 掛帥的時代。凡是涉及社會、政治、經濟體系的任何事情,如果要推動成功,一定要有足夠數量的大眾的參與或認同。 一個機構要進行任何涉及外部的活動,都要注意社會大眾的可能反應及態度,也要注意民主原則的採行及民主精神的落實,要使大眾中每一個人的權利、意見,都受到確實的尊重。要使「大眾」與「民主」獲得妥適的結合,實在極為困難,因此,社會各界的精英人士常藉由大眾傳播媒介來作外表的包裝、宣傳,以吸引群眾,而不重視大眾真正的需求。這種現象在政治場域更是明顯,政客們只注意群眾的數量而不管人們在政治、社會及民生經濟各層面上的真正需要,「只見民粹,不見民主」的政治發展傾向,已是許多現代社會的共有特徵。

7. 每一個系統都顯現出高度的「複雜性」(complexity)。每一個系統所包含的組成分子,不僅種類繁多、數量龐大,每一個組成分子又各具屬性,而且,各個組成分子必須互依互賴,彼此間的互動關係,則是多重、多變且環環相扣。所以,每一個系統的行為都不會是出自某一個個人或少數人的單純、任意的決定,而是系統本身所具有的龐大、繁複、嚴密機制的運作結果。因此,系統的行為必然顯現出高度的「複雜性」。

8. 「金錢」(money) 已取得足以縱橫全球的鉅大「移動力」(mobility)。大量金錢可以全天 24 小時不停地在全球各地的資本市場及貨幣市

場進出。每一個國家、每一個產業、每一家企業都必需隨時密切注意全球資金的流動、移轉狀況，才有可能在「全球化」的經貿時代裡立身。在 2008 年秋所爆發的全球性「金融海嘯」，對於全世界的投資經濟、貨幣經濟及實體經濟各體系所造成的衝擊與傷害，就是「金錢」全球流動的負面作用的最顯著例證。

9. 「資訊時代」(information age) 確實已經到臨，高速、寬頻、可無線上網的網際網路，幾乎已成為當前人們日常生活及職場工作所不可或缺的伴侶及工具。資訊儲存及傳輸的科技已有驚人的突破，進而使「資訊過量」成為現代人必須面對的問題及困擾，如何從過量的資訊中正確篩選出有價值的資訊，並將它們組織為具完整意義的訊息或概念，已是「資訊時代」的重要課題。

10. 在機構及社會中的各個階層，彼此間有著不同種類的「衝突」(conflicts)。因為階層是人類群體必然存在的組織型式，而又由於階層立場及階層利益的先天差異，再加上民主化及個人主體意識的增強，這些因素都使得不論是社會或個別機構，其內部的各個階層在彼此間所出現的利害矛盾及利益衝突，更為複雜且多樣，而且更不容易去調和、化解這些衝突。

11. 愈來愈難以清楚地辨認出在國際上及社會中所發生的各種衝突的性質，也更不容易釐清捲入衝突的各個群體及黨派。但是，國際上及

社會中因衝突而出現暴力的現象，已然日漸普遍，這是因為造成衝突的原因是極為複雜並經長期累積，而使衝突無法在短期內有效排解，導致衝突一再發生而訴諸暴力。從 2001 年「911 事件」爆發後，全球性的「反恐」行動更反映出世界各地宗教、種族及政治衝突與暴力現象的普遍性、複雜性。

12. 有時不經意的輕微擾動，會引起機構、社會或系統在「宏總層面」(macro-level) 出現動亂。由於「系統時代」各個複雜系統彼此連結、交替連動、相互影響，而各個系統內部的組成分子或次系統又由繁複、嚴密的運作機制所操控，所以，當前及未來時代的所有系統以及它們的次系統、組成分子，都是「息息相關」，從而也就常會出現「牽一髮而動全身」的現象，因而，任何的系統或其組成分子的不經意輕微擾動，都極可能經由連鎖作用而引發社會或超系統在「宏總層面」發生動亂。這種「蝴蝶效應」(butterfly effect) 的現象，在「系統時代」將會極易出現而且難以預測。

13. 「對抗」(confrontation)、「混淆」(confusion)、「複雜」(complexity)，已是每一個人、每一個機構在當前及未來所身處環境的主要特色。對於環境的這些特色，只能以「系統」及「動態」的觀點來認識、理解它們的本質，個人及機構才有可能與所處環境相調適。

14. 國與國之間的結盟關係的不斷轉移，國際間經貿關係的快速改變，以及宗教、民間團體、非政府組織 (NGO)、自治體、民族等群體普遍出現跨越國家界限的結合及協力關係，這些都已是從事跨國性活動者在當前及未來時代所必須注意的國際關係特色。

15. 對個人或個別機構而言，當前社會的各個領域或各個階層，在大體上都是可接近的，而且各個領域及其各個層級所擁有的資源，對所有想接近它們的個人或機構而言，也是可獲取或可運用的。因此，在理論上，任何人只要能夠提出令人感動的創新構想並且具有踏實穩健的執行能力將構想落實，則社會的機會與資源會對所有的個人及機構作出沒有歧視的開放。

上述「系統時代」的各個機構、系統所面對的經營環境特點，在可見的未來時日裡將愈益顯著。任何一個機構（或系統）的領導者、經營者及管理者若僅只憑藉傳統的管理觀點、理念、方法及技術，顯然將不足以有效因應此種複雜、多元、多變、動態的經營管理環境。對於要領導機構(或系統)去面對二十一世紀「系統時代」的領導人、經營者及管理者，他們必須具備「系統」暨「動態」的觀點來看待上述的經營環境特點，同時也要擁有充分的能力去研擬並執行適當的策略及戰術，如此，他們才有可能帶領自己所負責的機構（或系統），妥適地因應「系統時代」的經營管理環境。

2-3 以系統觀點看待管理

　　不可否認的，傳統的管理觀點雖然有其不可替代的價值，但卻難以有效地協助機構（或系統）的領導者、經營者及實務經理人去因應「系統時代」的複雜經營管理課題。今天，盡責的公、私部門各類機構、組織的領導者、經營者與經理人員，在面對前節所述「系統時代」的經營管理環境時，他們對於各種紛雜的經營與管理課題，除了「水來土掩、兵來將擋」式的積極應對外，還必須為機構、組織建立可以永續發展的基礎，因此，他們最根本的挑戰應該是：

1. 「機構」（或「系統」）如何可以持續地培養出一批批的中高階層幹部，這些幹部不但能夠讓他們所帶領的部屬發揮專長與潛能，同時他們自身也具備「既深且廣」的知識與經驗，而且他們也能善用各科域的專業知識於「機構」（或「系統」）的經營管理工作。「機構」（或「系統」）若能自行源源不斷地培養出幹練的「實務通才」，則「機構」（或「系統」）的領導階層就能夠長期持續地確保其高水準人才的「新陳代謝」，使「機構」（或「系統」）可以長期維持高水準的經營管理績效，進而讓「機構」（或「系統」）可以「與時俱進」地「永續發展」。

2. 「機構」（或「系統」）如何可以建立起能夠引導全體成員遵循一

定程序並主動執行各自職責的完整性「制度」。這一整套的「制度」，不但能夠有效規範、協調「機構」（或「系統」）內部各部門、各單位及個別人員在例行的常規工作上進行高效率、高效能的和諧運作，同時也能導引各部門、各單位人員迅速且有條不紊地有效應對、處理「機構」（或「系統」）所遭遇的突發性危機事件。此外，這套「制度」也能具備適度的彈性而可適應環境的多種變動，從而使這套「制度」的內容能伴隨著「機構」（或「系統」）的成長與發展而持續改善、進步。更重要的是，「機構」（或「系統」）的各種決策，尤其是高階層的經營與管理決策，都是經由這套「制度」的運作所產生，而非特定個人或小群體的任意性決定，如此，「機構」（或「系統」）的任何大小決策才能夠在這套「制度」的支持下，確保決策具有長期的合理性、穩定性及延續性，而能被各部門、各單位人員所信賴、並願意確實地推動且貫徹執行。

3. 「機構」（或「系統」）如何可以使其領導人、經營者或高階層經理人員，能夠擺脫日常瑣事的拘絆。也就是說，如何讓他們可以大幅減少、甚或避免，將他們有限的時間及精力耗溺、浪費在繁瑣的日常性內部事務處理上，以使他們能夠有充裕的時間、精力，全力深入、務實地思考環境的變動趨勢及其對「機構」（或「系統」）的可能衝擊，並進一步規劃「機構」（或「系統」）在所處大環境的中、長期發展方針及經營策略，從而使他們所領導的「機構」

（或「系統」）能夠經由他們所擬定的中、長期發展方針及經營策略，提前進行因應客觀環境變化的相關調整，俾使「機構」（或「系統」）得能長期、持續、穩定地成長與發展。

從前一章及本章的討論中，我們都一再表達以下的看法：「機構」（或「系統」）的領導人、經營者及高階層經理人員必須以「系統觀點」來思考、看待並施行各種「管理的作為」，他們才有可能面對「系統時代」的經營管理環境特點，並積極回應上述三項高階經營管理任務的根本挑戰。然而，他們所需要的「系統觀點」[註2.3]究竟是指什麼？我們若從系統管理及管理的本質來看，則他們所需要且具實用性的「系統觀點」，其內容至少要包括以下所討論的概念：

1. 對於「機構」（或「系統」）中的各個「部分」(parts)，要瞭解到，它們彼此間是如何地相互關連著的，以及各個「部分」是如何地構成為「機構」（或「系統」）這一個更大的「整體」(whole)。

2. 要瞭解到，「機構」（或「系統」）中有許多互動性的「程序」(process)，而這些「程序」會在「機構」(或「系統」)中的許多

■ [註2.3]

參閱 Raul Espejo, "What is Systemic Thinking", System Dynamics Review, Vol. 10, No. 2-3, pp. 199-212, 1994.

不同的「次系統」(包括：「結構次系統」、「信息連通傳遞次系統」、「指揮命令次系統」及各種「企業職能次系統」等)內進行作用，也因為這些「程序」的不同作用，而使「機構」（或系統）中的各個「部分」分別在各種「次系統」中構成為不同的「整體」，而這些不同的個別「整體」，又只是「機構」（或「系統」）這一個「更大整體」中的「部分」而已。

3. 要瞭解到，「機構」（或「系統」）這一個「更大整體」是如何地在運轉、在工作，也就是要更深入地瞭解到，在前述各種「程序」的背後，還存在著一個主導各個「程序」的進行的核心性「機制」，而對於這一個居於最根本性及基礎性地位的核心性「機制」，也就是所謂的「基底機制」(underlying mechanism)，就必須深入、正確地認識其構造、運作方式及運作過程，如此，才有可能真正瞭解到，「機構」（或「系統」）究竟是如何地在運轉、在工作。

4. 要瞭解到，任何的「部分」或是任何一些「部分」所構成的「局部」，它們所出現的行為究竟會對它們所隸屬的上一層級「整體」產生什麼影響；另外，也要瞭解到，每一個別「整體」及「機構」（或「系統」）這一個「更大整體」的行為，究竟會對它們所包含的「部分」或「局部」產生什麼影響。

5. 「機構」（或「系統」）是由一群性別、年齡、學歷、背景、經驗、能力及性格都不相同的獨立、自主性個人所組成的，若要讓這群人願意並可以盡其所能且和諧、愉快地在一起共事，則「機構」（或「系統」）的領導人、經營者及管理者就要瞭解到，究竟是什麼樣的「語言」與「情緒」最有可能讓這群人產生穩定、有生氣、有活力的各種具個別性的不同「整體」。高階層管理者若能掌握到每一個別「整體」最具吸引力及感染力的「語言」與「情緒」時，他們就可以使「機構」（或「系統」）這一個「更大整體」及其中的各個「整體」，都能經由「對話」與「交談」來展現每一「次系統」的「整體」的「活力」與「朝氣」。

6. 要瞭解到，「管理」在本質上僅只是一種對「人」的引導與激勵的過程，這一個過程是基植於認知、尊重、分享不同個人之間的「個別差異」，並將這些「個別差異」轉換為，能夠加強「機構」（或「系統」）每一成員在其個別行動上的力量的「合作性互動」。惟有透過「人」與「人」之間的相互引導與激勵的過程，才能使「機構」（或「系統」）每一成員的行動，對「機構」（或「系統」）所追求目標的達成，都能更為有效、有貢獻。

因此，凡是以系統的觀點與方法來施行對「系統」、「機構」或「組織」的管理時，則其領導人、經營者及管理者就應該要專注於「機構」（或系統、組織）中其各個「整體」間以及各構成「部分」間的「互

37

動」，而不應僅只注意到各個構成「部分」所進行的個別性行動。任何一個「部分」不管它有多重要，它一旦從它所隸屬的「整體」中被分離、孤立時，它這一個「部分」就無法再發揮它在所屬系統、組織或機構中原本具有的作用及功能。所以，「機構」（或「系統」）的領導者、經營者及管理者，他們所關注的焦點應該置於「機構」（或「系統」）本身這一個「更大整體」、所有的個別「整體」、各個「整體」間的互動以及各個「整體」內的「部分間的互動」等事項上面，而不應該將眼光放在個別的「部分」之上，更不應該對「部分」所呈顯的行為，予以孤立看待。事實上，所有那些必須以「整體」作為它們之存在前提的各個「部分」，它們彼此間因為有著「互動」，它們對自身所隸屬的「整體」才會產生價值或貢獻，而這些價值或貢獻絕不是個別「部分」所能單獨產生的。換言之，以「整體」為存在前提的各個「部分」，它們必須能在彼此間產生「互動」才有存在的價值，因此，這些「互動」才是「系統」、「組織」或「機構」之所以能夠產生「綜效」(synergy) 的關鍵所在。為使「部分間的互動」能夠增進在「整體」上的「綜效」，「系統」、「組織」及「機構」在其管理運作機制的設計、安排上，就必須包容並儘可能增加其各個構成「部分」在行為表現上的「多樣性」(variety)，如此，才有可能使各個構成「部分」在彼此間的「互動」上也具有「多樣性」，進而才能使「互動」所產生的「綜效」出現「多樣性」及「創新性」，從而，「系統」、「組織」及「機構」才能因其各個「整體」及自身這一個「更大整體」所

產生的「綜效」的「多樣性」及「創新性」，而有可能去應對、適應複雜、多變、動態的外部經營環境。

　　由上述的討論，顯示「系統觀點」的核心概念就在於深入地注意到，構成為一個系統的各個「部分」間的「互動」，「部分」與所隸屬的「整體」間的「互動」，系統的每一「整體」與其他「整體」間的「互動」，以及每一「整體」與所隸屬的「更大整體」間的「互動」。換言之，所有這些「互動」的瞭解與掌握，才是有效執行管理運作的關鍵。因此，「機構」(或「系統」)的領導人、經營者及經理人員在採用「系統觀點」的同時，也就意味著：他們必須將思維的方法，從傳統的「分析性」(analytic)的觀點調整為「綜合性」(synthetic) 的觀點。所謂「分析性」的觀點就是：先將所要探究、瞭解的對象予以拆解，然後，就拆解後的每一個「部分」，分別地去探究其行為、性質，最後，再將對於各個「部分」的瞭解予以加總、彙整，藉此方法建立起對該一對象的整體性瞭解；若是在初步拆解後的探究仍然無法建立對該一對象的整體性瞭解，則對每一個已拆解的「部分」繼續再做更進一步的拆解，直到無法進行拆解為止。「綜合性」則全然不同於「分析性」，「綜合性」的觀點就是：先將所要探究、瞭解的對象當成是一個「更大整體」中的一個組成「部分」，亦即，先將所要探究、瞭解的對象和它周遭的其他相關事物放置在一起瞭解，而不是將所要探究、瞭解的對象從它周遭的其他相關事物中加以隔絕、孤立；接著，就直接探索這個「更大整體」的究竟，一旦能夠揭露出這個「更大整

體」的究竟，就可瞭解到原先所要探究的對象在它所隸屬的這個「更大整體」中所扮演的角色或所執行的功能；緊接著，針對那些與它在「更大整體」中所扮演角色或所執行功能有關的「行為」或「表現」作進一步的探究，並且將它的「行為」、「表現」與它在「更大整體」的「角色」、「功能」兩者的關係，加以詮解，如此，就可對所要探究對象的各種「行為」或「性質」有所瞭解。「分析性」的方法至多只能揭露一個系統的構造 (structure) 以及該一構造是如何地運轉 (work)，而對於該一對象系統所具有的重要「性質」、重要「行為」以及它何以具有這些「性質」與「行為」的緣由等事項，卻是無法獲得適切且正確的周全性瞭解。因為，一個系統的重要「性質」及重要「行為」並不是預先被配置在構成該一系統的每一個「部分」上的，而是源自於該一系統為了要滿足它在所隸屬的「更大整體」中持續生存與發展的需要而自然形成的，因此，任何一個系統為求能夠持續在它所隸屬的「更大整體」中生存與發展，它就必須自行演化出一些重要的「性質」與「行為」。所以，「機構」（或「系統」）的領導人、經營者及經理人員確有必要去發展並建立「綜合性」的思維觀點，當他們能夠運用「綜合性」的觀點去探究自己所負責「機構」（或「系統」）在所隸屬之「更大整體」中的角色與功能時，他們就有可能進一步掌握並正確理解他們所負責「機構」（或「系統」）的重要「性質」及重要「行為」[註2.4]，從而，他們也就能夠以自己對自家「機構」（或「系統」）重要「性質」及「行為」的正確理解，來做出有效的領導及管理。

有關於領導、經營及管理一個「機構」（或「系統」）的傳統觀點及傳統思維方法，確實已不足以幫助「機構」（或「系統」）的領導人、經營者及經理人員有效因應當前「系統時代」的經營環境。雖然，「系統理論」及「系統科學」尚未發展成熟，但是本節從「系統理論」中所摘取討論的一些適用的「系統觀點」，對於「管理學」的發展以及對於面對「系統時代」挑戰的實務經理人員而言，確是具有相當助益的。因此，以「系統觀點」來看待「機構」（或「系統」）的經營與管理，並將「系統理論」中適用的系統概念融用於「機構」（或「系統」）的經營與管理工作上，對於要在二十一世紀領導「機構」（或「系統」）面對「系統時代」挑戰的領導人、經營者及經理人員而言，應該是極有必要去提升並力行的重要素養！

■ [註2.4]

參閱Russell L. Ackoff, "Systems Thinking and Thinking Systems", System Dynamics Review, Vol.10, No.2-3, pp.175-188, 1994.

2-4 系統設計觀念與管理

　　依第 1-1 節所述，管理工作者面對的是，一個以「人」及「事」兩類因素所構成的龐大、複雜的動態系統，而再依據第 2-3 節所述之經營者及經理人員在「系統時代」所面臨的三項最根本的挑戰，則我們可以歸納出「管理」的核心任務至少應該包括：(1)「機構」（或「系統」）整體發展的規劃與推動；(2)「機構」（或「系統」）內部組織的設計與設置；(3)「機構」（或「系統」）整體運作制度及作業流程的設計與執行；(4)「機構」（或「系統」）運作所需各項資源的籌集與分配；(5) 需用之各類人員的招募、訓練、配派、任用、監督、領導與考核；及(6) 日常事務運作及特殊事件的監控、協調及溝通等。這些核心管理任務彼此間交錯關連，無法單獨、個別地推動完成，而必須整體、全面、同步、配套地規劃設計與推動執行。然而，對於這些必須整體、全面、同步、配套地進行規劃設計及推動執行的核心管理任務，雖然前人對這些管理任務已在實務上產生不少片段性的「經驗」，不過，不容諱言的，一般經營者及管理人員實在是很難將前人那些片段性的「經驗」作為明確、具體的工作指導。另方面，對於大多數的管理學學者及研究者而言，他們確實不容易從經營者及管理人員所累積的管理實務「經驗」中，將實務上的各種具體管理作為與這六項核心管理任務間的動態關係，作出全面性及合理關連性的明確綜整或歸納，他們僅能提出一些只能意會而難以有條理言傳的模糊、抽象概念。以

致於大多數「機構」（或「系統」）依循「管理學」理論的抽象概念所建立的管理系統，在實務運作上常是難以全面、同步地有效執行這六項核心管理任務。事實上，從整體、全面、同步、配套的系統規劃設計觀點來看，當前各「機構」（或「系統」）的管理系統，一般都存有如下的缺點：

1. 對於「機構」（或「系統」）在所處環境及情境中，有關它本身與其外部(即環境)之各個利害關係群體（其他之機構、組織、團體、個人等）所具有的利害交錯的「互動關係」，以及各種「互動關係」間的相互影響，「機構」（或「系統」）的管理系統及各階層主管人員一般都對它們缺乏充分及深入的體認。

2. 管理系統的主管人員們除極少數例外，他們對於自家「機構」（或「系統」）內部的各部門、各單位、各作業及各成員之間所具有的交互影響關係，一般都缺乏深刻的瞭解。

3. 對於隱含於「機構」（或「系統」）內可以將各部門、各單位、各作業及各成員結合成一體的「凝結力量」，以及可以促使「機構整體」或（「系統整體」）進行諧調運作之各個「次系統」間的各種類「互動機制」，各階層主管人員一般都缺乏充分及深入的體認，以致於管理系統只是徒具形式而已，主管人員很難透過管理系統發揮出整合「機構」（或「系統」）內部各方力量的作用。

4. 愈是重要的管理階層，對於「機構」（或「系統」）各項重要行動的決定以及行動過程的控管方式，愈是欠缺足夠的陳述能力，他們似乎不懂得如何使用明確、清晰的邏輯來為自己的決定向部屬及外界提出說明、詮釋（以嚴謹、簡潔的邏輯來合理說明所作決定的意義及理由），以致，「機構」（或「系統」）的各部門、各作業、各單位、各人員在執行「機構」（或「系統」）的重要決定時，由於未能瞭解各級領導們所作決定的理由及意義，所以，通常難以出現全面、同步、配套且諧和一致的行動。

5. 「機構」（或「系統」）或因各種內、外部因素的衝擊，以及因為成員在年齡、學識、經驗的增長變化，必然會出現人事上的「新陳代謝」，從而，「機構」（或「系統」）內部各部門、各單位、各作業、各成員間既存的交互影響關係及互動機制，必會產生「隱性」及「漸進」的變化；然而，「機構」（或「系統」）的管理系統對於人員間互動關係的這些「隱性」、「漸進」變化，以及由於這種變化而衍生的作業間、單位間及部門間的互動關係變化，常常缺乏敏銳的體認，以致未能「正視」這類變化；而必須等到這些「隱性」、「漸進」的變化已累積至引發明顯、巨大的「突發式」衝擊性事件（即「突變」）時，管理系統才會「正視」變化的存在；而只有在「機構」（或「系統」）一再遭受這類重大事件的衝擊並為這些早已存在的變化付出龐大代價之後，管理系統才會認真

思考，是否應該對人員組織、運作機制及互動關係做大幅的調整或根本的改變（亦即，管理系統通常缺乏「防微杜漸」的能力）。

6. 由「機構」（或「系統」）高階管理層所推動的各項措施（包括：政策、計畫、方案等），在既有的管理系統下，整個實施過程常具有明顯的「僵固性」(rigidity)（即凡事必須遵照管理系統所規定的固定程序、形式及標準辦理），而缺乏足夠的「靈活性」及變通的「彈性」(flexibility)，以致難以讓各個相關的執行部門、執行人員依現場實際情況的需要，自主地作出「即時」(real time) 或「及時」(in time) 的各種必要、合理、適度的微調 (tuning) 性變通處理。

7. 「機構」（或「系統」）的高階管理層在推動事關整個「機構」（或「系統」）重大利益的措施之前，對於該一措施的妥適性、有效性及後果影響性各事項，他們雖然知道應該進行事前分析、研判，然而，由於自己手上缺乏能對各種經營管理措施作事前評估或檢驗的有效方法及工具，因而他們難以在措施規劃時或推動前，就先期發覺或預見該一措施所存在的「盲點」、偏差的地方或窒礙難行之處，甚至是錯誤的地方，以致，每當他們要推動重大措施時，整個「機構」（或「系統」）就猶如「盲人騎瞎馬」似地令人心驚膽跳，而措施能否實施成功就只能憑藉運氣了。

　　對於上述有關當前一般「機構」（或「系統」）的管理系統的缺失，若想要有所彌補或改善，則「機構」（或「系統」）的領導人、經營者及管理者就應該運用「系統設計」(system design) 的觀點去進行「機構」（或「系統」）管理系統的修正或改進。所謂「系統設計」的觀點就是：運用寬廣、整合的「綜覽」性視野，以促使一個「全新系統」得能在一個「機構」（或「系統」）中順利產生的思考觀點。凡是能夠善用「系統設計」觀點進行思考的「機構」（或「系統」）領導人、經營者及管理者，他們對於自己所要推動的每一項管理措施或是所要進行的每一項經營管理活動，都會將該一措施或該一活動的實施，認為是在促成一個「全新系統」（即「全新的流程」、「全新的機制」、「全新的組織」、「全新的機構」或「全新的系統」）的誕生。因此，在事前他們就會以管理系統的當前運作缺失為前提，對於將要研提並實施的措施或活動，依下述程序作寬廣、整合的思考、規劃、設計及安排，以使該一措施或活動的實施，不但可以同步修正、改善當前管理系統的運作缺失，而且可以進而促成一個「全新系統」的誕生：

1. 依據「機構」（或「系統」）所處環境與情境的現況及演變趨勢，針對想要推動的這一項措施或活動，思考它與「機構」（或「系統」）所追求的「最根本目的」及「目標」(purpose, goal and objectives)，究竟有什麼關係？高階管理層對於他們所想要推動的每一項經營管理措施（或決定、活動），應該在「起心動念」之

時，就從該一措施在「機構」（或「系統」）所追求的「根本目的」及「目標」上所可能產生的達成或促進程度，認真思考該一措施究竟會具有什麼明確貢獻、特殊意義或成果。對於思考所得出的結論，他們也必須負責地以清楚、明確、具體的文字加以陳述、說明，就如同一位系統（產品）設計工程師在開發一項新的工程系統或新的產品、商品時，設計工程師必須針對該一新系統（或新製品）的目標及主要功能特性，作出清楚、明確、具體的「規格」說明。這是以「系統設計」觀點研擬、規劃經營管理措施時，措施的規劃、設計、推動者，即高階層管理者，首先要做的思考工作。

2. 他們接著應該要思考的是，這項措施（或活動）所涉及的各個部門、單位、作業及人員，在這一措施（或活動）於未來的執行過程中，是否確實交互關連著？因為，一個「新的系統」必然是由許多交互關連的「部分」所組成，而這一項措施（或活動）既然是等同於一個「新的系統」的開發，則就務必要使所涉及的各個部門、單位、作業及人員在該一措施（或活動）的執行過程中，確實交互關連成一個「整體」。

3. 在規劃、設計、安排這項措施（或活動）的具體內容時，對於涉及到的各個部門、單位、作業及人員，亦即組成「機構」（或「系統」）的各個「部分」，不能只是偏重某一個「部分」或少數幾個「部分」，而要特別注意到各個組成「部分」間的全面性平衡。也

就是說，除要注意各個「部分」彼此間在這項措施（或活動）中的功能平衡外，還要注意它們在這項措施（或活動）上與在「機構」（或「系統」）既有日常運作活動上，兩者間所承擔功能、責任的平衡。如此，這項措施（或活動）所要表徵的「新的系統」，才有可能與「機構」（或「系統」）的既有日常運作活動，相互結合成為一個可以和諧運作並發揮一致性力量的「整體」。這是高階管理者以「系統設計」觀點研擬、規劃一項新的經營管理措施（或活動）時，在第三步驟要思考的事項。

4. 為確保所要推動的這項措施（或活動），亦即這個「新的系統」，未來能夠穩定、協合、和諧、持續地執行、推展、運作，對於此一「新的系統」的各個組成「部分」，自然需要為他們分別加上一些特殊的控制原則及控制準據，而這一些必要的控制準據或控制參數，也應該在這項措施（或活動）進行規劃、設計、安排時，就予以釐清、確定。這是高階管理者以「系統設計」觀點研擬、規劃一項新的經營管理措施（或活動）時，在第四步驟要思考的事項。

5. 由於所要推動的這項措施（或活動）既已被當作一個「新的系統」來看待，就應設法以明確、簡潔的方式，將這個「新的系統」的主要構造、功能、操作程序及特性，予以表達、說明。高階管理者在這時候所作出的表達、說明，應該如同工程師運用「模式」或「模型」(model) 來呈顯他所設計的新系統（或新製品）的功能時，能

夠具有可以讓所有相關人員都能瞭解的明確、簡潔的表達、說明效果。這是高階管理者運用「系統設計」觀點研擬經營管理措施（或活動）時，在第五步驟要思考的事項。

6. 在正式公告實施這項措施（或活動）之前，即「新的系統」在正式實施之前，應該先對這個「新的系統」進行在真實情境下的演練、操作、測試，以發覺「新的系統」在構想、規劃、設計各階段所可能被隱藏的偏差或錯誤，同時也查驗「新的系統」是否能夠達到預定的目標並發揮預期的效能。這是高階管理者運用「系統設計」觀點研擬經營管理措施（或活動）時，在最後一個步驟要施行的事項。

由於領導人、經營者及管理者所要領導、負責主持、營運的對象，通常是一個已然存在的「機構」（或「系統」），因此，領導人、經營者及管理者對於他們想要推動的經營管理措施或經營管理活動，通常就會把它當成是在「機構」（或系統）既有的管理系統中來推行的「局部性行為」，以致，領導人、經營者及管理者很容易因為他們自身已習慣於既有管理系統的行事風格及組織文化，而很困難去採用以促成「新的系統」為目標的思維觀點，所以，他們也就難以將整體、全面、同步、配套的規劃設計觀念，落實於他們所要推動的經營管理措施（或活動）。不過，面對「系統時代」的經營管理挑戰，「機構」（或「系統」）的領導人、經營者及管理者必須採取「系統設計」的觀點來構思、規劃、設計他們所要推

動的每一項經營管理措施或經營管理活動，也就是要改持「將每一項經營管理措施或經營管理活動當成是在促成一個全新管理系統的誕生」的觀點，並且依循前述的程序來規劃、設計要在「機構」（或「系統」）中推動的每一項經營管理措施與經營管理活動，這樣，則本節所述及的管理系統的各項常見缺失，不但會因為「系統設計」觀點的運用而獲得彌補或改善，而且也由於將「系統觀點」落實在管理系統的運作，而可增進「機構」（或「系統」）回應「系統時代」之各種挑戰的能力。

第3章
策略暨戰術之
基本概念

　　依前章「系統觀點與管理」第 2-4 節所述，領導人、經營者及管理者在他們所領導、主持的「機構」（或「系統」）中，對於他們所要推動的每一項經營管理措施或每一項經營管理活動，都應該要抱持著『該項措施（或活動）是在促成一個「全新的機構」（或「全新的系統」）的誕生』的觀點，來進行該項措施（或活動）的規劃與設計。因而，領導人、經營者及管理者所構思、規劃、設計的各種經營管理措施（或活動），從開創或促成一個「全新的機構」（或「全新的系統」）的觀點來看，則在理論上，它們都應該是具有「策略」意涵或「戰術」意涵的措施（或活動）。換言之，「機構」(或「系統」)的領導人、經營者及管理者所推動的經營管理措施（或活動），常是深具「策略性」及「戰術性」，因此，對於「策略」(strategy) 暨「戰術」(tactics) 的概念，以及這兩項概念在各種「機構」（或「系統」）暨事業（特別是政府及企業）的經營管理上所具有的意義，的確有必要作進一步的釐清。

3-1 策略暨戰術的意義

　　對於任何一位行事務實並具理性思考能力的人來說，當他面對必須以全副精神去思考、處理的重大問題時，他自然會或多或少地發展、生成「策略」暨「戰術」的觀念，以求取有效的方法來處理、解決眼前的問題。成書於二千五百年前的《孫子兵法》，書中雖然沒有使用「戰略」、「策略」、「戰術」等字眼，但是，「戰略」暨「戰術」概念的論述及辯證，卻是《孫子兵法》一書的主要內容（事實上，絕大多數有關策略理論及概念的重要論著，幾乎都會提及《孫子兵法》的「戰略」暨「戰術」思想）。由於一次戰役或一場戰爭的勝、敗，對於參加作戰的軍人、將領以及當時的國家領導人、政府和人民在生活及命運上的衝擊與影響，極為鉅大（即戰敗者很可能必須面臨國破、家殘、身亡的噩運），所以，「戰略」暨「戰術」的概念自古以來就自然成為軍事領域所最重視的核心觀念，也因而就由軍事領域最先創生並普遍使用「戰略」暨「戰術」這兩個詞彙。

　　雖然，辭典中對「戰略」、「策略」及「戰術」等詞彙所作出的定義，並沒有辦法完全表達這幾個詞彙所包含之概念的豐富性與複雜性，但是，從辭典所說明的一般性定義上，卻足以凸顯這幾個詞彙所含具之最重要及最基本概念。因此，本章就以辭典中對「戰略」、「策略」、「戰術」等詞彙所作的定義，作為討論「策略」暨「戰術」概念的起點與基礎。

依據遠流公司 1989 年出版的《辭源》一書，書中僅有「戰略」、「戰術」二詞，而無「策略」一詞。其中，「戰略」意為「作戰的謀略」，詞出自唐朝高適《高常侍集二》中「自淇涉黃河途中作詩之六」之一句：「當時無 "戰略"，此地即邊戍。」。至於「戰術」一詞，其意義為「作戰的方法計謀」，詞也出於唐朝之時，見於李隱《瀟湘錄》中「馬舉」之「叟曰：方今正用兵之時也，公何不求兵機 "戰術"，而將禦寇讎?」。雖然，《辭源》中並無「策略」一詞，但是「策」字作「謀略」之義的使用，則起源甚早。據《辭源》所述：《禮》中「仲尼燕居」之「田獵戎事失其 "策"」之「注」有「策，謀也。」的解說；另外，《呂氏春秋》中「簡選」之「此勝之一 "策"也。」之「注」也有「策，謀術也。」的說明，而「略」字在《辭源》中則有「謀略、法制」之意。總之，中文的「戰略」、「策略」、「戰術」這三個詞彙的原始意涵並無差異，辭典上的說明也極明白、清楚，「策略」及「戰略」均意指「謀略」，而只是「戰略」係專指使用於作戰時的謀略，因此，若將「謀略」使用的場合都視同為作戰場合時，則「策略」及「戰略」二詞並無差異，兩者可以相互替用；至於「戰術」一詞雖專指「作戰的方法計謀」，但只要「方法計謀」所使用的場合可類比或視同作戰的場合，則「戰術」一詞也與「戰略」相同，一樣可以在任何領域來使用於強調「方法計謀」的場合。

近數十年來經營管理領域所風行的「策略」概念，則是源自於西方管理學界，而與上述中文詞彙的起源無關。西方學者對於「策略」及「戰

略」的概念都是以「strategy」這一字詞來含括，至於「戰術」的概念則以「tactics」一詞來含括。

據《Webster's Third New International Dictionary》所載，「strategy」一詞主要有下述幾種意義：

(1) the science and art of employing the political, economic, psychological, and military forces of a nation or group of nations to afford the maximum support to adopted policies in peace or war（運用一個國家或一群國家在政治、經濟、心理及軍事上的力量，以求對於該國為和平或戰爭所採行的各項政策給予最大的支持，而關於此等事務的科學及藝術，即可稱之為「策略」或「戰略」）；

(2) the science and art of military command exercised to meet the enemy in combat under advantageous conditions（為能在各種有利情況或條件下與敵人進行會戰，就此目的而在軍事指揮上所運用的科學及藝術，稱之為「策略」或「戰略」）；

(3) a careful plan or method or a clever stratagem（一項細心的計畫或方法，或是一項巧妙的計謀，都可稱之為「策略」或「戰略」）；

(4) the art of devising or employing plans or stratagems toward a

goal（為達成某一個目標而去設想或運用一些計畫、計謀的藝術，稱之為「策略」或「戰略」）。

至於「tactics」一詞，主要的意義有：

(1) the science and art of disposing and maneuvering troops, ships, or aircrafts in relation to each other and the enemy and of employing them in combat（就我方各種兵力彼此間的關係以及我方兵力與敵軍間的關係，進行我方部隊、艦隊、機隊等各種兵力的部署及調遣，然後在會戰及戰鬥時運用這些兵力的部署以贏取戰鬥的勝利，此種兵力部署、調遣、運用的科學與藝術稱為「戰術」）；

(2) the art or skill of employing available forces with an end in view（凡是運用各種可供使用的力量以達成某種可見目的或可見結果的藝術或技巧，都可稱之為「戰術」）；

(3) a system or mode of procedure, method（由步驟、方法所構成的一套系統或作法，稱為「戰術」）。

依前述中英文辭典的解釋，很顯然，不論是中文的「策略」、「戰略」或是英文的「strategy」，「策略」這一詞語在基本上都意指著它是「人」的心智在高度作用下的產物，因而它具有下述的意涵：(1) 它是一個人或一群人針對某一特定問題之解決，經細心思維問題的解決之道後，所

得到的思維結果；(2) 它是某一由人所組成的系統（包括：群體、組織、機構、社會、國家或任何社會系統）的領導階層，就該一系統所在環境及處境的情況，從系統在未來的生存與發展的需求著眼，針對系統自身的目標（即系統應該或適宜去追求的目標）以及如何達成該等目標這兩大基本課題，所集體進行的細膩、巧妙思維；(3) 它所表現的思維上的創意、細緻與巧妙，並不容易清楚、完整描述，它的產生過程也不容易被完全瞭解，換言之，它具有「只能意會，難以言傳」的性質；(4) 它所表現的思維上的創意、細緻與巧妙，通常是植基於「策略構思者」對於他所隸屬的系統在有關運作特性、系統所在環境及處境特性、以及處境演變趨勢等事項上，他個人所具有的基本性、宏總性、長遠性及深入性的瞭解；以及 (5) 它具有引導、指導及規範一個系統在一段相當長度時間內的一連串行動或行為的功能。

　　所以，基本上，「策略」[註3.1] 的內容會因對象（即施用「策略」的主體或系統）、因人（即「策略」的構思者或規劃者）、因事（即「策

■ [註3.1]

由於「戰略」在本意上與「策略」完全相同，只是，「策略」的使用場合為一般性，而「戰略」則專門使用於軍事或戰事領域，因此，除特別強調外，本書使用「策略」一詞時將不再加提「戰略」之詞，但要加強調的是，這兩個中文詞彙都是英文「strategy」的中譯。

略」所要解決的問題）、因時（即「策略」施用的時間或時機）、因地（即「策略」施用對象之處境或所在環境）等因素的不同而有所差異，極難一概而論。事實上，「人」之所以會進行「策略」的構思，主要是導源於「人」對「未來」的感知與期望，而不是純屬偶然。固然，「人」對於「未來」的感知與期望的強度會因人、因事而異，不過，任何「人」或任何由「人組成的系統」只要具有「前瞻」(foresight) 的想法，當他們一旦思及自身的「未來」，他們就已經自然地啟動或開始「策略」的構思，而不管他們是否知道要使用或有無使用「策略」這個辭彙來指稱他們對「未來」行動所作的構思。由於「人」以及「由人所組成的任何系統」，均具有追求自身能於「未來」永續生存及發展的天性，因而，「前瞻」的想法也就普遍地存在於大多數人的心中。而由「人」所組成的「機構」或「組織」，事實上，也就是「人」為增強個體於「未來」的生存及發展機會所組成的分工合作群體，顯然，「機構」或「組織」等社會系統的存在就是「人」具有「前瞻」想法的具體明証，是以，由「人」所組成的「機構」或「組織」自然也會具有「前瞻」的想法。從而，「策略」的構思也就伴隨著「人」以及「人」的「前瞻」想法，而無所不在。

「戰術」雖與「策略」有極密切的關係，但其本義所指涉的內涵及意義，卻是不同於「策略」所代表的概念。雖然，許多人常將「戰略」、「策略」與「戰術」視為同義而交替混用，但由前述中英辭典的解釋中顯示，「戰術」與「策略」的意涵固然有相同之處，不過，它們所指涉的概

念內容確有不同，因此，有進一步加以釐清的必要。「戰術」與「策略」相同之處是，「戰術」也是創意、細緻、巧妙思維的產物，它同樣具有「只能意會，難以言傳」的性質，其內容也同樣會因對象、因人、因事、因時、因地而呈現多端變化。也因為上述的相同之處，而使許多人常將「戰術」視為「策略」，或將「策略」等同為「戰術」。如果不將「戰術」的概念侷限於軍事或作戰上，則「戰術」的本意應在強調：「實際操作活動上的方法計謀」。所以，就「方法計謀」構思的思考性質而言，「戰術」與「策略」確有相同之處；但就思考的前提、思考的內容、以及思考的產出而言，「戰術」與「策略」則是存有不同之處。「戰術」思考的前提是：「戰術」所要達到的「目的」(ends) 或「標的」(objectives, target)，它應為明確、具體且為可見的「目的」或「標的」，而且這項「目的」或「標的」不應該是憑空產生的，通常是依據已知「策略」所擬定的「目標」(purposes and goals) 來研擬、設定的。至於「戰術」思考的內容，則為有關於為達成某種既定且為可見的「目的」或「標的」時，針對涉及該一可見「目的」之達成而需要施行的各種實際操作活動，進行各種設計、構思，同時也針對所構思的各種活動進行具有「方法計謀」意義的取捨與安排，這些即為「戰術」的思考內容。所以，實際操作活動所涉及的各種事項、因素（特別是涉及人力、物力、金錢等資源之部署與運用的事項或因素）的思考內容，以及這些事項、因素間的互動關係，還有這些事項、因素間之互動關係與所要達成之可見「目的」或「標的」間的

關係等，都是「戰術」思考的主要內容重點。至於「策略」在思考上的內容重點，則是「機構」（或「系統」）在當前處境所應追求的「目標」(purposes and goals) 應該是「什麼」(what)，以及要「如何」(how) 做才能達到所選擇的「目標」。另外，「戰術」思考的產出就是「依特定方式來進行的實際操作活動的安排或設計」（此種經戰術思考之取捨、安排而產生的以特定方式所進行的實際操作活動，也就是前述「戰術」定義上所稱的「方法計謀」），而「策略」思考的產出則是：「機構」（或「系統」）在當前處境下為本身的生存與發展所應追求的「目標」，以及可以達到該一「目標」的具體「途徑」(approach)。上述有關「策略」與「戰術」意涵上的差異，可綜整如表 3.1 所示。

3-2 「策略」思維所面對的基本課題

依前節有關「策略」及「戰術」之意義、本質的說明，則規劃、思考一個機構（或系統）的「策略」，其實質即在回答下述有關該一機構（或系統）長期生存與發展（即該一機構的「長命性」(longevity)）的兩個基本問題：(1) 為確保機構（或系統）的長期生存與發展，機構（或系統）在當前應該做什麼？以及 (2) 對於機構（或系統）在當前就應該去做的事，

表3.1 「策略」與「戰術」意涵的差異比較

比較項目	策略(或戰略)(strategy)	戰術(tactics)
思考的前提	機構（或系統）具有追求有利於自身在「未來」的持續「生存」與「發展」的明顯需求。	有著明確而且可見的「目的」(ends) 或「標的」(objectives, target)。
思考的內容	1. 機構（或系統）的運作特性，機構（或系統）所在的環境、處境特性，以及所在環境、處境的演變趨勢。 2. 機構（或系統）所要追求的基本「目標」(purposes and goals) 應該是「什麼」(what)。 3. 機構（或系統）要「如何」(how)去「做」或「行動」，才能達到所選擇的「目標」。	1. 與達到既定的可見「目的」或「標的」有關的實際操作活動的清單。 2. 各個實際操作活動項目所涉及的事項、因素。 3. 各個實際操作活動項目彼此間的關連狀況，以及各活動項目所涉及各事項、因素間的互動關係。 4. 各個實際操作活動項目的關連狀況與既定、可見「目的」或「標的」的達成所具有的關連性，以及各實際操作活動項目所涉及各事項、因素的互動關係對既定、可見「目的」或「標的」之達成所存在的影響性。
思考的產出	1. 有利於機構（或系統）「生存」與「發展」的「目標」。 2. 要達到「目標」時最適於採行的具體「途徑」(approach)。	要達到既定、可見「目的」或「標的」而依特定方式進行的實際操作活動（包括：實際操作活動的項目清單以及各項目在執行上的先後順序與方法重點的說明）。

究竟應該如何去做？

　　機構（或系統）的領導人、經營者及管理者，在思考如何回答「策略」所涉及的這兩個基本問題時，對於第一個問題所要決定的「機構(或系統)在當前應該做什麼」，他們通常必須從下述四個面向來思考、考量，然後才能釐清「什麼才是機構（或系統）應該做的事？」最後，他們才有可能研擬出合理、有效的「策略」。這四個面向的思考事項其內容分別為：

1. 機構（或系統）自身所擁有的有形 (tangible) 及無形 (intangible) 的「能力」(capability) 究竟是什麼？機構（或系統）在這些能力的實際表現情況又是如何？機構（或系統）所具有的「最大能力」及「正常能力」經誘發之後真正「能夠」(can) 做的事，究竟是什麼？

2. 機構（或系統）就本身的「需求」、「慾望」或「情感渴望」而言，它自身最「想要」(want) 做的事，究竟是什麼？

3. 機構（或系統）在當前所處的環境及情境下，以及在所推測的環境及情境的未來演變情勢下，環境及情境所「可能」(possible) 讓機構（或系統）去做的事，究竟是什麼？

4. 就「倫理上」(ethic)、「道德上」(moral) 以及機構（或系統）自身所秉持的「價值」(value)、「信仰」(belief) 而言，機構（或系統）可以被「允許」(allowed) 去做的事，究竟是什麼？

　　上述四個面向的問題，都是「策略」思考時所不可忽略或漠視的問題^[註3.2]。機構（或系統）所研擬的「策略」若是忽略或漠視上述四個問題中的任何一個問題，都會造成該一「策略」存有致命的嚴重缺陷，也將使機構（或系統）在施行該一具潛在缺陷的「策略」時遭遇重大困難或挫折，並使自身在生存或發展上陷入危殆的境遇。換言之，凡屬合理、正確、有效的「策略」，它就必須經得起任何人以上述四個面向的問題來進行檢驗，而通過檢驗的「策略」的內容，也必須在「can」、「want」、「possible」及「allowed」四個面向上取得相容並具有邏輯的一致。由於「策略」的內容會隨機構（或系統）的不同、機構（或系統）處境的不同，以及「策略構思者」的不同而有不同，換言之，會因機構（或系統）、因地、因事、因時及因人而產生不同內容的「策略」，因此，世界上並不存在「一般性」、「普遍性」或「通用性」的「策略」。是以，在真實世界中被採行、實施的任何一項「策略」，它必然具有獨特性及唯一性。然而，只要是好的「策略」或是成功的「策略」，不論它所具有的獨特性是什麼，也不論它被正式提出之前的思考過程究竟是如何，它通常都能同時通過上述四個面向問題的檢驗。所以，機構（或系統）的

■ [註3.2]

參閱 Aimé Heene, "The Nature of Strategic Management", Long Range Planning, Vol. 30, No. 6, pp933~938, 1997.

領導人、經營者及管理者如果能從檢驗「策略」的「can」、「want」、「possible」及「allowed」等四個面向來進行「策略」的思考時，他們就較有可能為機構(或系統)構思、研擬出合理、可行、有效的「策略」。

　　上述關於構思、研擬「策略」時所要考慮的「can」、「want」、「possible」及「allowed」這四個面向的問題，由於代表每一面向問題的英文字詞相當簡單，它們很可能因而會被許多策略構思、規劃者認為是可以容易地加以掌握的概念。不過，這四個簡單英文字詞所分別代表的每一個思考面向所含括的因素及事項均極為繁多、複雜而且多變，如果要一一列舉並深入詳予探究、評析，在實際上應是極為困難的。因此，我們認為「策略」的構思者在思考這四個面向的問題時，他們應該設法先從每一個面向所含括、涉及的龐雜因素及事項中，辨識出兩三個「基本」或是最「關鍵」的因素及事項，接著，再以這些「基本」、「關鍵」的因素及事項為基礎，探究所有這四個面向的這些「基本」、「關鍵」因素及事項彼此間的關係，然後從這些關係中開始構思各種可以通過四個面向問題檢驗的「策略」。然而，縱使「策略」構思者已經依循以上的原則來構思「策略」，我們仍然無法確保他們構思所得的「策略」會是合理、可行、有效，因為，還有下述三項課題需要加以考量並處理：

1. 「策略」所前瞻的「未來」究竟是「多長的未來」，亦即，「策略」所提示的「目標」究竟是機構（或系統）預計在「多長時間」之後所要達到的「狀態」？機構（或系統）內部在不同位階及分屬

不同年齡、背景的成員以及機構（或系統）外部的各個不同利害關係人，對於「策略」所要施行的時間長度（可以是一季、半年、一年、三年、五年、十年或二十年等），他們分別會有什麼看法？對於必須要持續施行這樣時間長度的「策略」，從機構（或系統）整體、機構（或系統）的成員以及機構（或系統）的利害關係人等不同的立場來衡量，此種時間長度的意義分別會是如何？換言之，對於「策略」所要前瞻的「未來」，應該用什麼「時間尺度」(time scale) 及「時間長度」(time length) 來設定，機構（或系統）的領導人及經營者必須先針對上述三個涉及時間因素的問題，進行視野寬廣、客觀周延及審慎深入的考量，然後才能對「策略」所要前瞻的「未來」究竟是「多長的未來」這一基本課題有所決定。

2. 由於「策略」在本質上會影響整個機構（或系統）的所有構成單位及成員在長期未來的各種活動，為使「策略」具有「寬廣範圍」及「長遠未來」的包容能力，因而，「策略」僅能以抽象性、概念性的想像語彙及描述，來滿足它所必須具備的高含括性的需求。然而，「策略」不能僅以抽象、概念的想像為主要內涵，而必須使它的內容具有相當程度的「實在性」，因此，如何使「策略」的內容在「抽象、概念性想像」與「具體、實在」之間，保有正確、適當的平衡，應是機構（或系統）的領導人、經營者及管理者在構思、規劃「策略」時，必須深刻考量的另一項基本課題。

3. 「策略」的推動與實施必須倚賴機構（或系統）既有的管理運作體制及人員來執行，然而，大多數機構（或系統）既有的管理運作體制常是未符理想或是效率欠佳、效能欠彰，而明顯地不足以有效應對機構（或系統）內外部環境於可見未來所可能加諸於機構（或系統）的衝擊，也正因為如此，機構（或系統）的領導人、經營者及管理者才會有構思及推展新「策略」的需求。因而，如何使所要推行的「策略」，不但不會成為機構（或系統）既有管理運作體制的外來異物而遭到排斥，而且還能藉「策略」的推行來改善既有管理運作體制的缺失並提升其效率、效能，就成為機構（或系統）的領導人、經營者及管理者在構思、規劃「策略」時，他們必須縝密、謹慎考量的一項極為現實的基本課題。

總之，「策略」思考的內容固然依機構（或系統）、依人（策略構思者、機構的領導人及經營者）、依事、依時、依地而異，但就其本質而言，本節所討論的四個面向問題以及三項基本課題，仍然是機構（或系統）領導人、經營者及管理者進行「策略」思考與規劃時，所必須鄭重面對並深入考量的事項。只有當本節所述及的四個面向問題與三項基本課題都已被充分思考並得到釐清時，領導人、經營者及管理者為機構（或系統）所思考、規劃的「策略」，才有可能會是一項合理、正確、有效的「策略」。

3-3 「策略」暨「戰術」在機構的營運上所扮演的角色

「策略」暨「戰術」的意義已如第 3-1 節所論述，顯然，「策略」暨「戰術」均為引導、指導以及規制機構（或系統）在追求特定目標或目的時，進行各種營運活動所要遵循的「原則」、「基底理念」或「基底邏輯」。因此，有必要從機構（或系統）在營運上的基本構造來釐清「策略」暨「戰術」的角色、地位，方能使「策略」暨「戰術」確能助益於機構（或系統）的長期生存與發展。

一個機構（或系統）之所以能夠長期生存與發展，主要是：它能夠穩定、持續地生產出可供應其外部環境（就企業機構而言，其外部環境即為市場，就政府機構而言其外部環境即為人民及社會）所需要的產品 (products, 包括有形的商品 (goods) 或無形的服務 (services))，同時藉所生產的產品持續、穩定地與外部環境進行質能 (matter-energy) 的交換，以不斷地自外部環境取得它為維持自身生存與發展所需要的各種資源 (resources)。為此，機構（或系統）必須施行許多複雜的運作 (operations) 活動，對一般企業機構而言，即需進行生產、行銷、財務、人事、會計、研發、企劃、庶務等各項「企業職能」[註3.3]上的各種運作活動；而為支持各種運作的持續、穩定進行，機構（或系統）就必須擁有各種有形資產 (tangible assets) 以及無形資產 (intangible assets)。換言之，各種有

形資產及無形資產連同資產所支持的各種運作，共同構成為機構（或系統）所擁有的「可明白指認的資源」(addressable resources)；而為使機構（或系統）所擁有的各種「可明白指認的資源」能夠合理、有效率地發揮其功能與價值，機構（或系統）就必須建立一套完整的管理程序 (management process)，包括：規劃 (planning)、組織 (organizing)、人員招募及任用 (staffing)、領導及指揮 (directing)、監控 (controlling)及協調 (coordinating) 等程序，以使機構（或系統）在資源的尋取 (resources acquisition)、資源的配置佈署 (resources allocation)、資源的分配 (resources distribution)、資源使用或發配的排序 (resources sequencing) 以及資源的運用 (resources utilization) 等事項上的各種活動，能夠與各「企業職能」的各種運作充分整合，以使各種運作活動能夠順利、穩定、持續地進行。以上所述即為一般機構（或系統）在營運上的基本構造及功能。

　　事實上，機構（或系統）在營運上雖然具有上述的基本構造及功能，亦即營運機制，但這一個複雜的營運機制仍是難以確保機構（或系統）能夠有效應對其內外部環境的各種演變。一般機構（或系統）的營運機制其

■ [註3.3]

本書所述「企業職能」一詞，係通指各種類機構（或系統）所通常具備的各種職能項目，而非僅指企業機構的職能項目。

本身通常無法敏銳應對環境的變化，難以自動依環境變化去做有利於機構（或系統）生存與發展所應做的「正確的事」(do the right things)。再者，縱使機構（或系統）的領導人、經營者及管理者知道機構（或系統）應該去做的「正確的事」是什麼，也難以確保機構（或系統）的營運機制在面對多變的內外部環境時，能將領導階層所擬定要做的事，「確實把事情做好」(do the things right)。為此，機構（或系統）的領導人、經營者及管理者必須以機構（或系統）的營運機制為基礎，發展出足以促使營運機制有效運作的「策略」思考能力及「戰術」思考能力，因為，能夠促使營運機制有效運作的「策略」及「戰術」，才有可能促使「策略」所要追求的「目標」及「戰術」所要追求的「標的」落實達成。因此，領導人、經營者及管理者經由在「策略」上的深入思考，他們應該為機構（或系統）構思並研提出能符應機構（或系統）營運機制基本性質的「策略邏輯」、「基底邏輯」及「基底理念」；從而，他們就能以機構（或系統）的「策略邏輯」、「基底邏輯」及「基底理念」，來引導、指導機構（或系統）的營運機制去做有利於機構（或系統）的生存與發展所應該做的「正確的事」，而且也能以這些邏輯與理念為基礎來進行「戰術」的思考，為機構（或系統）發展並建立可在各營運現場執行具體運作的「戰術邏輯」及「指導原則」；進而，他們就能以「戰術邏輯」及「運作指導原則」來修正、引導並規制營運機制的管理程序，使營運機制所操作的各種「可明白指認的資源」，能經由以「戰術邏輯」所規制的管理程序的指揮與協調，

而將「應該去做的事確實做好」。

　　綜上所述，「策略」所要發揮的功能是：使機構（或系統）的營運機制於實際運作時能確實去「做正確的事」，以使機構（或系統）在長期的生存與發展上獲得有利的確保；而「戰術」所要發揮的功能則是：使機構（或系統）的營運機制及其管理程序在每日具體的營運上能將「應該去做的事確實做好」，進而使機構（或系統）所從事的各種營運活動，最終都能以合理、有效率的方式達成預定的「目的」(ends)。「策略」若要發揮其在實際營運上的角色功能，顯然，「策略」本身必須要確實立基於機構（或系統）營運的基本構造上（亦即營運機制上），而不能只是領導人、經營者及管理者個人的虛幻、空洞想像。由於機構（或系統）在營運活動上所涉及的事項與細節，實為千縷萬端、極度複雜，因此，其領導人、經營者及管理者在真實情境中所要推動的「策略」，既不可能，也無必要含括所有的事項與細節，而只要以本節前述之機構（或系統）的既有營運機制為基礎，去思考機構（或系統）所應該去做的「正確的事」究竟為何，即可使所研擬的「策略」不致流於空幻、不實。換言之，所謂的「策略」，必須要明確、具體地指出，機構（或系統）在近中長期的生存與發展上「應該 (should)」去做的「事」（或方向）是什麼，而且，此一「應該 (should)」去做的「事」（或方向），必須是基於對機構（或系統）現有的營運機制與所處環境、情境實況所作的衡酌，並從機構（或系統）「能做」(can)、「想做」(want)、「被許可去做」(allowed) 以及「可能

(possible) 讓你去做」等四個面向作深入考量之後，所產生的結論。所以，經過上述過程的思考後所提出的「策略」，不僅可以指出機構（或系統）「應該 (should) 去做的事（或方向）」是「什麼」(what)，同時，也包含了此項「應該做的事（或方向）」的「為什麼」(why) 的思考邏輯的說明。惟有同時包含「what」與「why」的思考邏輯的完整說明的「策略」，機構(或系統)的營運機制及其管理程序才有可能據以推動執行。

當「策略」已經擇定，則機構（或系統）的領導人、經營者及管理者緊接著應該考慮：機構（或系統）要「如何去做」，才能將「策略」所決定的「該做的事」確實做好。換言之，領導人、經營者及管理者應該依據所決定的「策略」以及機構（或系統）本身所擁有的「可明白指認的資源」暨既有的「營運機制和管理程序」，深入思考「應該分成幾個階段並分別用怎樣的方法計謀」（即「戰術」），才能將「策略」所指示的「應該去做的事」確實予以「做好」或「做對」，俾確保「策略」所要達到的「目標」確實是可以成功達到。

本質上，一系列的「戰術」是連結「策略」與機構（或系統）在每一天的具體、實際運作活動間的橋樑。因為，如果缺乏可行、有效的「戰術」來作為執行的手段，則再好的「策略」也將只是一種無法在真實世界推展的空泛理想；而另方面，任何缺乏正確「策略」指引的「戰術」，則將只會是一些「盲目」的「方法計謀」罷了。是以，如果一系列的「戰術」並不能使機構（或系統）從它每天的實際運作活動中有效積累成果，

則「戰術」也就必然無法逐步將機構（或系統）引導到它所要追求的「目標」。事實上，不論「戰術」的「方法計謀」是如何的巧妙，「戰術」上一時的成功，並不能挽救或彌補機構（或系統）在「策略」上所觸犯的錯誤，也無法掩飾欠缺正確「策略」來指引的「戰術」所具有的「妄動」、「盲動」特性。另外，「戰術」若是無法與機構（或系統）所擁有的「可明白指認的資源」相連結，或是難以與機構（或系統）既有的「營運機制和管理程序」確實相容、相契合，則「戰術」也將只不過是一些「虛幻」、「空想」的「方法計謀」而已，而難有成功運作的可能。所以，只有當「戰術」確實成為可以有效連結「策略」與機構（或系統）每天實際運作活動間的「橋梁」時，領導人、經營者及管理者為機構（或系統）所構思、研擬的「策略」與「戰術」才有真實的價值。

　　每一階段的「戰術」所要達到的可見的「目的」(ends) 或「標的」(objectives, targets)，在依「戰術」進行一段時間的實際操作活動後，從實際的結果與表現 (outcomes)，通常就可查驗、判知預定的可見「目的」是否真正可能達到。這是因為每一階段的「戰術」所含括的執行時間長度並不會太長，通常都只是以該一階段「戰術」所含括的各項實際操作活動所需時間長度中的最長時間，作為該一階段「戰術」的執行期間，所涉及的範圍也是以該一階段「戰術」的操作活動所涉及的資源、人員、單位及管理程序為限。所以，機構（或系統）的領導人、經營者及管理者應該能夠在每一階段的「戰術」已執行一段時間之後，就可以從機構（或系統）

本身以及與環境的互動上所呈現的實況來判知，該一階段「戰術」的預定「標的」及全部系列戰術的預定「目的」，究竟有無可能達成。因此，機構（或系統）的領導人、經營者及管理者需要在「策略」的指引下，依「戰術」的實際操作情況，不斷地提出回應現場實況的新的「戰術」或是經修正的「戰術」，每一階段的「戰術」在經由如此的持續回饋調整並獲得成功運作之後，機構（或系統）才有可能將各階段「戰術」的實際操作成果予以積累，然後才能從所積累的成果呈顯出，「策略」所定的「目標」是可以逐步達成的。

總之，「策略」及「戰術」兩者必須要密切關連，亦即，「戰術」所要達到的可見的「目的」(ends) 或「標的」 (objectives, targets)，必須能被「策略」所揭示的「目標」(purposes and goals) 所包容，而「戰術」的「方法計謀」也必須與隱藏在「策略」背後的「策略邏輯」相容，更要與機構（或系統）的營運活動密切結合。事實上，「策略」或「戰術」都不能自機構（或系統）的具體營運活動中抽離而出。換言之，凡是未能與機構（或系統）的營運機制、管理程序及具體性營運活動相結合的「策略」或「戰術」，將只會是虛幻的空想。學院中許多有關「策略」或「戰術」的討論，它們之所以常被機構（或系統）的領導人、經營者及管理者認為是純屬「紙上談兵」，最主要的原因就是，領導人、經營者及管理者是以他們所負責的那個具體、明確的機構（或系統）的實際營運活動為背景、為基礎，來進行「策略」或「戰術」的思考，而學院的專家學者所討論的

「策略」或「戰術」，則是常不涉及特定、具體機構（或系統）的營運活動的實況，因而，學院中人就極易使所討論的「策略」或「戰術」淪為「紙上談兵」或「空中樓閣」。由於機構（或系統）的領導人、經營者及管理者最重要的任務就是：為他們所負責、主持的特定、具體機構（或系統），研擬出正確、可行的「策略」及「戰術」，因此，領導人、經營者及管理者他們個人，應該建立起能夠將「策略」、「戰術」及「具體營運活動」三者予以結合的「策略思考」暨「戰術思考」的能力。為此，「管理學」應該發展一套能夠與機構（或系統）的「具體營運活動」相結合的「策略探究」暨「戰術探究」的「方法學」，俾使機構（或系統）的領導人、經營者及管理者在進行「策略」或「戰術」的思考、研擬及討論時，他們的思考、討論內容不會是虛幻空想的「紙上談兵」，而是可落實於他們所領導、經營的機構（或系統）的實際營運活動的「指針」、「計謀」或「方法」。

第貳篇

以系統暨動態觀點觀察
「機構[註II-1]」行為的基礎觀念

本篇包含四章：第四章「支撐機構運作的基底機制」，第五章「認識定常狀態」，第六章「流體的種類及其流動」，第七章「機構之定常狀態與流體流動的關係」。全篇旨在闡述：有關於要從「系統整體」的視角以及「動態演變」的觀點來深入觀察、認識、分析一個機構（或系統）的行為時，所必需具備的重要基礎觀念，包括，啟動並操控各種經營管理活動以使機構（或系統）整體持續運轉的「基底機制」(underlying mechanism) 的構造及運作的邏輯；代表生命系統與環境達於最佳調適情況之「定常狀態」所涉及的各種概念；機構（或系統）呈現出動態演變現象的主體，即資產流體、產品暨服務流體、物料流體、金錢流體、人員流體及資訊流體等，這些流體的重要特性及它們的流動；以及各種流體在機構（或系統）內部及內外部間的流動行為與機構（或系統）所追求之「定常狀態」的關係。本篇各章所討論的觀念，將可協助機構（或系統）的領導人、經營者及管理者建立「系統」暨「動態」的觀點來看待機構（或系統）的行為，同時，這些觀念也將作為第參篇有關於「策略的構思、規劃、評估與執行」各章的討論基礎。

　　本書以「機構」一辭指稱各種由「人」所組成且具組織性關連及制度性運作的「社會系統」，舉凡各種正式法人組織，包括：自治團體、行政機關、公法人組織（公立學校、公立醫院）、財團法人組織、社團法人組織及營利法人組織（含公民營企業及公用事業之各種公司）等，均屬本書「機構」一辭的指稱對象。另，本書第壹篇各章中與「機構」並列之「組織」一辭，則係指相對於「機構」之非具法人資格或未正式化運作的團體及群體。由於本書所稱之「機構」與「組織」在本質上都是「社會系統」，且均屬於生命系統層級(參閱作者《系統概論》一書第十講)中從群體層級 (group)、組織層級 (organization)、社群層級 (community) 以至社會層級 (social) 之各種系統，因此，書中單用「組織」一辭時係專指組織層級之系統，而單用「系統」一辭時則泛指前述各層級中具有「機構」與「組織」性質之各種系統。又，以「人」為組成單元的群體層級、組織層級、社群層級及社會層級之各種系統，係「人」因其社會性活動之需要所創生的產物，是以這四個層級的各種系統都可稱為社會系統，因此，本書中「系統」這一名詞所指涉的對象實即指由「人」所組成的各種社會系統。

　　至於在當前資本主義社會中數量最多的所謂「營利法人組織」，則是指：藉生產商品 (goods) 或提供勞務 (services) 以獲取利潤的公司 (corporation, company)、廠商 (firm) 或事業 (enterprise)；這類機構或組織所從事的營利活動，有時也通稱為企業、事業、營業或商業，即英文所稱的「business」；生產或提供相同或類似之商品或服務的一群公司，則通稱為「行業」；而提供相關商品或服務的數群行業，就這些相關行業之各公司以及它們的活動而言，則通稱為「產業」，即「industry」。由於公司或廠商必須以一「正式化組織」(formal organization)，即「機構」，來從事各種企業、營業及商業活動，而此一正式化組織所形成的機構，即為法律上之公司法人，而簡稱為公司，即 enterprise 或 corporation。所以，通常就將公司和企業這兩個名詞交互替用，進而，也將公司、事業及企業等名詞交互替用；然而，就範圍層級的分辨而言，產業這一名詞的範圍要大於企業、事業或行業，而行業這一名詞的範圍要大於企業、事業或公司。不過，一家公司（或稱企業），又可以同時跨足於不同行業或不同產業的商業活動。總之，在名稱上不論是公司、企業、廠商、事業、財團或集團，它們都是現代資本主義社會體制下的「營利法人組織」。另外，本書使用「機構」一辭時，常在其後附加（或系統）等字，主要是想藉此強調其係具有「社會系統」的本質。又，本書所用「系統暨動態觀點」之「系統」一辭，則係指「系統整體」之意，或將「機構」（或系統）當做一個「整體」之意。

第4章

支撐「機構」運作的基底機制

4-1 機構在運作上所面對的課題

　　由第壹篇第一章及第二章對「管理」及「管理學」之當前處境與發展趨向所作的討論，顯示：強化「整體系統觀念」以及建構「基本且共通的架構」，以確保機構（或系統）之「經營管理運作機制」在安排、設計上的合理性與運作決定的具有科學性(即決定的過程為透明、可查驗、具調整彈性)，將是「管理」及「管理學」再發展的重要關鍵。若要以「整體系統觀念」來探討機構（或系統）在具體經營管理課題上的處理，則機構（或系統）的領導人、經營者及管理者對於他們基於機構（或系統）在整體上的利益而準備要施行的每一項戰術性 (tactical) 及策略性 (strategic) 的作為、措施或行動，就應該要深刻瞭解到這些作為、措施或行動在機構（或系統）這一載體上實際執行時所可能要面對的課題。以下將就機構（或系統）各種經營管理的行動及措施在機構（或系統）這一載體上實際運作時所常出現的課題，予以分項說明：

1. 機構（或系統）在經營過程所呈現的行為變化，有時不是領導人、經營者及管理者的個人直覺或主觀意念所可想像。例如：經營者若是未能深入瞭解「銷售—生產」兩大部門間資訊傳遞過程的訊息放大性質，則僅憑直覺，他將難以理解，何以市場零售速率的些微變動，有時竟會使工廠的生產速率產生大幅度的波動，因而對於如何降低這種產銷波動，他將深感困擾；他若是未能理解產銷間資訊放大的本質，則他進而也會對專家所建議的各種處理方法有所疑惑，難以作出判斷；例如，對於專家建議引進日本豐田汽車公司在生產管理上所發展出來的 just-in-time（JIT, 及時生產）策略來因應產銷波動，經營者在直覺上就會產生極大的困惑，特別是在自家企業的產銷波動的本質、原因尚未能夠被確實釐清之前，就冒然引用 JIT 策略，似乎會讓負責任的經營者感到難以放心，因為，豐田汽車的 JIT 策略是豐田公司作為因應汽車市場需求多樣、多變所提出的因應對策，而如果自家企業所面對的產銷波動其真正原因並非需求的多樣、多變所造成時，則 JIT 策略是否仍適合並非汽車產業的自家企業來仿效呢？經營者對於應否採用 JIT 策略出現這種直覺的困惑，確是正常的現象。此外，一般消費市場對於新產品的需求，特別是有關於新產品的性質、功能或價格等的需求或接受情況，也都不是企業單憑直覺或簡單的市場調查就可輕易想像或論斷的。

2. 領導人、經營者及管理者針對「經營管理運作程序」或「運作機

制」的局部性作業所做的微幅調整措施，通常並不容易使機構（或系統）的整體行為或整體績效產生顯著的改變，以致，領導人、經營者及管理者對於他們所施行的措施的必要性及有效性，難有堅強、充分的信心來加以徹底落實並持續堅持。這是因為領導人、經營者及管理者常會顧及機構（或系統）全面運作的持續性及穩定性，所以他們一般都傾向於避免大幅改變或更張機構（或系統）既有的運作機制。然而，運作機制的基本結構如果為因應環境的變化而需要進行調整或變革，卻因為心態上的保守而沒有作調整，僅只在局部作業上稍作改變，如何可以期望這種局部作業的微幅變動會在整體績效上產生顯著的改善呢？例如：一個生產能量明顯不足而導致訂單嚴重積壓的公司，若僅藉著加班或增加線上作業員工數量等手段來加快訂單處理速度，對於出貨遲緩的改善必然是相當有限。又如，上世紀九十年代頗為流行的「作業流程重新設計」（process re-engineering，或稱「流程再造」、「企業再造」），其在各企業的實施成效卻是極為參差，主要是因為，企業進行「作業流程重新設計」時，主事者如果未能先針對企業「運作程序」或「運作機制」的「基本結構」實施必要的根本性、關鍵性調整，則企業整體的績效並不會因為作業流程的局部性修正、調整就產生顯著的改變。

3. 有時重大的管理變革措施，會因機構（或系統）在組織文化上的慣

性作用或是員工在心理上的抗拒反應，而難以在短期間內見到成效。例如：機構（或系統）常以高階重要人事的調動、調整來配合重大管理變革措施的推動，即所謂的「新人新政」，然而，如果僅只是「新官上任三把火」式的「表面新政」，「新官的三把火」並未能夠觸及機構(或系統)「運作機制」的變革，也未能打破組織文化的傳統慣性，則「新人」的銳氣並不會在機構(或系統)的整體營運績效上產生顯著的改善。

4. 機構（或系統）的「運作程序」或「運作機制」，其表象固然極為複雜而難以掌握，但在其基本結構上卻存在某些具關鍵作用的「著力點」（或稱為「政策介入點」policy-entering-point）。機構（或系統）實施各種策略、戰術或管理的措施時，必須從「著力點」下手，方有可能正確地啟動複雜機制的運作，進而使各種管理措施產生「四兩撥千斤」的「槓桿作用」。但是在機構（或系統）龐大複雜的運作機制中，不同問題所應對的處置措施通常會有不同的「著力點」，而這些「著力點」卻又會隨著機構（或系統）在組織結構及主管人員的不同、機構（或系統）在發展階段的不同、機構（或系統）所處情境的不同，而有所變動，讓主事者難以確知拿捏，導致許多立意良好或是符合學理的措施，常是難以推動，或是勉強推動之後卻是成效不彰。例如：許多機構（或系統）常常重金禮聘外部的管理顧問或專家學者，請託他們診斷機構（或系統）所面臨的

經營管理問題並研議因應的策略、戰術，或是規劃設計改善方案，但由於這些來自外部的顧問、專家、學者並非是熟悉機構（或系統）內部運作特性的人員，因而，他們對問題所作診斷的正確性以及所研提改善方案的妥適、可行性，常會出現偏誤，而難以獲得機構(或系統)幹部的認同。縱使顧問專家們對問題診斷正確，所研提的改善方案也屬妥適，也常因他們不熟悉機構（或系統）內部在實際運作上的細節及運作的特性（包括，各單位人員的作業習性、人員間的互動型態及各單位間的組織文化等），以致他們所研提的改善方案不易掌握到執行時所必須抓緊的「著力點」的所在之處，即政策、措施的介入點、操作點所在，特別是有關於執行現場的負責人選、執行流程的先後順序安排、以及相關單位、人員間的事前溝通協調等事宜，這些事宜會影響方案執行的成敗，但通常並不會顯示在顧問們所研提的方案中，然而這些事宜的處理卻都必須符合相關人員的工作習性及各單位的組織文化，處理才不會出錯，因此，若是無法正確掌握到這些改善方案執行時的關鍵事宜，將會導致一些動機、構想均屬上乘的改善方案，不是無法推動，就是在妥協、扭曲之下推動，而使方案的執行成效難能如預期般的圓滿。

5. 機構（或系統）的「運作機制」，及由機制所衍生的「標準作業流程」(SOP, standard operation procedure)，基本上，是進行例行性、日常性的運作，因而會趨向於繁複細密，以致，機制的運作效

率常會隨著機構（或系統）的成長與組織規模的擴增而降低；另方面，對於非例行的特殊狀況，「運作機制」通常都拙於辨知、也拙於應對，而必須由領導人、經營者或經理人員個人出面做超越或凌駕現有機制的例外、特殊、緊急的處理（即所謂體制外的處理），然而這種不依現有體制之緊急、特殊處理作法，其結果的好壞，常是視出面處理之領導人、經營者及經理人員個人的學識、經驗、能力、性格、判斷等因素而定，具有高度的不確定性。因此，有無可能使所建構的「運作機制」不但能伴隨機構（或系統）的成長而自然地演進發展，並持續保有高度運作效率及效能，同時，此一機制也能夠在機構（或系統）面臨環境重大變動或遭遇突發性緊急狀況時，可以敏銳地感知到變局的實況並有效地加以因應，就成為機構（或系統）領導人、經營者及管理者必須念茲在茲並日求精進的關鍵課題。

6. 機構（或系統）對於某些管理政策或措施的反應，其短期間的效應有時會與期待的長期效果相反。機構（或系統）本身對於它所正在強力推行的某些緊急、特殊措施，雖然這些措施在短期內會出現「立竿見影」的良好效果，但常會留下在長期間難以消除的後遺症。進一步言之，機構（或系統）為了「治標」而採行的措施常會妨害需要長期、持續進行始能見效的「治本」方案的執行，同樣的，機構（或系統）為了「治本」而採行的政策，由於短期內不易

見到明顯的成果，常會使領導人、經營者及各級主管因而失去繼續執行的決心。例如，各級主管人員及員工的持續性在職訓練，就長期而言，絕對是有利於機構（或系統）整體生產力及效能的提升的必要措施，然而，在短期間內，不但要為此支付訓練經費，而且人員的調訓必會干擾、影響各單位例行工作的安排，因此，許多機構（或系統）雖然明知人員培訓的重要，卻常常不能徹底、持續地執行在職訓練工作。所以，如何調和管理政策在長、短期效應上所出現的矛盾或衝突，也是機構（或系統）在管理運作上的另一項關鍵課題。

7. 機構（或系統）在經營管理上對於各種類資訊、情報的需求及依賴，日益殷切，幾乎任何一項經營或管理的活動，從事前的規劃，事中執行的監控督導，以至事後執行成果的評估檢討，全都需要仰賴機構（或系統）內部及外部各種類大量資訊、情報的運用。大部分機構（或系統）也都設置有專責部門，負責「管理資訊系統」的發展、運作事宜，雖然，「管理資訊系統」(management information system, MIS) 隨著資訊科技 (information technology, IT) 的發展而對機構（或系統）在經營管理資訊的提供上有著相當的進步與貢獻，但是對於下述兩項問題，MIS 及 IT 卻仍是難有突破：(1) 如何協助機構（或系統）的領導人、經營者及管理者，可以從每天大量湧入的內外部資訊、情報中，甄辨、選擇出真正需要

他們花時間及心思加以關注、參考、研判或深入思考的資訊、情報，特別是那些與研擬或執行機構（或系統）經營管理策略及戰術相關的外部環境演變的資訊、情報，究竟是哪些？能否正確、迅速地將這些資訊、情報予以甄辨？以及 (2) 如何協助機構（或系統）的領導人、經營者及管理者，將他們個人從外部環境及機構（或系統）各部門所「觀察到」、「蒐集到」的有用但屬片段、零散的資訊、情報，作即時 (real time) 且及時 (in time) 的補全蒐尋及深入分析處理，並且迅速提出正確、完整的綜整與詮解，以便隨時提供領導人、經營者及管理者在經營管理策略及戰術的研擬、規劃及執行等各項工作上來使用?上述這兩項有關資訊蒐集、處理與運用的核心問題，並非是資訊技術所能獨自著力解決，尚且涉及機構（或系統）運作機制的設計及實際操作是否考慮到經營管理策略及戰術在構思、規劃及執行過程的資訊需求，以及 MIS 部門在機構（或系統）運作機制的運轉上所扮演的角色。這兩項問題是否能有效、妥適處理，會顯著、強烈影響機構（或系統）在經營管理運作上的績效，而成為另一項必須正視的關鍵課題。

以上所述，均為營利事業、非營利事業及政府部門各機構（或系統）推行各種策略性或戰術性行動及措施時，在經營與管理運作上常見的重要管理課題。然而，這些課題卻是傳統「管理學」的管理程序學派、行為學派以及管理科學 (OR/MS) 學派各種理論、方法、技術所拙於應對的課題。

因而，「管理學」確有需要發展一套概念與方法，以協助機構（或系統）的領導人、經營者及管理者瞭解這些課題，使他們能正確掌握這些經營管理課題的構造、性質、能予以處理的前提條件以及不同處理方式所可能產生的後果，從而，使機構（或系統）的領導人、經營者及管理者在為機構（或系統）研擬各種經營策略及戰術時，能夠「胸有成竹」並主動地將應對這些課題的方法融入於策略及戰術的思維與執行之中。

4-2　以系統暨動態觀點看待機構的運作行為

　　大多數機構（或系統）的領導人、經營者及管理者在構思及執行他們的各種營運策略或戰術時，常未能在策略或戰術中同步納入對於前節所述各項管理課題的應對方法，其主要原因是：他們在研擬策略及戰術時所依據的概念或經驗，大多僅只考慮到機構（或系統）的局部及表面現象，而他們在處理策略及戰術的執行問題時，則又常常忽略了「時間」因素在整個執行過程的作用與影響。我們只要稍加注意，就可發現前節所述的各項管理課題，實際上均為「策略及戰術於執行過程中在經歷時間的流動、流逝之後，機構（或系統）所必定會出現的內部運作變化以及必定會遭遇到的外部環境變化」而衍生的因應、調適問題。因此，對於這類「因時間的

經過而出現變化」的問題，自然需要不同的觀點及方法來探討、處理。

追求自身的「永續經營」及「永續發展」，是所有的機構（或系統）自創立（或創生）後自然會產生的最高目標。為進行這項目標的追求，機構（或系統）運作活動的經營及管理就必須置放於「時間之河」中，接受在「時間之河」究竟能夠經歷多長、多久的考驗。經歷時間的流逝的同時，機構（或系統）也經歷著外部環境各種變化的衝擊以及內部成員的「新陳代謝」，這些都會使機構（或系統）在不同的時間點上呈現出不同的行為。因此，瞭解機構（或系統）在不同時間點及不同情境下所承受的各種「動力」(dynamic forces)，瞭解機構（或系統）應該如何回應加諸其上的各種「動力」，並且在決定如何回應各種「動力」之前就瞭解到：當時間逐漸移動到未來之時，機構（或系統）所作的回應將會如何形塑它自身的行為，這些瞭解，已是各種機構（或系統）的領導人、經營者及管理者是否能夠研擬出可以落實推動的經營管理策略、戰術及措施的共同基本前提。

然而，機構（或系統）的處境暨行為通常都是相當的複雜、多變，機構（或系統）的領導人、經營者及管理者想要正確瞭解或辨識機構（或系統）所承受的各種「動力」所涉及的下述幾項基本課題，實際上並非簡單輕易之事。這些課題包括：(1) 加諸於機構（或系統）的各種不同「動力」，它們的來源、性質、施加方式及力量大小，分別究竟是如何？(2) 機構（或系統）對於加諸其上的各種「動力」，它應該分別做出怎樣的回應

行動？以及 (3) 當回應行動與各種內外「動力」相互作用後，機構（或系統）在長、短期間所可能呈顯的整體性表現究竟將會如何？不過，有關於機構（或系統）身上所承受到的各種「動力」、所產生的回應行動以及所呈顯的整體性行為表現，都是經由機構（或系統）本身所具有的管理運作機制的運轉、操作來顯現、反應及作用的。因此，機構（或系統）的領導人、經營者及管理者如果能夠深入瞭解他們所負責之機構（或系統）在管理運作上的「基底機制」(underlying mechanism)，也就是說，如果他們能夠對自己所負責機構（或系統）的管理運作機制在運轉、操作過程中有關於：(1) 感應到外來「動力」的過程，(2) 本身產生出足以承受外來「動力」所需力量的過程，(3) 本身施行回應行動的過程，以及 (4) 形塑本身整體性行為的過程，特別針對這四項過程所涉及的運作活動的基本程序，深入瞭解運作活動基本程序的構造以及在基本程序主導下各個運作活動間的互動特性，此即為對機構（或系統）的「基底機制」的應有瞭解，如此，則領導人、經營者及管理者對於他們所負責機構（或系統）的動態特性要有所掌握，就不是不可能之事了。所以，領導人、經營者及管理者必須深入瞭解他們所負責的機構（或系統）在主導各種經營管理運作活動的「基底機制」，特別是此一「基底機制」的構造與特性，就成為他們要正確、有效處理機構（或系統）各種動態性經營管理課題的前提了。

　　一個機構（或系統）在主導各種經營管理運作活動的「基底機制」，不僅是機構（或系統）在日常以及特別情境下的各種動態運作行為的啟動

器，同時也是機構（或系統）的整體性構造及特性的縮影。因此，機構（或系統）的領導人、經營者及管理者如果能夠深入瞭解他們所主持機構（或系統）的「基底機制」時，也就代表著他們是以「整體系統」暨「動態」的觀點在看待他們所主持機構（或系統）的運作行為，從而，他們就有可能在進行「策略」與「戰術」的思維及執行時，將「策略」與「戰術」落實在機構（或系統）的運作機制上，進而就能夠有效應對第 4-1 節所述的各項課題。總之，一個機構(或系統)在經營管理運作上的「基底機制」，基本上就反映出或表現出該一機構（或系統）所具有的整體系統特性以及動態運作特性，而可作為該機構（或系統）之運作機制的原型或代表。有關於此種支撐機構（或系統）持續運作的系統性、動態性「基底機制」的內涵、結構及作用，將在下述第 4-3 節中詳加討論。

4-3 以系統暨動態觀點看待機構的運作行為

任何一個機構（或系統）的運作活動，其動機與過程通常是：該一機構（或系統）為了它本身的生存與發展，依據它所處在的「環境」(environment) 與所面臨的「情境」(situations) 的情況，促使機構（或系統）內部自高層以至基層的各個單位及其人員，依循一定的程序或步驟來

施行系列及並列的活動或行動，以期在施行一段期間之後，這些活動能導引機構（或系統）整體，產生有利於它本身在該一環境與情境下持續生存與發展的結果 (consequence)。機構（或系統）的運作活動，其種類、頻次及範圍會隨著機構（或系統）類型、性質、規模及存活年數等的不同而不同。不過，對於那些對機構（或系統）的生存與發展具有重要性且經歷多次實地考驗而被認定為具實效的一些運作活動，機構（或系統）會針對這些活動的進行程序、步驟以及所涉及相關事項的處理，綜整既有的經驗，逐漸發展出一套可行的活動施行程序或步驟並對活動所涉及事項的處理建立明確的處置範式，然後將這些程序、步驟及處置範式作為建構機構（或系統）運作機制的基礎。機構（或系統）所發展、建構的這一套不但能夠主導產生各種具重要性且具實效的運作活動的程序或步驟，以及能夠針對這些活動所涉及相關事項進行設計、安排、掌控及處理以使活動順利完成的處置範式，就是所謂的「基底機制」。因為這套運作活動的產生程序及處置範式係以經營管理的運作活動為主要的對象，所以，「基底機制」這一稱謂所代表的這套運作活動產生程序及處置範式又可稱為「管理運作機制」(mechanism of management operations)。一般機構（或系統）在管理運作上的「基底機制」，大體上係由下述兩個部分所構成：(1)「處境辨識機制」，以及 (2)「行動決定機制」。以下將分別詳細說明這兩部分機制的構造及特性。

4-3-1 處境辨識機制

　　「處境辨識機制」係指一套運作的程序，它主要的作用是，辨識、釐清機構（或系統）於所在環境中與所處情境下的地位、角色及功能，以及辨識、評估機構（或系統）在所處環境及情境中所可能面臨的各種威脅、危機或是可能有利於機構（或系統）生存與發展的機會，然後，再依一定的程序提出下述兩項有關於機構（或系統）當前處境的分析、評估說明書或正式報告：(1) 機構（或系統）的「現況」(current state) 說明，以及 (2) 機構（或系統）在當前及可見未來的「冀求狀態」(desired state) 說明。「處境辨識機制」的核心部分應該要由機構（或系統）的領導人、經營者及高階層管理人員來共同操作。領導人、經營者及高階管理人員在一定程序下，依據他們個人以及他們在機構（或系統）中所擔任職務的經驗，應該隨時注意自家機構（或系統）各部門及各單位、顧客（市場）及通路、同業、上下游相關業者、政府、媒體及社會其他相關群體等的動態以及它們相互間的互動實況，然後，就這些動態及實況所直接、間接反映出可能涉及自家機構（或系統）在角色、定位、價值、使命、願景、目的及目標等事項上的問題，由他們主動在董事會[註4.1]或定期高階主管會議中針對自家機構（或系統）的角色、定位、價值、使命、願景、目的及目標等有關於自家機構（或系統）生存及存在意義的最高層次的抽象、概念性事項，進行根本性的檢討、評估、辨識與研判，並且就這些有關自家機構（或系統）生存及存在意義的事項提出綱要性的結論以供全體人員瞭解並遵循。

機構（或系統）的角色、定位、價值、使命、目的及目標等事項，都是較屬形而上、抽象及概念性的事項，對於要從機構（或系統）內外部環境的動態及實況資訊中，辨識與研判自家機構（或系統）生存及存在意義的這些相關事項是否應該加以檢討、修正，常常是難以具體、周延、嚴謹、詳盡地說明清楚，而最後所提出的辨識與研判的結論，也只能說是領導人、經營者及高階管理人員他們基於個人職責、經驗、直覺、智慧所做出的集體性考量與判斷，而無法保證判斷的正確性。不過，為使機構（或系統）的各個部門的全體人員能依據董事會或高階主管會議所作判斷去進行後續的活動，「處境辨識機制」就必須促使董事會成員（特別是領導人、經營者）深入思考自家機構（或系統）生存及存在的意義，並從這項思考中進一步釐清自家機構（或系統）在近、中、長期的角色、定位、價值、使命、願景、目的、目標等事項，然後定期或不定期的針對環境的情勢，從自家機構（或系統）在環境中的角色、定位、價值以及機構（或系統）

■ [註4.1]

營利性事業或非營利事業的各種機構（或系統）通常都會設置「董事會」或「理事會」(board of directors)，作為機構（或系統）的最高執行單位，機構（或系統）的領導人通常就是董事長也是董事會的會議主席，而機構（或系統）的經營者及高階管理人員通常也都要出席或列席董事會的會議，所以，在處境辨識過程中有關於機構（或系統）的角色、定位、價值、使命、願景、目的、目標等事項的討論，董事會應是一個合適的處理單位。至於一般政府機關，雖無董事會的設置，但也有具類似功能的單位或組織，由機關首長及各高階層主管共同組成。

本身的使命、願景、目的、目標等核心概念的高度，提出完整、明確的正式、書面化的機構（或系統）「現況」說明以及機構（或系統）在當前及可見未來的「冀求狀態」說明。上述對「處境辨識機制」的作用及運作過程所作的分析，可進一步用圖 4-1 來說明此一機制的構造及功能特性。

　　圖 4-1 顯示：「處境辨識機制」是由三個階段的運作所構成。第一階段的運作包括：(1) 辨識自家機構（或系統）在社會政治經濟體系中所扮演角色的定位(positioning)，(2) 辨識自家機構（或系統）與所處環境中各重要交往對象的互動關係，以及 (3) 確認自家機構（或系統）所身處的特定情境的實況等三個程序。這三個程序的關係為：程序 (2) 的互動關係辨識是以程序 (1) 的定位辨識結果為基礎來進行的，而程序 (3) 的情境實況確認，則是以程序 (1) 及程序 (2) 的辨識結果為依據來進行的。第二階段的運作為：研判自家機構（或系統）在長、短期內對本身生存與發展的有利機會與可能面臨的威脅。第三階段的運作則為：定義出自家機構（或系統）的「現況」，以及根據所定義的「現況」研擬出自家機構（或系統）的「冀求狀態」；在研擬「冀求狀態」時，應該要從自家機構（或系統）的角色、定位、價值、使命、願景、目的、目標等核心概念的高度，來確認出自家機構（或系統）在當前及可見未來所應當追求的「冀求狀態」，然後將由這一過程所定義的「現況」及「冀求狀態」，於最後提出一份完整、明確、書面化的正式說明。

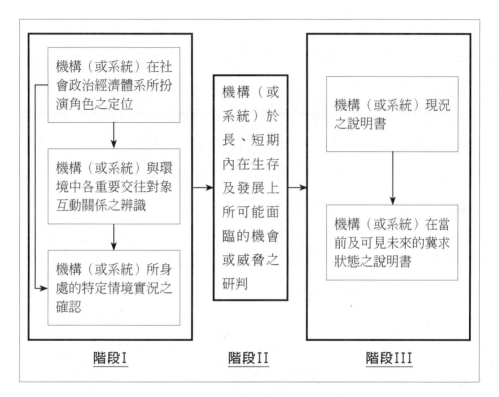

圖4-1：機構（或系統）的「處境辨識機制」

4-3-2 行動決定機制

機構（或系統）的「行動決定機制」是整個管理運作活動的「基底機制」中的核心部分。由於，機構（或系統）對於所感知到以及所承受到的各種外來或內生的「動力」，在理論上都應該要有所反應（包括，是否

要採取回應行動，以及若要採取回應行動時，應該如何行動的思考），因而，對加諸於機構（或系統）的各種「動力」，究竟應該怎樣作出適當的反應，自然就成為機構（或系統）領導人、經營者及管理人員最重要的職責或任務。對於一般性或頻繁出現的各種「動力」，機構（或系統）通常會依據它所感知到或是所承受到的「動力」的種類及性質，分別由機構（或系統）內部的各個不同功能部門：總體管理、生產（製造）、營業（行銷）、廣告、財務、會計、人事、企劃、研發、庶務（總務及秘書）等，就各自部門所應負責回應的「動力」，代表機構（或系統）作出應該採行的回應行動（在實務上，各個部門都會以自身部門在日常作業上的程序及既有的組織體制為基礎來規劃、考量並決定所要採行的回應行動）。不過，除了例行的常規性回應行動之外，機構（或系統）對於特殊、重大及突發性事件的回應行動，其考量與決定通常都不是依既有的「標準作業流程」來作成的，並且常常會因為負責回應部門之主管人員的不同而使回應行動的決定有著相當的差異。雖然機構(或系統)的各部門、各階層主管人員所決定的回應行動，似乎是因事、因人、因時而異，並沒有明確、一定的軌跡，然而，如果從「做決定」（即決策）(decision-making) 這項「行為」的本質來察考，則很顯然，不管「決定」的內容為何（亦即，不管所「決定」的回應行動必須涉及那些業務上的專業知識，或是所「決定」的回應行動在執行上的職權是分屬於那些個功能部門），只要「決策者」是依理智或理性地在「做決定」時，即他是不受個人感情、情緒以及成見

或偏見等非理性因素的影響而僅依據事物實況的應有邏輯來做出決定時，則一般「決策者」做出決定的基本過程（機制），通常都具有極大的相似性，這個相似且共通的「做決定的基本過程」，就是本節所稱的機構（或系統）的「行動決定機制」。

　　一般所稱的，一個人理智地或理性地「決定」出他所要採行或所要實施的「行動」，就是「做決定」的這一位當事者在「要行動」或是「不要行動」這兩種「選擇」中，自主、獨立地做出一個具有邏輯依據或推理說服力的「選擇」。當然，做出「選擇」的這位當事者一定要充分明白作為選項的「要行動」的行動內容、意義、目的及後果，同時也瞭解並願意為他自己所做的「選擇」以及之後的「行動」或「不行動」所產生、出現的一切後果，自己負起全部承擔的責任；從而，當他若是選擇「要行動」時，他就能夠從「數個具可行性的行動方案」中，進一步從中選出一個具有邏輯依據或推理說服力的行動方案，並將所擇定（即所「決定」）的該一行動方案付諸實行。以上所說明的，就是一般人依理智或理性地「做決定」時，所依循的「做決定的基本過程」。所以，機構（或系統）的領導人、經營者及管理者在「做決定」或「下決策」時，基本上也是依循此一基本過程。由於做出「是否需要採取行動」這一個「決定」的實際意義或本質，不論是從個人或從機構（或系統）的立場來看，就是要確定，有無需要藉某種行動的採行，來填補或縮小個人或機構（或系統）已知的「當前現況」與想要追求的未來「冀求狀態」兩者間的差距。此時，「決策

95

者」（即當事者自己或機構（或系統）的領導人、經營者或管理者）所要考量、選擇的，並非是單純的「要行動」或「不要行動」的「二擇一」選擇，而是要同步地就已知的「數個具可行性的行動方案」進行評估、考量。這裡所稱的「數個具可行性的行動方案」，通常就是領導人、經營者或管理者協同他們的幕僚人員，依據「處境辨識機制」所提出的「冀求狀態」與「當前現況」兩者間所呈現之差距的情況、性質，以及依據機構（或系統）所可動用的各種資源的情況，所深入構思、規劃、設計出的「具有可實施性的數個行動計畫、活動或措施」。換言之，機構（或系統）對於它所感知或所承受的各種「動力」的回應行動的「決定機制」，也就是以上所說明的，與個人「作決定」時相似且共通的基本程序，此一程序或機制可用圖 4-2 來進一步說明。

圖 4-2 顯示，「行動決定機制」是由六個階段的運作所構成。其第一個階段也就是以機構（或系統）的「處境辨識機制」的兩項運作結果，即機構（或系統）的「當前現況」說明與「冀求狀態」說明，作為整個處理程序的起始，亦即以「處境辨識機制」的最後「輸出」作為「行動決定機制」的「輸入」。第二階段的運作是在量測並確認機構（或系統）的「冀求狀態」與機構（或系統）的「當前現況」間的「差距」，此一階段的「差距量測」與「差距確認」，即為一般所謂的「定義決策問題」的工作。如果能夠從機構（或系統）的願景、目的或目標概念中，確立某一種具有尺度性的衡量指標 (indicator 或 index)，則機構（或系統）的「冀

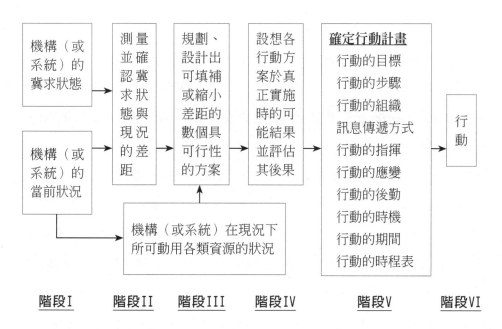

圖4-2：機構（或系統）的「行動決定機制」

求狀態」與「當前現況」間的「差距」，就可以利用該一指標獲得正確的量測與明白的確認，所以，尋找並建立具有尺度功能的衡量指標，就成為這一階段工作的重點。接下來的第三階段運作，即為構思、規劃、設計可以填補或縮小「差距」的「數個具可行性的行動方案」。此時，必須依據「差距」的情況與性質，考量機構（或系統）在當前處境下的可動用資源（人力、物力、財力各類資源）的實況，研擬、規劃出機構（或系統）可以推動、實施的數個行動方案。第三階段的工作是整個「行動決定機

制」的核心部分，如果所研擬、規劃的數個行動方案是欠缺可行性，或是雖具可行性但縮減「差距」的效果卻是不明顯或有限的時候，則整個機制的運作將會是徒勞無功的，所以，如何確保本階段工作所提出的數個行動方案都具有相當高程度的可行性及有效性，就成為這一階段工作的重點。接著，第四階段的運作為：設想並評估各個具可行性之行動方案於真正實施時會產生的「預想結果」(anticipated results)與「可能後果」(possible consequences)，這個階段的工作主要是，經由查考每一個行動方案所依據的前提、假設條件以及方案內容的邏輯合理性，然後再設想每一個方案實施後「差距」會出現的變動結果，並評估「差距」的變動對機構（或系統）的影響。第五階段的運作為：依據第四階段的評估結論，選擇一個最佳的行動方案，並將它作為要付諸實施的行動方案，然後就該一方案的各項實施細節進行規劃，最後提出「行動計畫」(action plan)；這項「行動計畫」的內容應包括：行動的目標，行動的步驟，參與行動的單位、人員及其組織方式，行動過程各單位及人員間的訊息的傳遞方式（即行動的通信協定 protocol），行動的指揮協調方式及權責，行動的應變修正程序，行動的後勤支援，行動的時機，行動的期間，以及行動的進度時程等。最後即為第六階段的運作，也就是依據第五階段的「行動計畫」的內容，一一予以落實執行。

圖 4-1 與圖 4-2 所示的兩個機制，就是一般機構（或系統）在經營管理運作上共通的「基底機制」。營利事業、非營利事業及政府部門的所有

各種類機構（或系統）在它們的經營管理階層所施行的各種經營管理運作行動，雖然不一定會完全遵循此一「基底機制」的程序來產生，不過，只要運作行動本身是經營管理階層出之於理智或理性所做出的決定，則各種運作行動的產生過程，基本上，都應該會類似或接近此一「基底機制」所具有的程序。經由此一「基底機制」所產生的經營管理運作行動，一方面會改變機構（或系統）本身的外顯狀態及內部各單位間、相關人員間的互動狀態，另方面也會影響機構（或系統）與外部環境各主要交往對象的互動狀態及互動關係。不過，機構（或系統）在其經營管理運作上的各種行動，於施行之後所出現的內外部互動狀態及互動關係的改變程度或影響程度，會依運作行動本身的情況以及內外部各利害關係單位、人員對運作行動的反應狀況而定。因而，若就機構（或系統）在行動施行之後的處境與在行動施行之前的處境相比較時，基本上將會出現處境業已改變或處境仍沒改變這兩種情況，而不管是哪一種情況，機構（或系統）均會再經由此一「基底機制」來持續進行後續運作行動的調整或修正，直到機構（或系統）已確實處在所追求的「冀求狀態」。圖 4-3 即為此一「基底機制」在持續運行情況下的圖示。

機構（或系統）在經營管理運作上所依循的「基底機制」，從本節中有關它的構造、作用與特性所作的分析，意謂著機構（或系統）的經營管理活動及經營管理功能應該要，也必需要經由此一「基底機制」的作用才能有效進行及發揮。換言之，此一「基底機制」實即為各種機構（或系

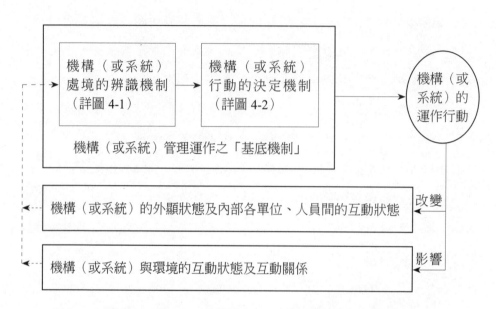

圖4-3：機構（或系統）管理運作之「基底機制」的持續運行示意

統）要建構及實施其各種經營管理制度的基礎。因此，機構（或系統）的
領導人、經營者及管理者若是能夠掌握到他們所領導的機構（或系統）
在此一「基底機制」上的各種「動力」的特性以及「動力」的控制特性
(controllability) 時，他們就有可能正確理解並從容面對機構（或系統）在
經營與管理上所遭遇的各種課題。

4-4 瞭解機構動態行為所需的基本觀點

　　「動態的」或「動力的」(dynamic) 是指：任何人、事、物可被觀察到的形貌 (form)、性質 (properties) 或狀態 (state)，因「動力」的作用而隨時間的經過所呈顯出的持續變化現象。「行為」(behavior)，在廣義上，是對於人或生物（即各種生命系統）在一段時間內所有可被觀察的行動及狀態的通稱；在狹義上，則是指人類有意識的動作或行動（act, action, 或 activity）。綜合以上「動態的」與「行為」這兩個詞彙的意義，則機構（或系統）的「動態行為」可以理解為：當某一真實存在的機構（或系統）被視為是一個具有生命力的生命系統 (living system)[註4.2] 時，該一機構（或系統）為求自身的生存與發展而在生產（製造）、營業（行銷）、廣告、財務、會計、人事、企劃、研發、庶務等面向進行各種活動或行動，使得機構（或系統）各面向的形貌、性質或狀態隨時間的經過出現持續變化的現象，進而使該一機構（或系統）在可被觀察到的整體形貌、整體性質或整體狀態上呈顯出持續變化的現象，這種機構（或系統）因自身

■ [註4.2]

凡具有生命特質的生物個體及群體都可稱為生命系統；有關生命系統的定義可參閱作者所著《系統概論》一書（華泰文化事業公司出版，1999 年 9 月，台北）第六講 6-1-2節之（二）（第 129 頁至第 132 頁）。

的活動或行動而在其整體形貌、整體性質或整體狀態所呈現的持續變化現象，就是所謂的機構（或系統）的「動態行為」。機構（或系統）在經營管理的各個運作面向及運作層級（即組織上及指揮上的高、中、低層級）上的各種活動或行動，實際上都是經由其「基底機制」所產生的。因此，我們若要深入觀察並瞭解一個機構（或系統）在其經營管理上的各個運作面向及運作層級所產生的各種行動（不論是單一運作面向、單一運作層級或多個運作面向、多個運作層級的系列性行動、並列性行動、同步性行動、重複性行動或一次性行動），以及若是想要進一步瞭解有關於這些行動在隨著時間經過之後，它們促使機構（或系統）的個別運作面向、運作層級的狀態，以及促使機構（或系統）的整體狀態，所呈顯出的各種持續變化現象（即機構（或系統）的「動態行為」），基本上，仍要以前面第4-3 節所述之機構（或系統）在管理運作之「基底機制」的構造、作用、特性，作為認識及瞭解的基礎。

　　圖 4-3 之「機構（或系統）管理運作之『基底機制』的持續運行示意」顯示：回饋資訊[註4.3] (feedback information) 是促使機構（或系統）的每一項運作行動於時間的流逝過程中在機構（或系統）的各個運作部門

■ [註4.3]

回饋資訊的意義將在本節後文中說明，而其進一步的討論請參閱第五章第 5-3-1 節。

間產生關連的關鍵。因為，機構（或系統）的各個部門、單位及主管人員必須經由被提示、告知、或輸入他們在前一段時間所做行動所產生之後果的相關資訊，他們才能讓管理運作的「基底機制」持續地發揮作用（即持續地產生各種理智、務實的行動）。因此，我們若要正確觀察並瞭解，有關於機構（或系統）的策略及戰術行動使機構（或系統）各個運作面向、運作層級的狀態以及機構（或系統）的整體狀態，隨時間的經過所呈顯出的變化現象及變化趨勢，我們就必須掌握到：在時間的歷程中，機構（或系統）在有關於前一個時刻所做行動所產生後果的相關「資訊」與接續的後一個時刻的「行動」，兩者之間究竟具有怎樣的關係。換言之，「行動」、「後果」、「後果相關資訊」及「時間」四者的基本關係，應該就是我們要觀察與瞭解機構（或系統）各種「動態行為」時的必要基礎。

依據第 4-3 節所討論的機構（或系統）管理運作的「基底機制」的構造與作用，我們瞭解：一個機構（或系統）在任何時間的任何「行動」，均以改變它在「行動」之前它本身的狀態以及它與環境的互動狀態為目的，以期能夠填補或縮小機構（或系統）的「冀求狀態」（即目標）與「當前現況」間的「差距」，而這項「差距」的縮減或消除狀況，則必需透由「行動」的後果資訊（即在「行動」之後，原訂的「冀求狀態」與新顯示的「現況」間新出現的「差距」狀況）才能確知，然後，依據新的「差距」狀況再去決定後續的「行動」。機構（或系統）經由此種方式來進行「行動」的調整，當機構（或系統）在經過一段時間所進行的一連串

的調整行動之後，希望最後終能使它所顯現的「現況」與最初「行動」前的「冀求狀態」間，不再出現「差距」。換言之，由於機構（或系統）的行動或是個人的理性行動，本質上都具有「目標追求」(goal-seeking) 的特性，在此一自然特性的驅使下，具理性的「行動者」（不論是自然人或機構法人）自然會將「行動」與「行動後的後果相關資訊」（簡稱為「行動後果資訊」）建立密切關連，從而形成以「行動者」為主體的「行動」與「行動後果資訊」的循環。這個循環中的「行動後果資訊」稱為「回饋資訊」(feedback information) [註4.3]，「行動者」藉所獲得的「回饋資訊」來修正他本身的後續行動，「行動者」的後續行動主要就是先前行動的修正，不過，有時候也包括「目標」的修正，從而在「行動」與「行動後果資訊」（即「回饋資訊」）的循環過程中，「行動者」經由一連串修正行動的施行來達到他所意欲追求的「目標」。此一「行動」與「回饋資訊」的循環關係，可說是人類（以及由人所組成的各種社會系統）之所以會產生理性、務實行為的基礎。從「行動」與「回饋資訊」的循環過程，我們就有可能掌握到個人以及機構（或系統）之各種「動態行為」的形成緣由與過程。圖 4-4 即為此一循環關係的示意，圖中的「行動目標」是由「行

■ [註4.3]

回饋資訊的意義將在本節後文中說明，而其進一步的討論請參閱第五章第 5-3-1 節。

動者」在「行動」之前，依據他個人的主觀意念參酌所獲得的周遭資訊與個人經驗而設定的，這種行動前就設定的資訊，相對於「回饋資訊」就稱為「前饋資訊」(feedforward information)。

　　圖 4-4 只是就一般機構（或系統）在其「行動」與「回饋資訊」間所具有的循環關係的基本構造，作出簡要描述，而「回饋資訊」的實際循環過程是遠比圖 4-4 所描述的更為複雜。理論上，任何機構（或系統）的任何一項行動都不會是、也不應該是單純的任意性、隨機性動作或活動，機構（或系統）所施行的每一項行動都要有分屬多個部門、單位的許多人

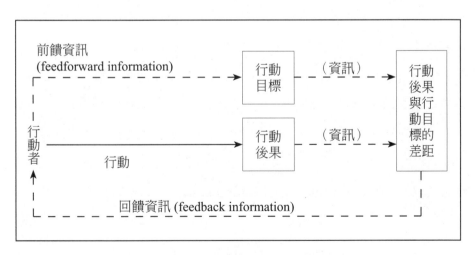

圖4-4：「行動」與「回饋資訊」的循環

員的參與，要動用所積存的多種物力、財力資源，要運用許多經由辛苦學習、開發的技術，並且要歷經一段時間的協調、磨合，然後才能共同協力完成的一項複雜操作活動。所以，機構（或系統）的每一項行動，自其展開以至完成的所有過程，都必須遵循機構（或系統）的管理運作機制的規定程序，並加以妥善管控，而不能放任其隨機施行。然而，對一項行動要加以管控，必然會對該項行動所涉及的各個部門、單位在人、事、物等諸多事項的安排上產生「干擾」(interference)，以致該一行動的進行時程、速度，會在時間上受到「遲滯」或「滯延」(delay) 的影響，從而，在行動過程及行動後各種「回饋資訊」的蒐集、辨認、彙整、傳送、分析及研判等過程，也就同樣會遭遇各種難以完全排除的「干擾」以及在時間上受到「滯延」的影響。因此，在「行動」與「回饋資訊」的循環過程中，「行動者」除必須正確理解所存在的各種「干擾」與「滯延」外，更要設法降低或避免「干擾」與「滯延」在「行動」及「回饋資訊」上所形成的「扭曲」(distortion) 與「偏誤」(bias)，俾使他所設定的「行動目標」能在循環中快速達成。總而言之，由於「干擾」、「滯延」、「扭曲」、「偏誤」是「行動」與「回饋資訊」在循環過程中所無法避免，也是無法完全排除的現象，因此，領導人、經營者及管理者對於他們所帶領、主持、負責的機構（或系統）的各種「動態行為」，若想要有正確的觀察、瞭解與掌握，則他們除了必需正確掌握機構（或系統）內部各種類型的「行動」與「回饋資訊」的循環構造外，還要特別注意到它們在循環過程中所面臨

的不可控制因素的「干擾」、時間的「滯延」以及資訊的「扭曲」與「偏誤」。

綜合本節的分析，機構（或系統）的各種「動態行為」，在基本上，都是經由「行動」與「回饋資訊」的循環而形成。所以，任何機構（或系統）不論是其「短期的動態行為」（即日常運作行為，daily operational behavior）或是其「長期的動態行為」（即戰術性或策略性行為），自然都是依循此一「行動」與「回饋資訊」的循環而形成的。換言之，由於有著「行動」與「回饋資訊」的循環，機構(或系統)所追求的長、短期生存與發展的目標，才得能達成。

本章所闡述、討論的內容是瞭解及掌握機構（或系統）各種「動態行為」所必須具備的一些基本概念。不過，在領導人、經營者及管理者帶領機構（或系統）追求持續發展與永續生存的過程中，僅只這些概念並不足以協助他們全面、有效地掌握機構（或系統）的各種複雜「動態行為」。因此，領導人、經營者及管理者還必需認識生命系統（機構及各種社會系統都是生命系統）各種「動態行為」的本質，然後以生命系統穩定維持其生存與發展的原則、原理為基礎，才能比較深入地看待機構（或系統）的各種生存與發展的課題。為此，下一章將就生命系統的「定常狀態」(steady state) 所涉及的一些重要概念，進行扼要的介紹與討論，俾增進、提升我們對機構（或系統）各種「動態行為」的瞭解與掌握。

第5章

認識定常狀態[註5.1]

5-1 定常狀態的意義

我們若要深入辨識、分析任何一種實體社會系統的動態行為，特別是那些運用「機構」這種「法人組織」來營運、發展的社會系統，當我們針對它們的動態行為進行分析時，最好能夠借助觀察、探究一般生命系統各種動態行為的通用基礎概念，這樣，才能正確理解並掌握到該一社會系統動態行為的主要特性。由於「定常狀態」(steady state) 的概念，已是分析及瞭解一般生命系統所呈現動態行為的基礎概念，因此，本章將就瞭解一般生命系統動態行為所應該具備的一些有關「定常狀態」的概念，做進一步的介紹與討論。

■ [註5.1]

本章內容取材自作者所著《系統概論》一書（華泰文化事業公司出版，1999 年 9 月，台北）之第十一講。

從分析的觀點而言，當一個系統中的一些相互對立的「變項」(variables) 彼此所施展的力量是「平衡」(balance) 的時候，或其力量所產生的作用是可相互抵銷的時候，則就這些變項而言，它們所構成的這一個系統是可稱之為「均衡的」(in equilibrium)。換言之，就比較精準的觀點而論，「系統是均衡的」這樣的陳述，只是針對系統中的某些具有對立關係的變項來說的，而不是針對系統的所有變項來說的；因此，至少這些相互對立變項在系統中的角色必須是相互平衡的，或其作用必須是相互抵銷的，系統才有可能是均衡的。既然所謂系統的均衡這項概念僅只針對系統中具有對立關係的相互對立變項來說的，因而，我們有必要進一步瞭解什麼是系統的變項，才能正確理解系統「定常狀態」的概念。由於系統是由分屬下述自低而高的五個層級的許多各種元件所構成：(1) 零件 (parts)（系統的最小構成單位）、(2) 構件 (components)（由多個零件所組成）、(3) 組件 (assemblies)（由多個構件所組成）、(4) 次系統 (subsystems)（由多個組件所組成）、(5) 系統（多個次系統就可組成一個系統）。因為一個系統在相同層級的各個元件間以及在不同層級的各個元件間，它們相互間的關係極為龐雜，因此，並不是構成為一個系統的全部元件都適合直接做為分析系統行為時的變項。通常，只有那些雖是分屬不同層級但卻能夠反映出系統的某些屬性、性質或特性的元件，而且能將這些系統的特性從該元件身上加以量測時，該一元件方可被稱為系統的變項。因此，只有當系統確實存在著符合上述條件且能被明確定義的一些變項時，方有可能針對該

一系統來精確談論「系統均衡」的概念。「系統均衡」的情況可能是靜止的與不變的 (static and unchanging)，也可能是維持在動態變化 (dynamic change) 之中的。由於社會系統是生命系統中的一種，而生命系統必須是開放系統[註5.2]，又因為開放系統所具有的「質能」(matter-energy) 及「資訊」(information) 在系統內部與系統內外部間的流通狀態，即所謂的通量 (flux)，是持續不斷地在改變，所以，生命系統的各種變項所出現的均衡都是動態的，因而，生命系統的均衡狀態常被稱為「通量均衡」(flux equilibrium) 或被稱為處於「定常狀態」(steady states)。

　　生命系統所呈現的各種「定常狀態」，有些可能是「不穩定的」(unstable)（即原先處於均衡狀態的系統在一經輕微擾動時，系統的狀態就從均衡狀態逐漸移動並就此離開既有的均衡狀態，而不能再恢復回原先的均衡狀態）；有些可能是「穩定的」(stable)（即原先處於均衡狀態的系統雖經輕微擾動，但是系統本身對擾動的回應所出現的反作用動作，會使系統再度恢復回原先的均衡狀態）；而有些則可能是「中立的」(neutral)，

■ [註5.2]

凡實體系統的邊界具有部分的可滲透性 (permeability) 而能與所處環境的其他實體系統進行相當規模的質能 (matter-energy) 或資訊 (information) 的交換、交流或傳送時，則該實體系統即為開放系統 (open system)；反之，則為封閉系統 (closed system)。

「中立的」均衡狀態是指，原先處於均衡狀態的系統在經輕微擾動後，系統的狀態就從均衡狀態移動並離開，直到新的均衡狀態出現後才不再變動，這種均衡狀態產生改變後就不再恢復回原先的均衡而另行達到新的均衡狀態，就稱為中立的定常狀態，只是前後兩次均衡狀態所產生的改變，純依系統所處環境與情境而定，同時，前後兩次均衡狀態間的差異本身，並不會對系統造成任何種類的影響或作用。這三種定常狀態就如圖 5.1 所示：圖 5.1 (a) 置於倒蓋的碗頂上的圓球為「不穩定的定常狀態」；圖 5.1 (b) 置於碗中的圓球為「穩定的定常狀態」；圖 5.1 (c) 置於水平桌板上的圓球為「中立的定常狀態」。

　　生命系統的許多變項，在本質上，具有維持於「定常狀態」的傾向。當生命系統的所有重要變項都處於「定常狀態」時，系統就稱為係處於

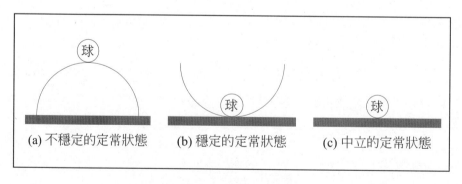

(a) 不穩定的定常狀態　　(b) 穩定的定常狀態　　(c) 中立的定常狀態

圖5-1：各種定常狀態示意

「整體全面均衡狀態」(homeostasis)，從而，就使得生命系統中負責處理「質能」與「資訊」之交換、交流及傳送的各個次系統，於進行處理的過程中能夠在各個次系統之間保持適當的平衡。其實，生命系統的「定常狀態」或「整體全面均衡狀態」不僅僅意謂著：處於這種狀態下的生命系統，其內部各個次系統間保持著適當的平衡，同時也表示：此時該一生命系統與提供其所需各種「輸入」以及接納其所生產之各種「輸出」的環境 (environment) 或超系統 (suprasystem)，彼此間也是大抵維持在「定常狀態」下。生命系統雖然是處在「定常狀態」，但它內部的各個變項並非靜止不變，而是仍然不斷地在起伏變動著，有時，當某一個變項的變動幅度只是稍微超出原有的變動範圍，就很可能會造成另一個相關連變項的變動幅度出現極大的改變，由於生命系統內部各個變項間的連鎖影響，生命系統的「定常狀態」很可能會因為某一個變項受到其他變項的變動影響，以致出現了超出其原有變動範圍的變動，因而使得原有的「定常狀態」無法繼續維持。當生命系統是在「不穩定的定常狀態」或是「中立的定常狀態」時，原有的「定常狀態」一旦受到擾動或破壞，就難以再維持下去；若是生命系統是在「穩定的定常狀態」時，它就有可能不受某些變項大幅度變動的影響，而會再恢復回原有的「定常狀態」。

總之，生命系統沒有恆常不變的唯一「定常狀態」。事實上，「定常狀態」只是用來描述生命系統動態行為的概念與術語，它僅是針對那些足以代表某一生命系統之特性的某些相互對立變項，就該一生命系統在所

處之特定環境與情境下，從這些相互對立變項的變動情況是否會影響這些變項間的關係的均衡，來進行描述時所使用的專門術語。因此，我們使用「定常狀態」這一術語，除意謂著我們對生命系統在行為上的複雜、多變、易變及與時俱變的特性有所體認外，也代表著我們想藉「定常狀態」的概念更深入地探究生命系統的動態行為。理論上，我們要探討一個生命系統的動態行為所涉及的「定常狀態」時，至少應該包括下述諸課題的探索：(1) 辨識該一系統是否處於「定常狀態」，(2) 分析該一系統的「定常狀態」的性質及所呈現的行為樣態，(3) 探究該一系統維持在「定常狀態」所應具備的條件，以及 (4) 如何導引該一系統從某一個「定常狀態」經歷「非定常狀態」[註5.3]再演進至另一個「定常狀態」的有效方法。上述這些課題的釐清，都是分析、研究、經營、管理一個生命系統或社會系統時，所必須確實掌握的重要事項。所以，一個機構（或系統）的領導人、經營者及管理者對於他們所負責主持的機構（或系統）在其內外部的眾多變項所表徵的各種「定常狀態」，他們應該建立一個一般性的瞭解，這樣，在

■ [註5.3]

所謂「非定常狀態」，就是指生命系統所呈現的動態行為並不屬於已知的「定常狀態」；就某一生命系統已確立的一些相互對立變項而言，該系統的「非定常狀態」主要是指在前後兩個「定常狀態」之間所出現的「遞移狀態」(transient state)，以及出現與已知「定常狀態」完全難以類比、近乎無序行為的「紊亂狀態」(turbulent state)。

機構（或系統）面臨各種不同環境挑戰以及遭遇任何艱困處境時，他們才能夠用上述有關「定常狀態」的四項課題的一般性瞭解為基礎，研擬出有效的因應策略及戰術，以確保自家機構（或系統）的持續成長、發展、進步。本章下述各節將就認識生命系統及社會系統「定常狀態」的有關概念，分別加以介紹並討論。

5-2　壓力、張力、威脅與定常狀態

　　任何社會系統所包含的眾多變項的每一個變項，就它所出現變動的區間或範圍而言，基本上都有一個「穩定界限」(range of stability)。當系統的所有重要變項的狀態或行為（一個變項所呈顯的明顯、可被量測的樣態所出現的變動現象，就稱為該變項的狀態或行為），都是維持在其各自的「穩定界限」內的時候，系統就是處於「定常狀態」或「整體全面均衡狀態」。就一個正常的生命系統而言，若該一系統之某一個變項所呈顯的行為或狀態是在該一變項的「穩定界限」之外時，系統本身就會自動出現改正或矯正的動作，以使該一變項的行為或狀態回復到「穩定界限」內；當然，若該一變項的行為或狀態確是保持在其應有的「穩定界限」內，則系統就不會出現矯正該一變項行為的行動；需注意的是，系統有時會因為

某一變項的行為或狀態是在其「穩定界限」的邊緣附近，雖然此時該一變項的狀態或行為尚未明顯越過界限，但是對一個較為靈敏和敏感的系統來講，此時系統很可能就會出現矯正該一變項之狀態的行動，不過，這時候的矯正行為的矯正速率或矯正幅度都極為細小而不易被觀察到。以上就是一般生命系統對其內部各構成變項之狀態或行為的基本操控原則。

當生命系統的某一種「輸入」(input) 或「輸出」(output)，不論其內容為「質能」或「資訊」，如果「輸入」或「輸出」的內容所具有的性質，包括：質素、質量、數量、速率等，當這些性質所呈現的水準與它們應該具備的水準間出現明顯不足或超過的現象時，系統的機制就會逼使系統內部與該種「輸入」或「輸出」有直接關連的那些變項，展現出超過這些變項既定「穩定界限」的行為或狀態，以盡力促使系統不受「輸入」或「輸出」性質水準變動的影響，而在整體上仍能維持原有的「全面均衡狀態」。不過，這時在系統內部就會出現所謂的「壓力」(stress)，以及因為此一壓力而產生的「張力」或「應變」(strain)。生命系統內部的相關變項會自動藉著「張力」的產生來承受因內外部因素所造成的「壓力」，因為，只要系統內部的運作機制能夠促使「張力」與「壓力」間保持平衡，則系統在總體上仍可維持於「定常狀態」。系統除了因為「輸入」或「輸出」出現明顯大幅度變動時會造成系統藉「張力」來吸收「壓力」的反應之外，有時候，「壓力」雖然還沒有直接加諸系統身上，而僅只是某一種重大「壓力」已經迫在眉睫的資訊（或訊息）突然出現，這時，這種「壓

力」來臨的「訊息」也極可能會對系統形成一種「威脅」(threat)；當生命系統受到「威脅」時，系統內部也會產生「張力」或「應變」來回應「威脅」的作用，以使系統在總體上仍可維持於「定常狀態」。

　　任何生命系統若是長時期地呈現著混亂無序或變動不定的「非定常狀態」，則該一生命系統將難以存活，縱使能夠勉強存活也難以持續成長或發展。因此，所有的生命系統在基本上都必須使自身儘可能地在長期間內可以持續地維持於「定常狀態」下。雖然大多數生命系統在表面上呈顯出它係處於「定常狀態」下，但由於生命系統本身的結構與運作機制極為繁複而且所處的環境與情境也相當複雜、多變，因此，許多生命系統在表面上雖是處於「定常狀態」下，卻也同時承受著諸多的內、外部「壓力」與「威脅」，進而在其內部產生「張力」或「應變」來吸收各種「壓力」與「威脅」。依據上述生命系統有關「壓力」、「威脅」、「張力」的基本概念，顯然，機構（或系統）的領導人、經營者及管理者除非能對他們所領導的機構（或系統）所承受的各種壓力、威脅及張力都有所瞭解，否則，他們對於自家機構（或系統）要維護生存所需要的各種「定常狀態」的性質究竟是什麼，要使自家機構（或系統）維持於某一種「定常狀態」時所應具備的條件究竟有哪些，以及要導引自家機構（或系統）從某一「定常狀態」（或某一「遞移狀態」或「紊亂狀態」）演進至另一「定常狀態」的有效方法到底是什麼，面對這些課題，基本上他們就很難有正確的認識及確實的掌握，因而，他們也就更難以奢言要對自家機構（或系

統）作出有效的領導與經營管理了。

作為生命系統的大多數社會系統，它們在大部分的時間裡都是維持在「定常狀態」下的，但從上述「定常狀態」基本概念的討論中，我們瞭解：社會系統在表面上所維持的「定常狀態」並不是一種沒有「壓力」、「威脅」及「張力」的「定常狀態」，幾乎所有的社會系統隨時都是存在於具有「壓力」、「威脅」及「張力」的情況下，並隨時在努力設法促使它們自身及各種運作仍然能夠維持於「定常狀態」。所以，正如《孟子》「告子篇」所強調的：「天將降大任於是人也，必先苦其心志，勞其筋骨，餓其體膚，空乏其身，行拂亂其所為，所以動心忍性，增益其所不能。」以及「入則無法家拂士，出則無敵國外患者，國恆亡。然後知生於憂患而死於安樂也。」，顯示，個人、家庭、家族、團體、學校、機關、機構、公司、政府或國家等社會系統，如果能夠具備足以面對或承受內、外部各種「壓力」、「威脅」及「張力」的能力，並且呈現出具有高度調適能力，使自身的總體行為能維持於「定常狀態」，則「壓力」、「威脅」及「張力」對於個別的社會系統在發展或強化其生存力或生命力上，應該是具有正面意義，而且是有所助益的。所以，生命系統及社會系統不僅不應該以迴避「壓力」、「威脅」及「張力」作為最高或唯一的生存法則，反而應該主動尋求有益於鍛鍊自身生命力的各種不同「壓力」、「威脅」及「張力」，以確實強化自身面對各種環境挑戰的能力。

當然，隨著機構（或系統）的不同，影響某一特定機構（或系統）

在運作上所需要去維持的「定常狀態」的種類，以及需要去應對的「壓力」、「威脅」及「張力」的種類，會依該一機構（或系統）及所面對的處境（環境及情境）的狀況而有所不同。由於「壓力」、「威脅」及「張力」對於機構（或系統）的「定常狀態」的影響過程及後果極為複雜，原則上，必須依據個別機構（或系統）的性質及當時所面對的處境，分別探討之，而無法一概而論。不過，因為「張力」及「威脅」均源於「壓力」，所以，機構（或系統）的領導人、經營者及管理者對於一般社會系統所共同要注意的「壓力」的一般現象及其相關概念，就應該要有所認識，方能對他們所領導、主持的機構（或系統）的「定常狀態」，建立較為正確的瞭解。

領導人、經營者及管理者對於他們所領導、主持、管理和負責的機構（或系統），首先要注意的是，該一機構（或系統）有無「壓力不足」(lack of stress) 的現象。依據生命系統的理論，從外部的超系統或環境進入一個生命系統的每一種「輸入」，在進入該一系統時的速率（即單位時間的流入量），通常都應該有一個「標準速率範圍」或「標準速率界限」(standard range of rate)，如果某一種「輸入」在進入系統時的速率是低於它應有的「標準速率界限」的下限時，就會使系統在該一種「輸入」出現「壓力不足」的現象。一個生命系統對於它所需要的任何一種「輸入」，若是持續處於「壓力不足」的狀態時，則該一系統的「整體全面均衡狀態」就無法繼續維持。其次要注意的是，「壓力過度」(stress excess) 的

現象。「壓力過度」現象正好與「壓力不足」現象相反，亦即，如果某一種「輸入」進入系統的速率是超出它應有的「標準速率界限」的上限時，就會使系統在該一種「輸入」出現「壓力過度」的現象，而系統若是持續出現「壓力過度」現象，也會使系統的「整體全面均衡狀態」難以維持。任何一個生命系統其「整體全面均衡狀態」的維持，端賴它所需要的每一種「質能」、「資訊」的「輸入」，以及它所產生的每一種「質能」、「資訊」的「輸出」，都能夠持續地以在「標準速率界限」內的速率來進、出系統。換言之，生命系統必須要有足夠的能力去承受它在生存上所需要的「質能壓力」(matter-energy stress) 以及「資訊壓力」(information stress)。如果一個生命系統持續處於「質能壓力不足」（例如，個人的飢餓、服用有毒食物，或是企業的客戶訂單不足），或是「質能壓力過度」（例如，個人的飲食過量，或是企業的產能過剩），或是「資訊壓力不足」（例如，個人的知識貧乏、資訊缺乏），或是「資訊壓力過度」（例如，學生面對聯考惡補所形成的填鴨式教學，或是公司主管面對的電腦化報表資料的過量呈報）等情況，則該一生命系統所應該保有的「定常狀態」就難以維持，而其「整體全面均衡狀態」的維持，也就更是不可能之事了。

關於生命系統在面對「威脅」或承受「壓力」時的行為或反應，一般而言，會依據個別系統及其處境的不同以及「壓力」或「威脅」的實際狀況，而有極為複雜且差異極大的反應過程，但基本上它們都會依照「里夏

特立耳原則」(the Le Châtelier principle) 產生反應。「里夏特立耳原則」
的大意略為：一個「穩定系統」(stable system) 在承受到「壓力」時，它
的反應會朝向能夠「減輕壓力」或「極小化壓力」(minimize stress) 的方
向移動。換言之，一個「穩定系統」在受到「壓力」時，系統會自主發出
一種「補償力量」，也就是前述所稱的「張力」或「應變」，作為對「壓
力」的反應，來抵銷或是極小化「壓力」對系統所產生的作用或影響。是
以，系統所發出的這種「補償力量」必然會出現在或作用在「壓力」的相
反方向，從而，不但會使系統中所有與發出「補償力量」有關連的變項產
生變動，而且也連帶使這些變項的從屬變項及相關變項出現連鎖性的變
動。當然，產生「補償力量」的各個變項就是系統內直接受到該種特定
「壓力」作用的「主要變項」，而其他因「補償力量」的產生而連帶出現
變動的其他變項，則只能算是系統內受該種特定「壓力」影響的「受波及
變項」。再進一步分析，若是「壓力」的施加與「補償力量」的作用，並
沒有使系統內各個變項（包括所有的「主要變項」及「受波及變項」）的
狀態，脫離它們應有的「穩定界限」時，則系統仍可維持在「定常狀態」
或「整體全面均衡狀態」。不過，如果因為「壓力」的施加以及「補償力
量」（即「張力」）的作用，而使系統內各個變項的狀態，有一部分脫離
它們應有的「穩定界限」時，則系統就會針對這些脫離「穩定界限」的各
個變項進行矯正行動，也就是說，系統就開始進行「調整程序」或「調適
程序」(adjustment process)。當然，若是「調整程序」進行順利、成功，

則系統就會繼續維持於原來的「定常狀態」；若是所進行的「調整程序」無法使系統原先的「定常狀態」獲得維持，則系統就會試著去尋找各個相關變項中其「穩定界限」可以予以寬放、增大者，進而以這些變項的新「穩定界限」為基礎來尋求新的、合適的「定常狀態」；如果系統用盡了所有可用的「調整程序」，卻仍然無法尋求到新的「定常狀態」時，則系統就會因為無法承受加諸其上的「壓力」，而必須面臨崩潰、崩解或死亡的結局。

5-3 與調整程序有關的概念

任何一個生命系統或社會系統在其本能上，都會設法使自身能夠持續維持於最適宜自身的生存與發展的「定常狀態」，因而，當系統遭受來自外部或內部的「壓力」（或「威脅」）的作用時，系統的各個次系統暨相關元件就會依循既定機制的安排，開始進行各種因應程序的運作，以使受到「壓力」（或「威脅」）所作用（或所影響）的各個變項的狀態（或行為），能夠保持在其應有的「穩定界限」之內。這種回應性運作程序所要發揮的功能，包括：(1) 使受到「壓力」所作用（或影響）的每一個變項的狀態（或行為）的變動，不會脫離它們應有的「穩定界限」；(2) 縱

使某些變項的狀態稍有脫離「穩定界限」，也能經由系統所啟動的矯正行動，使各該變項的狀態（或行為）迅速再回復到「穩定界限」內。這些回應性的運作程序，都是生命系統所內建的複雜運作機制的重要部分，這種對於「壓力」（或「威脅」）的回應程序，是生命系統為確保它自身可以維持於「定常狀態」而必須進行的「調整程序」(adjustment processes)。生命系統的每一個變項不一定都內建有對應的「調整程序」，但是，生命系統為了確保少數重要變項的狀態能夠長期持續維持在「穩定界限」之內，有時一個重要變項甚至可能會安排數個「調整程序」來作調控。關於生命系統在「調整程序」的安排設計，就如同阿胥比 (W. R. Ashby)[註5.4] 所指出的："生命系統的「調整程序」在種類和數量上是如此的繁多，而且各個「調整程序」在相互間又是如此緊密地連結耦合，所以，只要內建的各個「調整程序」能夠正常運作，則生命系統就會是一個「超穩定」(ultrastable) 的系統。"。由於不同類型、不同層級的社會系統（各種社會系統均為生命系統而具有生命系統的一般特性）所具有的「調整程序」在種類、功能、構成及數量上，實在是極其複雜且差異極大而無法盡數列

■ [註5.4]

阿胥比 (William Ross Ashby) (1903~1972) 出生於英國，是模控學 (Cybernetics) 的開創者及最重要貢獻者之一，他所著的《Design for a Brain》(1952) 及《An Introduction to Cybernetics》(1956) 是一般系統理論、生命系統理論、模控學等科域的經典著作，本文中這段文字出自《Design for a Brain》一書。

舉並加討論，因此，本書僅能就分析、認識「調整程序」時所涉及的一些基礎概念，加以闡述。本節將就米勒 (J.G. Miller)[註5.5] 教授在其所著《生命系統》一書中所提出與「調整程序」有關的一些基本概念，包括：「回饋」(feedback)、「衝突」(conflict)、「目的」與「目標」(purpose and goal) 以及「代價」與「效率」(cost and efficiency) 等，作扼要介紹與討論。這些基本概念對於一般社會系統的「調整程序」的性質、功能、限制條件及作用機制等事項的瞭解上，將可提供有助益的探究基礎。因此，機構（或系統）的領導人、經營者及管理者若能立基在這些基本概念上，進而對自家機構（或系統）既有的與應該具有的「定常狀態」及「調整程序」建立更深入的瞭解、認識，則他們對於自己所領導、主持及管理的機構（或系統）在「定常狀態」及「調整程序」的設計及操控，就能夠有較理想或較好的掌握。

[註5.5]

米勒 (James Grier Miller) (1916~2002) 美國哈佛大學心理學博士，系統科學 (systems science) 的開創者之一，「行為科學」(behavior science) 一詞的原創者，也是「行為科學期刊」(Journal of Behavioral Science) 30 餘年的主編；他最重要的著作《生命系統》 (Living Systems) 一書 (McGraw-Hill, New York, 1978) 厚達 1102 頁，超過七十五萬字，是一部對所有的生命系統及社會系統的性質進行整合性、多科域性之生物學分析的經典大作，該書是生命系統理論、社會系統理論及一般系統理論的綜整及集大成。

5-3-1 回饋

「回饋」(feedback) 一詞係指下述「裝置」(device) 所產生的作用：一個系統的某一個變項或某一群變項同時具有兩個「通道」(channel) 用來傳遞資訊 (information)、訊號 (signal) 或信息 (message)，即通道 A 與 B，其中的通道 B 將通道 A 的資訊、訊號、信息的輸出端以及輸入端一起予以環圍成圈，因此，由通道 A 的輸出端所傳送出去的訊號（或資訊、信息）中的一部分，可以經過通道 B 而再回傳至通道 A 的輸入端的「訊號發送機」(transmitter)，而所謂的「回饋」就是經由這樣的「裝置」所進行的資訊、訊號或信息的傳遞。接著，我們將針對此一裝置的各部分，詳加說明它們在運作過程所產生的作用，以便解明「回饋」的概念。

通道 A 的輸入端的「訊號發送機」，通常是由下述三個部分所組成：(1)「基準訊號設定器」，亦即，可自外部設定或輸入基準訊號（即作為比較之用的參考訊號）的部分；(2)「回傳訊號比較器」，亦即，可將經由通道 B 所回傳的通道 A 的輸出訊號與原設定的基準訊號進行比較的部分；(3)「發送訊號產生器」，亦即，可以產生要向通道 A 發送的訊號的部分。由於「訊號發送機」上所設定的基準訊號，通常就是「回饋裝置」所要調控的變項所必須要維持的「穩定界限」，因此，經由通道 B 所回傳的變項實際狀態的訊號，會在「訊號發送機」上與原先設定的基準訊號相比較，如果回傳的訊號顯示變項的實際狀態是在穩定界限之內，則「訊號發送機」就向在通道 A 上的該一變項發送出不需施行「調整程序」的訊號；反之，

如果回傳的訊號顯示出變項的實際狀態已不在「穩定界限」之內，則「訊號發送機」上的「發送訊號產生器」，就會向通道 A 上的該一變項發送出啟動「調整程序」的訊號，以促使實際狀態不在「穩定界限」內的該一變項立即進行矯正行動，直到經通道 B 所傳回的訊號顯示出變項的實際狀態已回到「穩定界限」之內。換言之，通道 A 的訊號輸入端所發送訊號的內容，會依矯正行動的需要而加以調整，這項矯正行動會重覆進行，一直到通道 A 的訊號輸出端經通道B所回傳的訊號，顯示變項的實際狀態確實是在「穩定界限」之內。與系統「定常狀態」相關的各變項的控制工作，經由此種「回饋裝置」的訊號操作，就可以「即時」(real time) 地掌握各變項的實際狀態，並且可以迅速、有效地達成對各變項的調整、矯正。簡言之，為維持機構（或系統）的「定常狀態」而執行的各相關變項的控制工作，是應該藉由合理的「回饋裝置」來操作、實施，而不應該由領導人、經營者及管理者單憑他們個人的直覺就隨意操弄。上述的「回饋裝置」及相關概念，綜整如圖 5-2 所示。

以上所討論及圖 5-2 所顯示的「回饋裝置」，其功能在於促使系統內各重要變項的狀態不會偏離它們的「穩定界限」，從而使系統整體的行為或狀態不會偏離「定常狀態」，這種調整程序是依受監控變項在通道B的回饋訊號的反向或倒數來進行反應，並據以調整要向通道 A 的受監控變項發送的矯正指示訊號，所以，這種「回饋」因而稱之為「負性回饋」(negative feedback)。如果「訊號發送機」是以回饋訊號的相同方向來反

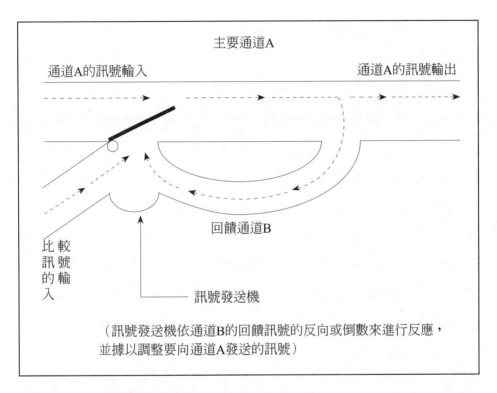

圖5-2：負性回饋(negative feedback)
來源：Miller, J. G., Living Systems, McGraw-Hill Inc., P.36, 1978.

應而調整向通道 A 的受監控變項發送的矯正指示訊號時，則會使該一受監控變項及系統的狀態，更為遠離它初始之時的「定常狀態」，這種「回饋」就稱之為「正性回饋」(positive feedback)。顯然，正性回饋的「調整程序」若是持續進行，將會促使系統內與該程序相關的各變項逐漸離開它

們的初始狀態，進而導致某些變項的狀態脫離其「穩定界限」，因而就打破或破壞了系統初始的「定常狀態」，所以，「正性回饋」具有能夠啟動或促動系統從初始的「定常狀態」產生改變的功能。要注意的是，與「正性回饋」這種「調整程序」相關的各個變項，在程序進行過程中除非它們受到外來力量或外來因素所施加的抑制或制止，否則，它們的狀態必將逐漸脫離原有的「穩定界限」。所以，若是任由「正性回饋」這種「調整程序」無休止地持續進行，最後終將破壞系統的「定常狀態」，甚至使得系統無法存在。例如，1990 年代初期南韓以及東南亞各國的企業，普遍利用高財務槓桿促成「正性回饋」這種「調整程序」的加速作用，因而形成「泡沫式」的經濟榮景，然而，到了 1997 年下半年至 1998 年期間，當「泡沫」破滅時就造成了所謂的「亞洲金融風暴」的侵襲，終於使長達 6、7 年的經濟榮景立時幻滅，這是因為這些國家的產業、經濟、金融、貿易、政府、政治、社會、法律、科技、教育、文化等各部門的體質、能量，並不能同步無止境地支撐高財務槓桿的經濟發展，也就是說，「正性回饋」的不合理或不正常「調整程序」必然會遭受到抑制，因而使泡沫化的經濟榮景立即消失。

「負性回饋」這種「調整程序」則可促使系統朝著所設定的「定常狀態」的方向變動，並讓系統最終能維持於所設定的「定常狀態」。藉由「負性回饋」的作用，系統可以逐漸設法消除在行為上或狀態上的任何初始偏差或錯誤，亦即一有偏差、錯誤出現，「負性回饋」這種「調整程

序」就會立即進行矯正行動，而使系統能夠朝向所希望的「定常狀態」調整，並使系統持續保持於該一「定常狀態」。鑑於「回饋」在「調整程序」上所具有的功能是如此的明顯，尤其是「負性回饋」的功能對於一個系統想要追求它所設定的「目標」或「定常狀態」時，更是不可或缺，所以，正如阿胥比 (W. R. Ashby) 所說："以「回饋」（尤其是「負性回饋」）作為矯正錯誤的必要方法的重要性，現在已經在各個學域裡廣被接受了。"。因此，由韋納 (Norbert Wiener)[註5.6] 及阿胥比等學者所開創的「模控學」或「自動控制學」(cybernetics)，即「回饋控制方法」的研究，事實上已是「生命系統理論」(living systems theory) 中的一項極重要部分，更是各種社會系統（特別是機構型態的組織）在其經營管理運作機制的設計、操作上，所無法漠視的基礎理論及基本方法。其實，對於各種複雜系統（不論是無生命的工程器械系統或是生命系統），若要對它們的各種行為、動作、表現進行控制，基本上都必須藉由許多繁複、細緻的

■ [註5.6]

韋納 (Norbert Wiener) (1894~1964) 出生於美國，自幼即以數學天才聞名，自 1919 年起受聘為麻省理工學院 (MIT) 數學系教授後，終生任教於 MIT；1942 年韋納運用他從高射炮射擊控制的研究所發現的「循環回饋」概念，首先提出「動物與機器的控制和通信理論」，經過數年的持續研究，韋納於 1948 年正式出版《模控學》(Cybernetics) 一書，並以「生物和機器中的控制與通信」作為該書的副標題，正式開創了「模控學」這門影響二十世紀後半葉的重要學問。

調整動作方能達成，而這些繁複、細緻的調整動作，則必需經由許多緊密連結、耦合的「正性回饋」及「負性回饋」的「調整程序」的配套，才有可能在系統的所有關連元件上，進行調整動作所需要的各種不同質能及資訊的傳送或發送，而使對於系統的行為、動作的控制，得以達成。今天，從高精密度工具機、無線電話手機、電動遊樂器、個人電腦、捷運列車、飛機、火箭、人造衛星、太空梭等無生命的工程系統，以至於現代企業、學校、醫院、都市、政府、社會、跨國機構等社會系統，它們之所以日趨精緻、複雜而且能夠可靠、穩定地運作，可以說完全都是「正性回饋」及「負性回饋」的「調整程序」在這些系統的運作機制上所發揮的作用與貢獻。

藉由正、負性「回饋」的「調整程序」來矯正偏離系統原定的「冀望或冀求狀態」(desired state) 的各種行為，更是社會系統在分析、探討、監控、操作其自身各種複雜行為時，所必需確實掌握到的竅門。我們每一個獨立的個人以及由人所組成的各種不同類型、不同層級、不同規模的社會系統，並不像無生命系統的各種器械、裝置，我們「人」這種生命系統及各種社會系統的內部，並沒有預先設定的有關於系統外顯行為的固定、明確「定常狀態」，俾便以之作為系統對自身行為進行「負性回饋」控制時的準據，而是由生命系統及社會系統依本身所具有的條件暨所處環境與情境的狀況，自主定下所要追求或所想要達到的「冀望（或冀求）狀態」，並以這個「冀望狀態」作為調整、矯正自身行為時的依據或基準。不可否

認的，由個人及各個社會系統本身自主地依據人為判斷來為自身所設定的「冀望狀態」，並不一定會是一個系統最合宜的最佳「定常狀態」。不過，一旦「人」及由人所組成的社會系統自覺或不自覺地自主設定了自身的「冀望狀態」後，「人」及社會系統為追求並達到該一「冀望狀態」，「人」及社會系統所採行的各種行動或所表現的各種行為，就會是「人」及社會系統在其主觀動機和認知上，最有可能幫助他們達到該一「冀望狀態」的行動或行為。所以，個人及社會系統為追求他們自身所擇定的「冀望狀態」而施行的行動或行為，只要是能夠促使他們現有的狀態產生真正的演變，而且演變確實是朝著「冀望狀態」的方向推進時，則他們所施行的行動或行為，就可說是正確、有效的行動或行為。

在追求「冀望狀態」的達成或維持的過程，個人或社會系統只能在有限數目的行動方案或行為方式中加以考量、抉擇。進而言之，以追求「冀望狀態」為目標來施行正、負性「回饋」的「調整程序」時，系統（即任何個人或任何社會系統）在目標追求過程中，對於各種行為或行動的選擇決定上（所有的調整性行為或行動都是經由正、負性「回饋」的「調整程序」而產生的），不管行為或行動的內容是如何的複雜，原則上，系統會從下述四種可能的行動類別中進行選擇：(1) 當慣用的反應行動已顯示該一行動為失效或失靈時，系統會經由學習新技巧，或是藉由重新組織自己的內部來改變自身，從而使系統有可能重新發展出可以達到「冀望狀態」的新行為；(2) 設法直接或間接地去改變所處的環境及所在的情境，以使環境

及情境的情勢變為有利於系統所要施展的行動的成效；(3) 從所在環境或情境中撤退，並另外尋求一個較為有利於自身原本擇定要追求的「冀望狀態」的達成的環境及情境；(4) 改變系統自身原先設定的「冀望狀態」。系統經由在這四種行動類別中的選擇及嚐試，進行自身行為的調整，以期「冀望狀態」的達成。至於在實際情況下，特定個人及特定社會系統究竟會如何在上述四種可能的行動類別中做選擇，並沒有一定的答案，而只能依當事人及個別系統就各自所面臨的特定「處境」與所累積的特定「經驗」而定。

藉著「正、負性回饋調整程序」所進行的控制，所有的生命系統不論是其整體或是其內部難以數計的變項，才能夠長期持續地保持於「定常狀態」或「整體全面均衡狀態」。如果「正、負性回饋的控制」時常或長期失靈或失效，系統原來的結構與運作程序就會出現顯著改變，甚至會使系統無法生存。另外，我們也應該瞭解：生命系統在進行「回饋控制」(feedback control) 的過程，通常會使被控制的變項在行為或狀態上，出現為期或長或短的震盪 (oscillation) 現象，並且在施行矯正行動時，在各相關變項上的行動施行時間出現「時間落差」(time lag) 或「時間推遲」(time delay) 現象，而難以將各變項的矯正行動在瞬間就同步、同時地完成。此外，系統的各種「調整程序」以及矯正行動的有效性，與所涉及的相關訊號、信息被回饋至「控制訊號發送機」的「速度」以及所回饋訊號、信息的「正確性」，具有極為密切的關係。因此，系統只有在它的

「運作機制」能夠確實掌握各種資訊、訊號、信息被回饋的「速度」與「正確性」時，它才有可能藉「調整程序」的操作來使系統維持於「定常狀態」或「整體全面均衡狀態」。

5-3-2 衝突

生命系統本身的組成元件或構成變項其數目極為繁多，這是由於系統為求生存與發展必須適應多變、複雜的外部環境，因而，它必需藉由大量的不同元件或變項去執行種類繁多而且過程複雜、牽涉廣泛的許多運作程序。換言之，生命系統的這些元件、變項、運作程序的實際運轉，其目的均在促使系統能夠達到並持續維持在最有利於生存與發展的「定常狀態」或「整體全面均衡狀態」。在這樣的背景與前提下，系統要如何決定它自身究竟應該維持在哪一種「定常狀態」，才是最有利於它的生存與發展的「定常狀態」呢？亦即，在時有變動的實際處境下，哪一種「定常狀態」才是系統的最佳抉擇呢？因此，系統必須隨時依據實際處境的情況，決定它自身所應該去追求或維持的「定常狀態」。從而，當系統面臨多個值得去追求而且也有可能達成的不同「定常狀態」的抉擇時，系統自身也就面臨著「衝突」(conflict) 的情境。

系統就其整體而言，必然會因為「定常狀態」或「目標」的選擇而面臨上述的「衝突」情境，從而，系統的組成元件或變項也會面臨「衝突」的情境。由於系統內部的每一個元件或變項，並非是孤絕、獨立地存

在，而是常常與數個其他元件或變項相互連結，並且同時涉及數個運作程序及數個調整程序的操作。當有兩項以上的運作或調整的指令在同一時間送達到同一個受令者（即參與運作或調整程序的執行的某一個元件或變項身上）時，若是這些同時送達的指令能夠明確指引受令者正確排列出執行的先後優先順序，並能協助受令者依序分別地執行好每一項指令所要求的行動或操作，這樣，受令者當然就不會出現任何在指令抉擇上的困擾或困難。然而，系統依其既有運作程序或調整程序的設定而對各相關元件、變項所下達的各種運作指令及調整指令，均係各個運作程序或調整程序基於系統於所在處境的需要而分別自行發出，是以，若是在同一時間裡正好有數個出自不同源頭的指令同時發送給同一個受令者的時候，除非這數個發出指令的源頭都屬於同一個層級，而且這些源頭的上級指揮者也能出面協調這些發令源頭的指令發送，否則，通常這數個不同源頭的指令並不會於發送之前自行相互協調妥善，然後再將協調好的數個指令包裹發送給受令者。這是由於每一個指令的發送者並不知道系統內其它有權力或有資格的指令發送者，分別會在什麼時候發送出什麼內容的指令給哪一個受令者，而且指令發送者也不完全清楚受令者會以怎樣的過程、方式來執行各種不同指令所要求的行動。因而，一旦受令者在同一時間裡所收到的各種指令中，竟然出現要受令者去執行數個彼此無法相容的行動的指令時（所謂無法相容的行動包括：無法同時、同步執行的數個行動，或是彼此矛盾的數個行動，或是相互拒斥的行動，或是執行某一個行動後就無法再執行其他

行動等），就使得受令者陷入「衝突」(conflict) 的情境。以上所描述的，就是系統或是系統內的元件、變項面臨「衝突」的情境的原因及過程。很顯然，這種「衝突」情境幾乎已是每一個生命系統在其生存與發展的過程中，所必需隨時準備去面對並予以克服的情境。

　　當系統內個別元件（或變項）面臨「衝突」的情境時，它就必需設法釐清「衝突」的性質，因為，這些不相容的指令有時不僅是來自其所直接隸屬的上一層級的元件（或變項），同時也可能是來自於其它的上一層級元件（或變項），甚或是更高層級的其他元件（或變項），但只要這些指令是透過合法運作程序或調整程序所送達的，收到指令的元件（或變項）就必須針對指令有所回應。所以，面臨「衝突」情境已是任何元件（或變項）所難以避免的遭遇，而分辨各種不相容指令的發令源頭及指令內容，就成為任何個別元件（或變項）化解它所面對之「衝突」情境的基本前提。因此，對任何個別系統或是系統內的任何個別元件、個別變項而言，它除必須具備釐清各種不相容指令的性質的能力外，還要有足夠的能力去化解隨時會出現的各種不相容指令所形成的「衝突」現象。由於執行數個不相容的指令會使接受指令的元件（或變項）必需去承受超量的「壓力」，因而，化解「衝突」的方法必然要依據產生「壓力」（即各個不相容指令的要求）的實際狀況以及接受指令之元件（或變項）其本身承受「壓力」的能力而定。所以，一個系統或系統內的個別元件、變項在應對它所面臨的各種「衝突」情境時所採取的方法，一定會有極大的差異而

難以一概而論。理論上，任何一個有效的系統或是有效的元件、變項對於自身的行動，通常都不會背離它所扮演的角色、所擔負的職責以及所應採取的基本立場，因而，它會依據自身「角色」、「職責」及「基本立場」來建立自身行動所應該持有的「核心值價觀」，從而，它就能夠以該一「價值觀」作為判準，來決定它所同時接到的各個不相容指令的取捨或優先順序，並對它所判定具較高優先順序的指令，給予較大的順服或順從，藉此方式，它就可以化解所面臨的「衝突」困境。因此，系統或系統內的元件、變項，特別是身居管理職位的各部門、各階層主管人員，對於本身所應該持有的「核心價值觀」，如果他們無法依據自身在系統中的「角色」、「職責」及處事行動的「基本立場」來自我省思並明確建立，而且鞏固於心，同時進一步以該一「核心價值觀」作為在為自家系統的生存與發展進行各種決定時的基本信念，則他們想要順利化解他們自身及自家系統所面臨的各種「衝突」困境，將非容易之事。

5-3-3 目的與目標

任何一個個人或社會系統，當他（或它）或是受到其生命賦予者的「基因輸入」(genetic input) 的影響，或是受到其合法創立依據的「設置章程」(charter) 的資訊輸入的影響，或是受到其所處環境、超系統或上級系統持續施加各種獎賞、報酬、懲罰所產生的行為改變的影響，都會使他（或它）自覺或不自覺地自行發展出一套「價值偏好層級」(preferential hierarchy of value)，即所謂的「價值觀」或「價值體系」。這樣的一套「價值偏好層級」會引發一個人或一個社會系統自主地發展出許多用來主導他（或它）作決定時的「決策規則及準則」(decision rules and criteria)。個人或社會系統在面臨不同的情境或情況時，就會依據自身所發展並內建於心中（或內部）的這些「決策規則及準則」，從中選擇出某一個規則或準則作為處理所面臨情境問題的依據，然後將該一規則或準則所對應的情境狀態賦予一個具體的「特定值」，並以這個「特定值」所表徵的狀態，作為他（或它）所偏好去追求的「定常狀態」。此一依源於系統的「價值體系」所發展的「決策規則及準則」而產生的特定「定常狀態」，就是個人或社會系統在面臨「壓力」、「威脅」或「衝突」時，他（或它）仍然必須設法讓自身達到的狀態，也就是他（或它）為自己所設定的最能顯示自身「存在價值」或「存在意義」的狀態，也是他（或它）「存在」之「目的」(purpose) 的所在。另方面，從具體操作層面來看，很顯然的，所謂的「目的」就是：一個系統（或個人）在它所居處的特定環境與情境下，它（或他）為求得自身內部各組成分子彼此間的和諧及穩定運作，而針對它本身及各元件、變項所決定出的某一組特定的「定常狀態值」。系統為自身及各元件、變項所決定的「定常狀態值」，也就是前述第 5-3-1 節「回饋概念」中所提及用來與「回饋資訊」相互比較的「基準訊號」。依據這個代表系統及其元件、變項所想要達到的「定常狀態值」，「回傳訊號比較器」就將「回饋資訊」與以這個「定常狀態

值」所設定的「基準值」相比較，然後據以決定各對應元件、變項的狀態是否在該一「基準值」所表徵的「定常狀態值」所允許的「穩定界限」內。所以，就此意義而言，一個系統及其各元件、變項想要促使它本身達到的「定常狀態值」，實際上也就是系統的「目的」所表徵要達到的狀態值，而這個「定常狀態值」基本上是一種「規範性」(normative) 的「標準值」（這個「標準值」可以是一個平均值或是一個具有上下界限的區間值），以此一「標準值」為標竿，系統就會採行最可能讓自己達到該一「標準值」的行動（也包括最可能使系統持續維持於該一「定常狀態值」的行動）。由於系統內的元件、變項以及調整程序，數目極為繁多、功能極為複雜，要使系統達到「整體全面均衡狀態」(homeostasis)，就必需使絕大多數的不同元件、變項及調整程序都能夠同步地維持於它們各自的「定常狀態值」。因此，在同一時間內各具不同「定常狀態值」的眾多元件、變項及調整程序，就需要藉由系統的運作機制的操作，方有可能同步達成或維持於各自的「定常狀態值」。所以，系統依據所要追求的「定常狀態」，可以為其各次系統、各元件、各變項分別設定各自的「定常狀態值」，以作為它本身以及各個次系統元件、變項在各自行動上的標竿。

「目標」(goal) 在字義上雖與「目的」相近，都是個人或社會系統想要追求的某種「定常狀態」，但在本質上，「目標」則是具有外部導向，而與「目的」為內在導向有所不同，也就是說，「目標」是一個系統想向它的外部或想在它的外部環境中去追求的某種特定「標的」(target)，

當系統追求到該一「標的」後，系統就可讓自身與外部環境處於「定常狀態」。例如，一個系統想要移身到達空間上的某一個特定位置或某一個終點，或是想要與環境中的某一個其他系統發展出某一種特殊關係等，這些向外部追求的事物都可稱之為系統的「目標」。所以，一個系統可以同時具有數個向外部追求的「目標」。

進大學、研究所以獲取學位與知識，可以說是一般青年學生所想要追求的「目標」；學位與知識固然都是大學生在大學階段所要去追求的「目標」，但更重要的是，大學生要再進一步地將從外部所追求到的知識及學問，轉化成為他個人「立身處世、待人處事」的內在「智慧」，這才是學位與知識這兩項「外部性目標」對大學生所具有的「內在價值及意義」。因為，只有「智慧」才能夠引導或促使一個人達到或維持他所需要的「定常狀態」，而智慧水準在本質上是一個人內部「心智」(mind) 的狀態值，是要藉著個人內部「心智」各種「調整程序」的有效運作才有可能達到的狀態，所以，「智慧」的滋生與增長是個人一生求學、做事的「內在性目的」而不是一種可向外部求取的目標。換言之，學位、知識、學問可以向外從學校及老師身上求得，但智慧則完全要靠個人自身在思維、體悟、反省等內部心智調整過程上來下工夫，所以，一個人可能是有學位、有知識、有學問，但不必然會有智慧。上述討論，可以說明「外部性目標」與「內部性目的」兩者間的差異以及彼此的關係。

阿胥比 (W. R. Ashby) 指出："自然的抉擇，即物競天擇的過程，使

得只有那些具有「目標」的生命系統，才能繼續存在。因為，大自然中那些存在於每一個生命系統外部的各種「目標」，會引誘那些有能力向外部追求「目標」的生命系統去追求它們，從而，這些敢於接受外部「目標」引誘的生命系統，在「目標」追求的努力過程中，終於使自己能夠在所處的特定環境及情境中存活下來。"。雖然，生命系統的「個體」及「物種」都必須勇於向外部追求可以助益於自身生存的各種「目標」，才能通過物競天擇的考驗，然而，在「目標」的選擇上，亦即，究竟應該追求什麼「目標」或是追求哪一個「目標」，才是真正有助益於自身的生存，卻具有極大的選擇風險，有時追求一個不當或錯誤的「目標」，會使生命系統付出賠上其生命的代價，所謂的「飛蛾撲火」就是最明顯的例證。因此，如何選擇有價值、有意義的正確「目標」，就成為生命系統在生存與發展上的最重要課題。

對於絕大多數的生命系統而言，它們的外部環境及處境基本上是複雜且多變的，通常外部所出現的「機會」與「威脅」，其種類、性質以及出現的時間，都不是身處於瞬息萬變環境中的個別生命系統所能完全正確預知、預見，即所謂的「當局者迷」之意。所以，生命系統對於「外部性目標」的選擇，通常會經由「嚐試錯誤」(try and error) 的過程而不斷地改變，生命系統會依外部環境與情境的實況將原定的「目標」作修正、調整、甚至大幅改變。不過，就生命系統的內部而言，系統內在的「目的」並不一定會因為外部「目標」的改變而必然跟隨改變，而很可能仍然保持

不變。例如，一位想要成家（「內部性目的」）而尋求配偶的男人，可能會不斷地更換他所追求、約會的女性（「外部性目標」）；又如，一家想要快速擴大經營規模（「內部性目的」）的公司，可能會改變不同的銷售產品或銷售市場（「外部性目標」），或是尋求與同業種或不同業種的其他公司進行有助益的「購併」(acquisition and merge)（「外部性目標」）。因而，「內部性目的」與「外部性目標」兩者間關係的釐清，對於「目標」選擇課題的處理具有重大的影響，而應該再作進一步的剖析。

確實，任何個人及由「人」所組成的社會系統，其「價值層級」(hierarchy of values) 將會決定他（或它）的「目的」與「目標」。不過，「價值」、「目的」與「目標」這三個詞彙的概念常常被混淆，甚至被任意交換使用，因而造成許多誤解及扭曲。雖然，「目的」與「目標」的區別在本小節前述各段中已經有所討論，然而，由於這三個詞彙都指涉著「人」及由「人」所組成的社會系統所慾求的事物，因此，這三個詞彙的概念究竟是指「系統"真實"偏好或"真實"在追求的事物」，或者是指「系統"應該"偏好或"應該"去追求的事物」，對許多人而言，極易產生疑惑，並且造成困擾與混淆，而使大多數人對於「價值」和「目的」與「目標」之間，仍然不容易區辨清楚。原則上，「目的」與「目標」這兩個詞彙都是指：系統「真實」(actually) 具有的偏好或「真實」在追求的事物或對象；而「價值」一詞則是指：系統「應該」 (should) 具有的偏好或「應該」去追求的事物。「價值」在本質上是具有「規範性的」

(normative)，它的根源主要是來自於每一個系統在創生、創設之時其親代系統所遺傳的「基因模板」(template) 或「設置章程」(character)，此外，它也可能是經由系統的超系統或上級系統所持續施加的報酬、獎賞、懲罰後所產生的制約而形成的。由於任何一個系統的各種行為，都與它所處的環境，所遭遇的威脅與干擾，以及所面臨的問題，有著密切的關係，因此，系統的各種行為若要與超系統或與所在環境相調適，則系統所選擇的「內部性目的」(internal purpose) 或「外部性目標」(external goal)，除了要符合系統本身的「基因模板」或「設置章程」所含具的「價值」之外，還必須與超系統或外部環境所設定、規定的「規範」(norm) 相一致、相合應。換言之，系統要適應、調適於超系統或所在環境的關鍵，並不在於系統所採取的行動是什麼，而在於系統所選擇的「內部性目的」或「外部性目標」，與超系統或環境要求系統所必須遵行的「規範」（不論是直接明示給系統遵守的規範，或是間接暗示系統不可違背的規範），是否能夠相符合。再進一步言之，我們若能確認出某一個系統所選擇的「內部性目的」、「外部性目標」以及它的超系統或外部環境所加諸於它的「規範」，並且也能將它的「目的」、「目標」及所遵循的「規範」這三者，連結至該一系統本身的「價值層級」而形成有意義的「價值關係鏈」時，則在此種具意義的「價值關係鏈」之中，我們對於該一系統所追求的「價值」、「目的」與「目標」的分辨或確認，就不會造成衝突、矛盾和混淆的現象。總之，我們如果能夠將一個社會系統所追求的「價值」、「目

的」與「目標」分辨、定義清楚，並將三者間的關係正確釐清，之後，我們就較有可能正確掌握到，該一社會系統「真實」在追求的「目標」（或「目的」）與該一系統「應該」去追求的「目標」（或「目的」），這兩者間相符合、相合應的程度究竟是如何，從而，我們就可以瞭解到該一系統與它的超系統或所在環境間的調適程度究竟是如何，因此，我們也就可以不必太介意於該一系統所進行的各種繁複的調整行動的內容，究竟能否促使系統達到它所要追求的「目標」（或「目的」），也可以不必介意系統所追求的某項「目標」（或「目的」）究竟是否最為恰當、妥適。

另外，「目的」這項概念具有下述兩種含義，應該再加以釐清：一方面，「目的」係代表著一個社會系統在它所隸屬的超系統內或所在環境中它所必須扮演的「角色」(role) 以及它所被指派去執行的功能 (function)；另方面，「目的」也可以是一個社會系統本身的自主性意識或意志的產物，而不一定會直接與它的超系統或所在環境發生關連。如同前面所討論過的，系統在純由自己內部來決定的調整程序裡，為使內部各個受調整程序所控管的元件（或變項）的狀態能夠保持於「穩定界限」內，各個調整程序就會為它所控管的每一元件（或變項）分別設定一個「特定值」來作為「控制基準」，俾使系統整體在經調整程序的運作後，確能維持於某一設定的「定常狀態值」，而此一設定的「定常狀態值」以及對應設定的各元件（或變項）的「控制基準值」，這兩種設定值就是系統依據它所自主設定的「目的」而自行演繹出的具體操作參數。很顯然，調整程序中針對

每一元件（或變項）所設定的「控制基準值」，是純然由系統自主決定而與系統所隸屬的超系統或所在環境沒有直接關連的數值；而系統整體所要維持的「定常狀態值」雖與它的超系統或所在環境的情況有直接關連，但仍是由系統所自主決定的數值。這兩種由系統自主設定的數值，都是系統為了彰顯它自身存在意義與價值所做行動或行為的「目的」的具體代表，也都是系統各個元件要進行運作時所必需先行設定的數值。不過，要再加強調的是，系統的決策者在設定這兩種數值時，他應該特別注意他所選擇的設定數值，是否正確代表了當時系統的「冀望狀態」。以上所討論的，是有關於純然由系統本身所自主決定的「目的」與系統的運作調整程序的關係。其次，如果系統與它的超系統或所在環境間的關係非常密切、明確時，則從系統在它的超系統中或所在環境中所被要求扮演的「角色」與所被指派去執行的「功能」，決策者就可以據以定義自家系統所要進行的各種行動所應達成的「目的」。這種依據系統在超系統或環境中的「角色」與「功能」所定義的系統的「目的」，系統的決策者（或最高領導人）通常都會以文字敘述的方式來表達，這時，系統的各階層主管就必須具備充分的能力，將以文字敘述方式所定義的系統的「目的」，進一步地演繹、轉換成系統內部各單位及各成員（即各元件或變項）在其運作活動上所必需設法維持的「穩定界限值」，然後，系統的各階層主管在執行系統的運作任務時，就可以用這些「穩定界限值」作為他們施行各種調整程序的「控制基準」。當然，如果系統與它的超系統或所在環境間的關係相當鬆

散、疏遠，亦即當系統本身是一個相對孤立、自足的系統時，則系統的決策者在定義自家系統的「目的」時，就可以不必特別考慮系統在超系統或所在環境中的角色與功能，他僅需從系統本身的生存與發展需求上，就可以直接定義系統的「目的」以及對應的「定常狀態值」，從而，他對各元件（或變項）的「控制基準值」就更可以自主地設定了。

5-3-4 代價與效率

任何生命系統在其日常運作過程為執行各種必要的運作及「調整程序」所採行的任何行動，都必需使用或消耗能源、物質資源、資訊以及時間等，而所使用或消耗的能源、物質資源、資訊及時間，對任何生命系統而言，都是稀有、稀少、有限的，而不是「取之不盡、用之不竭」的，因此，生命系統在各種行動或動作所使用或消耗的能源、物質資源、資訊及時間，就是生命系統為確保自身的生存與發展而執行的必要運作及「調整程序」所必需支付、付出的「代價」或「成本」(costs)。能源、物質、資訊及時間等，不僅是因為它們並非「取之不盡、用之不竭」而有價值，更因為它們對於生命系統在消除、降低所承受的各種「壓力」、「威脅」的過程極為重要而有價值。不過，生命系統為執行必要的運作及「調整程序」所要付出的「代價」或「成本」，會隨著運作及「調整程序」的不同而不同，而且，即使是相同的運作或相同的「調整程序」，但所要付出的「代價」也會隨時間因素在考量上的不同而不同。在時間因素的考量上，

有的「代價」、「成本」必須立即支付，有的「代價」、「成本」則是可以推遲、延後支付；有的是屬於短期性 (short-term) 的「代價」、「成本」，有的則是屬於長期性 (long-term) 的「代價」、「成本」。因此，在「代價」、「成本」的考量上，我們除了必須深入、具體地掌握各個運作及「調整程序」所必需使用、耗用的能源、物質資源及資訊等的實況外，更要注意到時間因素的作用及影響。

當一個系統所慾求的「目的」或所要追求的「目標」為已確定並著手行動時，則系統在經過一段時間的努力後，對於系統在達成這些「目的」或「目標」上的「成功程度」，通常就可以加以量測，這時，該一系統的「效率」(efficiency) 就可以定義為：系統「所表現出的成功程度」（即通常所稱的「績效」）(success of system's performance) 與系統為這些「表現」（即「績效」）所支付的各種「代價」的比值 (ratio of the success of system's performance to the costs involved)。幾乎，每一個生命系統都不停地在作出有關能源、物質、資訊及時間等資源的使用及耗用上的各種經濟性決定 (economic decisions)，俾能經由增進、改善「績效」以及降低「成本」，來導引系統增進其運作或活動的「效率」。因此，有關「成本有效性」(cost effectiveness) 的經濟分析，對於生物系統或社會系統等種類的生命系統而言，都是極為重要而且必須設法普遍施行的基本活動。

關於一個生命系統究竟是以怎樣的「效率」在適應它所處的環境與情境，基本上是由下述兩項條件所決定：(1) 系統在選擇「調整程序」時

所使用的「策略」(strategy) 究竟是什麼；以及 (2) 系統所選擇的「調整程序」在消除、降低系統所承受的「壓力」、「威脅」的效果上，是否能夠在不致耗用太多「代價」或「成本」的前提下，仍然可以產生令人滿意的結果。有關於應該如何去正確選擇「調整程序」以增進系統的「運作效率」的「決策程序」(decision process)，在作業研究 (operations research, OR)、管理科學 (management science) 以及系統分析 (system analysis) 等學門，已有許多以數學方法為工具的研究成果可供決策者及管理者參考。不過，在有關系統的「成本」及「效率」問題的探究上，若要使上述各學門所發展的數學分析工具真正發揮功效，則系統的領導人、經營者及管理者就必需先依據本節所討論的「調整程序」的基本概念，針對自家系統在「回饋」、「衝突」、「價值」、「目的」、「目標」、「代價」、「效率」等事項的內涵，作具體、深入的「質性」瞭解之後，再依自家系統的組織結構、運作基底機制、行為以及與超系統（或環境）的互動等特性，就「成本」與「效率」問題的真正癥結與需要，確實地加以釐清並明確定義，最後，才依據所定義的自家系統所面對的「成本與效率問題」，來選擇合適的數學分析工具來運用。如此，領導人、經營者及管理者就可以針對自家系統所面對的「成本及效率問題」，藉由數學分析工具來獲得明確、具體且具有實際應用意義的「量化」解答。

第6章

流體的種類及其流動

6-1 流體與生命系統的關係

　　凡具有誕生、成長、發展、繁衍、衰敗及死亡等生命現象的任何生命系統（即各種生物、「人」及由「人」所組成的各種社會系統），在其生命歷程中所呈現的各種生命現象，本質上就是：生命系統的「質能」(matter-energy) 構成物在系統內部所形成的不同種類「流體」(flow)，經由系統內建機制的運作在系統內部及內外部之間流動，而這些不同的「流體」在系統內部各層級各元件間的流動過程中，各種「流體」彼此間交互作用，也與各相關元件交互作用，造成各「流體」出現流質、流量及流速隨時間變動的流動狀態，因而就促使系統在其總體上呈現出各種不同的生命現象。一個生命系統生存所需的各種重要「流體」，會依系統種類的不同而不同，例如：「人」這種生命系統在生理上必需要有血液、水液、各種內分泌液、腦液及脊髓液等體液，以「流體」的型態在各器官及細胞間流動，「人」的生命才能繼續維持。生命系統所需的各種流體或體液，它

們有的是直接從系統外部輸入，有的則是利用從外部輸入的物質為素材再經系統內部機制的運作後才轉換生成，有的則是在內部生成後就直接輸出至系統外部。生命系統所需要的各種流體其流質（即流體的成分或內容）、流量及流速，會依系統所在環境及情境的不同，以及依系統內建機制運作狀況之不同，而時有變動。另方面，流體在流質、流量及流速上所產生的變動，若是變動幅度太大且迅急時，就會影響甚至改變系統內建機制的運作狀況，從而會進一步影響或改變系統與外部環境的互動關係。所以，生命系統的各種流體與系統內建機制的運作，彼此間具有極為密切的互動關係，因而，各種流體經由系統內建機制的運作及調整，自然就使生命系統隨著內部各種流體的實際狀態而呈顯出不同的生命現象。

一般生物，包括各種植物、動物或人等，它們在解剖學上的構造以及在生理學上的機制，特別是有關於生物體內各種流體在流質成分上的變化及流動上的流量、流速變動等現象，以及這些現象和生物體內部的生理機制在運作上的關係等課題，生物學及醫學已建立了豐富而且極為細緻、深入、精確的知識。然而，對於由「人」所組成的各種社會系統，不論是由「自然人」直接組成的團體或組織等「機構」，或是由具類似功能的「機構」所組成的產業社群、商業社群、教育體系、醫療體系、宗教體系或政府體系等，當前各門社會科學對於這些不同種類社會系統在解剖學上的構造以及在生理學上的機制，瞭解仍極粗糙、膚淺、有限，並無類似生物學或醫學的一般化「社會系統解剖學」及「社會系統生理學」可供學習、參

考。因此，對於社會系統的流體種類、各類流體在流質上的變化、流體的流動樣態、流體流動時在流量及流速上的變動、流體流動與系統機制的關係等課題的相關知識，在探究上也就格外困難。不過，我們若能就一般社會系統通常所具有的幾種重要流體，針對它們的性質、變化及流動上的各種現象和相關知識有所瞭解，就可以進一步認識到社會系統的「系統機制」與「定常狀態」兩者間的關係，從而，我們就可運用經營管理的「策略」及「戰術」來調整、改變各種流體在系統內部及內外部流動時的流質、流量及流速，進而促使社會系統能達到我們所冀望的「定常狀態」。

　　社會系統既然是一種具有誕生、成長、發展、繁衍、衰敗及死亡等生命現象的生命系統，相同地，它也是因為有著幾種重要流體在系統之內及系統內外之間流動，才顯現出動態的行為及生命現象。不過，社會系統不像一般生物系統，它並沒有具體的表皮可將構成為一個系統的大量元件及各種流體完全包圍起來以形成明確的系統邊界 (boundary)，因而，我們對於社會系統的各種流體的辨識及流動的觀測，就無法像對一般生物系統的流體進行清楚的觀察或精確的量測。然而，任何社會系統在時間的流逝過程中，必定會在構造、型態及運作行為等方面出現變化或產生改變，基於這樣的事實，我們可以確知：社會系統必然有各種流體的存在，同時也因為各種流體的流動及交互作用，而使系統整體呈顯出動態行為及生命現象。

　　一般社會系統（即一般法人組織的公司、機關、社團等「機構」），

在其內部及內外部之間，通常都具有下述六種流體在流動著：(1) 資產流體 (assets flow)，(2) 產品暨服務流體 (products and services flow)，(3) 物料流體 (material flow)，(4) 金錢流體 (money flow)，(5) 人員流體 (people flow)，及 (6) 資訊流體 (information flow)。由於有這六種流體的存在、流動及互動，因而使社會系統呈顯出各種動態行為。也因為這六種流體的流動情況以及互動情況的不同，而使社會系統顯現了誕生、成長、發展、繁衍、衰敗及死亡等不同的生命現象。社會系統在其內部所發展出來的機制，就是為了運作、調控這六種流體的流動與互動，以使系統能夠達致並維持於「定常狀態」。所以，機構（或系統）的領導人、經營者及管理者對於這六種流體的瞭解與掌握，可說是他們要有效經營、管理一個社會系統的基礎與關鍵。因此，本章將於下述各節針對這六種流體的意涵及特性，分別加以討論。

6-2 資產流體及其流動

一個機構（或系統）為進行各種運作，以使運作的「產出」(outputs) 或「成果」具有價值(若「產出」或「成果」能有利於、有益於或有助於機構（或系統）的生存與發展，則該等「產出」或「成果」就可稱為對機

構（或系統）具有價值)，則機構（或系統）就必需擁有穩固的「基礎性
設施」，這些設施可以長期、持續、穩定地支持機構（或系統）去重複進
行那些能夠導引出有價值「產出」的各種必要運作，機構（或系統）中這
些用來持續、重複生產出「產出」的「基礎性設施」，即為所謂的「資
產」(assets)。就一般企業機構的營運而言，「資產」的種類非常多，譬
如，「有形資產」(tangible assets)，包括：土地、建築物、廠房、機器
設備、設施、儀器、器具、原物料、在製品、製成品、存貨等；「無形資
產」(intangible assets)，包括：特許權、專利權、銷售權、商標權、商譽
等；「財務資產」(financial assets)，包括：股權、債權、應收款以及現金
（含：支票、存款、現金）等。顯然，上述依會計學概念所指出的各種資
產，其性質、功能、價值均不相同，因此，若要針對所有型式、種類的資
產，詳細分析、探究其在企業機構運作過程中的流動情況，將是不可能，
也是沒有必要。所以，必須先釐清資產流體的概念，才能進一步探究資產
流體的流動。

　　所謂「資產流體」，就是指：凡可以長期、持續、穩定地支持機構
（或系統）進行日常運作的各種類資產。由於這些資產會隨著被使用的時
間的流逝而在性質、功能及價值上出現改變，因此，機構（或系統）內各
種類資產的性質、功能及價值在時間之河中出現改變的現象，可被類比為
流體在管道中的流動，而稱之為「資產流體」。換言之，機構（或系統）
的某一種「資產流體」，因被使用或因時間的經過而在性質、功能及價值

上出現顯著改變時，則可以稱該種「資產流體」係在機構（或系統）之內進行流動。從追求長期生存及發展的觀點而言，或是從「策略」的觀點而言，機構（或系統）都必須優先確保那些用來支持它自身進行各種生產性運作時所必需具備的基礎性「資產流體」，並且設法使這些必要的「資產流體」能夠在機構（或系統）內長期維持著穩定的流動。前述所謂「必要的資產流體在機構（或系統）內穩定流動」，係意指：機構（或系統）所需的某一種必要資產在某一段觀察時間內，機構（或系統）所擁有的該種資產在性質、功能作用、數量水準以及價值水準等情況的變動，都能維持在「穩定界限」(range of stability) 之內。隨著機構（或系統）在種類、規模、所屬系統層級[註6.1]以及所處環境等的不同，機構（或系統）所必需擁有的必要「資產流體」的種類，以及該種「資產流體」維持穩定流動的「穩定界限」，自然也會有所不同。因此，明智的領導人、經營者及管理者宜從「策略」的觀點並依循第四章所述的「管理運作機制」，明確決定機構（或系統）所必需擁有的必要「資產流體」是哪些，並分別訂定每一種「資產流體」在機構（或系統）內流動時的「穩定界限」，然後，他們再運用有效的「戰術」，使機構（或系統）的「管理運作機制」在實際

■ [註6.1]

詳第貳篇篇頭頁[註II-1]中所述社會系統的四個系統層級，即群體層級、組織層級、社群層級及社會層級的各種系統。

運作時，可以讓每一種「資產流體」的流動維持於所訂定的「穩定界限」內。

「資產流體」的種類雖然非常繁多，不過，從機構(或系統)整體的長期生存與發展觀點來看，則僅需就最重要的少數幾種「資產流體」來探討，即可掌握一個機構（或系統）在整體經營管理上的關鍵。例如，以國家經濟系統為對象，我國在 1999 年對固定資產的投資，可概分為機器設備及營建工程兩大類，總共佔全部固定資產投資的 95%，其中機械設備佔67%，營建工程佔 28%（詳中華經濟研究院《台灣經濟預測報告》，1999年 7 月），顯示，就國家經濟層次的系統而言，機器設備及營建工程是支撐國家經濟體系長期、持續、穩定運作的重要「資產流體」。此外，「資產流體」在機構（或系統）內流動時所需要維持的「穩定界限」，通常是以資產的折舊速度或折舊年限來代表，但其範圍並非固定不變，而是應該隨著機構（或系統）在規模等級上的變動以及相關科技的進步，同步進行調整。例如，IC 產業其機器設備這一項「資產流體」的流動速度，不能僅以機器設備的耐用年限來考量折舊的速度，還必需從製程技術的進步狀況（0.35 微米、0.25 微米、0.18 微米、0.13 微米、0.1 微米、90 奈米、65奈米、45 奈米等不同等級製程技術所對應的機器設備，其功能、價格均不相同），來綜合考量公司在長期經營上對於製程技術及對應的機器設備的投資，以使機器設備的折舊與投資額度維持穩定，而可長期支撐公司整體運作功能及營運績效的高度發揮，然後，再依據前面所規劃的機器設備這

項「資產流體」在維持長期穩定流動的需求上，來進一步決定機器設備這項「資產流體」每一年流動時的「穩定界限」。

　　由於「資產流體」是機構（或系統）得能長期、持續運作的基礎，而且，「資產流體」的流動速率通常相當緩慢，除少數特例外（如前述 IC 產業的機器設備要隨製程技術的進步而快速汰換），大多數機構（或系統）所需的「資產流體」，它們的流動性質及功能所出現的變動，在短期內均相當微小而不明顯。所以，除非是直接針對資產投資的策略問題作動態分析，或是對機構（或系統）在長期經營上的資產投資規劃，否則，在一般情況下對於機構（或系統）的日常經營管理運作問題作探究時，實務上通常都假設：機構（或系統）在探究、分析期間，其必要的「資產流體」的流動，係已維持在穩定狀態之下。因而，只要認可「資產流體的流動係在穩定狀態」此一假設，對於「資產流體」的流動進行動態分析的工作，就可以予以省卻。

　　對於任何一種「資產流體」的流動狀態進行探究與分析時，分析者必須先確認該種「資產流體」在機構（或系統）內存續的時間長度一般究竟是多長，然後，他才能根據這個一般的時間長度，來決定作分析時所使用的時間單位以及分析的期間。通常，機構（或系統）所必需擁有的必要「資產流體」，像是土地、廠房、建築、機器設備等一般所謂的系統硬體，只要系統存在一天，這些硬體資產就必須同時存在，或是，只要這些硬體資產仍然存在並可使用，則系統就有可能存在，因而，它們的存續時

間可以長達十數年至數十年之久。不過，機構（或系統）因為要與所處環境相調適，所以必須運用或耗用各種「資產流體」來進行營運活動，致使資產的數量、性質、功能等，必會因為耗用、增購、汰換而隨著時間的經過產生變動，這些變動包括：資產數量的增加或減少，資產性質的變更（例如，農業用地變為工業用地、廠房變為倉庫等均是），以及資產功能的提升或退化（例如，廠房土地的地目由工業用地變更為商業用地後其價值及功能就大幅提升，機器設備因新技術的改良而提升功能，或因新機器的引入而被淘汰），從而使各種不同資產在數量上、功能上及價值上出現不同的流轉變動現象。所以，機構（或系統）的領導人、經營者及管理者應該針對自家機構（或系統）所必需擁有的各種必要資產的變動現象以及造成變動的原因，深入探究、分析，並且設法使這些「資產流體」的流動狀態能夠在長期間維持於穩定狀態，而這也是他們在進行策略規劃工作時的基本職責。

6-3 產品暨服務流體及其流動

　　任何機構（或系統）之所以能夠在所處的環境中或所隸屬的超系統（或市場）中長期生存及發展，最主要的原因是，機構（或系統）有能力

持續地適時回應環境或超系統（或市場）的需求，也就是說，它能及時地提供環境或超系統（或市場）所需要的「產品」(products) 或「服務」(services)。為此，機構（或系統）以它本身所擁有的各種資產為基礎工具，在機構（或系統）內外部進行各種複雜的運作，以持續、穩定地生產出環境或超系統（或市場）所需要的「產品」或「服務」，並將所產出的「產品」或「服務」，及時地交付 (deliver) 到環境或超系統（或市場）中的需求者手上。換言之，機構（或系統）進行各種複雜運作的目的，主要是在持續、穩定地生產出環境或超系統（或市場）所需要的特定「產品」或「服務」，並且及時地將所生產的「產品」或「服務」送達、交付至環境或超系統（或市場）中的個別需求者手上，藉此維護機構（或系統）在環境或超系統（或市場）中的功能及價值，俾確保自身能在環境或超系統（或市場）中持續地生存及發展。所以，機構（或系統）所生產的「產品」或「服務」，從它們被生產出來以至送達、交付到需求者手上的整個過程，事實上，是可以將其視為就是「產品流體」或「服務流體」的流動過程，從而，機構（或系統）的日常營運活動就要儘可能地避免「產品流體」或「服務流體」在整個流動過程中出現劇烈震盪的不穩定現象。

「產品流體」或「服務流體」的流動過程，一般可將其分為兩個階段的流動，而這兩個階段的流動，在機構（或系統）營運職能 (operational function) 的分工上，通常是由生產職能及行銷職能所分別負責運作。由於，生產職能及行銷職能在分工運作過程中需要密切的互動，然而，雙方

在互動的協調上具有先天上或本質上的困難，使得「產品流體」或「服務流體」在生產階段及行銷階段的流動，極易因為生產及行銷這兩項職能的不良互動而使「產品流體」或「服務流體」的流動出現明顯波動，亦即出現所謂的「產銷波動」，進而造成「產品流體」或「服務流體」的不穩定流動，從而，也使機構（或系統）的整體營運不太容易持續維持於「定常狀態」。從機構（或系統）追求並維持本身的「定常狀態」的觀點而論，機構（或系統）的領導人、經營者及管理者應該優先確認並掌握自家「產品流體」或「服務流體」在環境或超系統（或市場）的流動狀態，包括：單位時間內環境或超系統（或市場）吸納自家「產品流體」或「服務流體」的「平均消費數量」，每一單位「產品流體」或「服務流體」自自家機構（或系統）流動至（即送達或交付）環境或超系統（或市場）的需求者手上的「平均交貨時間長度」，以及環境或超系統（或市場）在一段較長期間內（一年或三年）每年吸納同一類「產品流體」或「服務流體」的「消費總數量」等。基於對自家「產品流體」或「服務流體」在環境或超系統（或市場）中的流動狀態已經具有深入的瞭解及掌握，機構（或系統）的領導人、經營者及管理者才能針對有關於調整「產品流體」或「服務流體」的流動行為或流動狀態的各種運作策略、運作計畫，做出有效的構思及規劃。因此，機構（或系統）的領導人、經營者及管理者才不會僅以傳統的銷貨觀點來看待自家「產品」或「服務」的銷售，而會以「流體」流動的角度更深入地去思考行銷的策略。像是，應該運用怎樣的廣告

策略或促銷策略，才可以促使市場對於自家機構（或系統）的「產品流體」或「服務流體」的「平均消費數量」能夠提升至所冀望的水準；或是應該運用怎樣的通路策略及通路管理方式，才可以使「產品流體」或「服務流體」送達至需求者（顧客或消費者）手上的「平均交貨時間長度」能夠縮短至所冀望的水準；以及在當前及可見未來，市場每年可能吸納本機構（或系統）所生產的「產品流體」或「服務流體」的總流量，究竟會是如何；而若面臨同業的強力競爭時，本機構（或系統）的「產品流體」或「服務流體」的市場佔有率，應該用怎樣的策略才能予以提升或維持。

顯然，機構（或系統）的領導人、經營者及管理者對於他們自家的「產品流體」或「服務流體」在環境或超系統（或市場）中的流動狀態所施加的各種行銷或促銷運作，常常是奠基於下述的前提：「產品流體」或「服務流體」在自家機構（或系統）內部的生產過程的流動狀態不但是完全知悉，而且整個流動狀態在大體上也是穩定地維持於「定常狀態」下。然而，在事實上，這一項前提並不一定常會成立，因為，「產品流體」或「服務流體」在機構（或系統）內部的生產階段的流動狀況，並非僅只受到機構（或系統）內部的因素所決定，同時也會受到這些流體在行銷階段於環境或超系統（或市場）中的流動狀況所影響，同樣，「產品流體」或「服務流體」在行銷階段的流動狀況，也會同時受到機構（或系統）內部因素及外部環境、市場因素的影響。因而，「產品流體」或「服務流體」在生產及行銷兩個階段的流動狀態，會受到機構（或系統）內、外部因素

的影響而隨時有所變動，以致難以完全掌控。因此，機構（或系統）的領導人、經營者及管理者在規劃各種行銷策略以力求推展業務之前，應先針對自家「產品流體」或「服務流體」在生產階段的一般性質，建立較深入的認識。正如前面各章所曾多次述及的，機構（或系統）之所以具有複雜的結構及複雜的運作機制，其最主要的目的，係在確保機構（或系統）能夠持續、穩定地生產出環境或超系統（或市場）所需要的特定「產品流體」或「服務流體」，所以，任何機構（或系統）一旦創立，即表示它已具備生產特定「產品流體」或「服務流體」的基本能力，而只是不能確知它所生產的「產品流體」或「服務流體」是否能夠持續地被環境或超系統（或市場）所接受。因此，對於「產品流體」或「服務流體」在生產階段的流動問題，機構（或系統）的領導人、經營者及管理者最需要深入瞭解的事項是，自家機構（或系統）在各項「產品」或「服務」所具有的生產能力實況，包括，機具設備的產能實況、原料及配料（或零配件）的供應實況、作業人員的能力實況、品質的控制實況及生產成本的控管實況等，而且還要進一步瞭解上述這些影響生產能力實況的各事項的變動範圍，以及當生產能力需要進行變動時所有這些事項的調整彈性。機構（或系統）的領導人、經營者及管理者若能有效掌控上述會影響自家「產品流體」或「服務流體」的生產的各事項，他們就可以將「產品流體」或「服務流體」的生產操作以一般的生產管理技術來進行運作管理。

　　有關於機構（或系統）在「產品流體」或「服務流體」上的生產能

力，究竟應該訂定在怎樣的水準上方屬妥適？以及這項生產能力究竟應該
具有怎樣的調整彈性方能因應環境或超系統（或市場）在多大範圍的變
動？因為這兩項課題在本質上就不屬於一般生產職能的管理運作所能回答
或處理的問題，而是屬於重要策略課題的處理，因此，是很難僅從機構
（或系統）的生產職能這單一面向來思考它們的處理，而必需併同前述有
關「產品流體」或「服務流體」在環境或超系統（或市場）中的流動狀況
來進行考量。換言之，因為「產品流體」或「服務流體」是包括在機構
（或系統）內部及外部兩個階段的流動，所以，機構（或系統）的運作必
須要使這兩種流體在這兩個階段的流動都維持於「定常狀態」。至於如何
使「產品流體」或「服務流體」在機構（或系統）內部及外部兩個階段的
流動都能維持於「定常狀態」，則是機構（或系統）在整體經營運作上的
關鍵課題，也是領導人、經營者及管理者不可旁貸的基本職責。

6-4 物料流體及其流動

「物料流體」(material flow) 對機構（或系統）的營運，雖然也是必
要的重要流體，不過，相對於「產品流體」或「服務流體」，有關於「物
料流體」流動狀態的掌控，通常較不具重大策略性意涵，而被歸屬為生產

職能的操作性及作業性課題。當機構（或系統）能夠持續、穩定地生產出「產品流體」或「服務流體」時，則意謂著，用以生產「產品流體」或「服務流體」的「物料流體」必定是在「定常狀態」下流動著。換言之，由於「物料流體」是用來生產「產品流體」或「服務流體」的原料，它必須依據「產品流體」或「服務流體」的流動狀態而流動，所以，對於「物料流體」在「定常狀態」的維持或掌控，基本上必需隨時密切配合「產品流體」或「服務流體」的流動狀態。例如，日本豐田汽車公司 (TOYOTA)首創的「及時生產系統」(JIT, just-in-time)，其特點就是使汽車裝配生產線上所需要的各種零、組、配件等「物料流體」的供應時機及供應數量，完全依據裝配線的組裝速度來設定，而裝配線上的汽車組裝生產速度，則完全依據營業單位的銷售訂單量來訂定。對於機構（或系統）而言，設法讓「產品流體」或「服務流體」的生產及銷售速率能夠與環境或超系統（或市場）的需求相互調適，以降低前節所述的「產銷波動」，應是機構（或系統）的領導人、經營者及管理者的最重要課題，因此，有時為了促使「產品流體」或「服務流體」維持於特定的流動狀態，機構（或系統）的領導人、經營者及管理者就讓「物料流體」以較大的流量在流動，不過，若能使「物料流體」的流動能夠與「產品流體」或「服務流體」的流動同時維持於「定常狀態」，則代表機構（或系統）的生產職能與業務（行銷）職能的運作機制已有極好的協調。

　　總之，「物料流體」的流動，基本上是依機構（或系統）的「產品

流體」或「服務流體」的流動狀態而定，並不能任意流動，而且只要應用
「生產管理學」或「工業工程學」的技術，就能使「物料流體」的流動維
持於「定常狀態」，因此，有關「物料流體」流動的控制在機構（或系
統）整體營運策略的重要性上，就較屬次要。

6-5 金錢流體及其流動

　　現代經濟社會的任何機構（或系統），它們之所以能夠持續進行日
常的例行運作，並確保能夠長期生存與發展，則「金錢流體」的存在及適
切流動，應是最為重要的關鍵之一。「金錢流體」在機構（或系統）中的
地位及功能，非常類似於血液在人體中的地位及功能。機構（或系統）內
其他種類流體的流動以及各個部門運作的動力來源，基本上，都是源自於
「金錢流體」的流動。所以，若是「金錢流體」的流量不足，或是流通範
圍不夠、流通地點不適，或是流動速率不當（速度太快或太慢），則機構
（或系統）的正常運作以及持續的生存與發展，將會難以確保。

　　「金錢流體」是連繫及維繫全球人類經濟社會所有層級各個領域的
各種類系統並使它們維持正常運作的關鍵力量之一。在國家層級，各個國
家之間的「金錢流體」，藉由匯率來調整、控制國與國間「金錢流體」的

流量與流速。在一個國家之內，則藉由利率與稅率來控制、調節「金錢流體」在國家內各個部門（特別是財政、金融及經濟三部門）之各個機構（或系統）間的流動量及流速。因此，就任何單一機構（或系統）其「金錢流體」的流動而言，機構（或系統）必需隨時依據當時外部環境的匯率、利率及稅率情況，來調節、控制它與外部各相關機構（或系統）間的「金錢流體」的流量及流速，以及它本身內部的「金錢流體」的流量與流速。這是任何個別機構（或系統）在致力於促使「金錢流體」維持於「定常狀態」時，不可忽視的前提。

　　在概念上，「金錢流體」非常類似於會計學上的「現金」(cash) 或是現金流量 (cash flow)，但並不完全等同。所謂「金錢流體」是指：一個機構(或系統)基於下述目的：(1) 為確保本身及所屬各部門、各單位所應執行的日常、例行運作都能正常進行；(2) 為因應突發重大事件及緊急危機的處理；以及 (3) 為滿足本身長期性成長與發展的投資需求；因而，一個機構（或系統）手上所必需擁有的「現金」以及可以隨時融通到「現金」的「信用」(credit)，就是本節所稱的「金錢流體」。因此，一個機構(或系統)所應該擁有的「金錢流體」的平均規模及其「穩定界限」，會依機構（或系統）的種類、功能性質、規模大小、發展階段、所在環境及所處情境等之不同而有所不同，無法一概而論。另外，對於「金錢流體」中的「現金」與「信用」這兩種成分的組合比例，更是依個別機構（或系統）的情況而異，沒有標準的答案。機構（或系統）因為執行日常、例行的營

運活動，或是因為應對突發、緊急事件而特別採行的緊急應變活動，或是因為針對未來成長及發展需要而採行的投資活動，這些運作活動都必需使用、消耗「金錢流體」。機構（或系統）由於上述的日常營運活動、應變活動及投資活動而使用、消耗「金錢流體」，因而它所積存的「金錢流體」的總量會減少，不過，在同一時間裡，也因為它所進行的整體營運活動及投資活動而使它所生產的「產品流體」或「服務流體」為環境（或市場）所吸納、消費，從而會定期或不定期地自環境（或市場）流入資金而使所積存的「金錢流體」獲得挹注、補充，因此，機構（或系統）在「金錢流體」的流動上就可維持於「定常狀態」。

　　就機構（或系統）的整體及長期營運的觀點而論，「金錢流體」在機構（或系統）內部各部門間的移動或流動，基本上是屬於內部性營運管理的資金調度作業課題，而不是策略層次的課題。若就策略觀點而言，「金錢流體」的流動，在概念上，應是指：機構（或系統）因各種營運活動而使它所積存的「金錢流體」的總量，會在一段期間內出現增減變動的現象。例如，機構（或系統）在不同的成長與發展階段其營運活動的內容與規模均不相同，則對應於這些不同的成長與發展階段，機構（或系統）究竟應該積存多少數量的「金錢流體」，才足以支持它在各個階段的營運活動上的金錢需求？以及在所應積存的「金錢流體」總量下，「現金」與「信用」的組成應該如何配置方屬適當？針對這兩項問題所作出的清晰、明確並具合乎邏輯推理的規劃，就是「金錢流體」的管理策略，而這項工

作應該是機構（或系統）的領導人、經營者及管理者的基本職責。由於
「金錢流體」是支撐、維持機構（或系統）所有運作活動的動力來源，所
以，上述兩項有關於機構（或系統）在不同成長與發展階段所需要的「金
錢流體」的總量及組成的規劃，是不能僅從「金錢流體」本身來著手，而
必需以機構（或系統）在不同成長與發展階段所需要的活動內容與活動規
模為基礎，並考量其他各種流體及機構（或系統）運作機制的特性，才有
可能獲得合理的規劃結果。

　　前述有關「金錢流體」所要支應的三種需求，即 (1) 日常營運的需
求，(2) 因應突發、緊急事件的需求，及 (3) 長期成長與發展的需求，由於
這三種需求在本質上有著極大的差異，因此，只有以機構（或系統）在整
體運作上所要追求的「定常狀態」作為考量的基礎觀點，才有可能對機構
（或系統）在「金錢流體」所需要的「定常狀態」作出正確定義，從而，
機構（或系統）的領導人、經營者及管理者才有可能正確瞭解他們在「金
錢流體」上應該力求確保的「定常狀態」是什麼，以及此一「定常狀態」
下的「金錢流體」與機構（或系統）所要支應的這三種需求之間的關係，
進而，他們才能獲致對「金錢流體」總量的合理估算數據。另外，由於
「金錢流體」中的「現金」與「信用」這兩種成分的特性均極複雜（尤其
是「信用」，它所涉及的因素不僅繁多而且敏感、多變、易變）並且會交
互影響，所以，如何使「現金」及「信用」這兩者的流動都能長期維持於
「定常狀態」，以隨時滿足長短期各種營運活動的不同金錢需求，應該是

機構（或系統）的領導人、經營者及管理者在構思、規劃、研擬理財策略時所不能忽略的重點。

6-6 人員流體及其流動

　　機構（或系統）是「人」的組合體，沒有「人」的參與其中，就沒有所謂「機構」（或系統）的存在。因而，一般人也常以機構（或系統）所擁有或所僱用的「人」的數量，來作為對於機構（或系統）規模的衡量。不過，機構（或系統）內的「人」，並不是具均一性、無差異的「機器人」，而是在性別、年齡、學歷、經歷、背景、年資、能力、性格、偏好及價值觀等方面，各有不同的「自然人」。因此，「人」對機構（或系統）的意義並不在於「人數」(head counting) 的多寡，而在於每一位個別的「人」對機構（或系統）各種運作活動所能發揮的作用或所能作出的貢獻。而若要使機構（或系統）內一大群本質上各有不同的「人」，都能在機構（或系統）的各種運作活動上作出貢獻，則機構（或系統）中的每一位成員在機構（或系統）內的任職時間長度就要適當而不能太短，這樣，每一個人在機構（或系統）內才可以得到足夠的時間去培養、發展出有效執行所被指派之運作活動所需要的工作技能，並且，也有充分的時間足以

讓機構（或系統）內的各個部門、單位中的每一個人能夠相互醞釀、熟悉
彼此合作共事的習慣及默契。所以，每一個「人」從他被招募、延攬進入
某一個特定機構（或系統）參與該一機構（或系統）某個部門、單位的運
作活動，並在機構（或系統）中不同部門、單位、職位間調動、升遷，直
到他因自己所接受的原因（例如，退休、健康、職災傷害、被資遣、被挖
角、跳槽、進修、轉業等）而離開機構（或系統）為止，每一個人在一個
機構（或系統）中工作、服務的時間長度都不相同，但機構（或系統）內
的每一個「人」都可說是經歷時間的流逝而在機構（或系統）內流動著，
只是不同的「人」的流動速度就有所不同。因而，若能以「流體」流動
的觀點來看待機構（或系統）中「人員」(people) 的作用與功能，將可對
「人」與機構（或系統）的關係，建立整體性、動態性及策略性的認識。

　　機構（或系統）的「人員流體」(people flow)，可概略分為兩種：
一種是在數量上佔絕大多數的「一般人員流體」；另一種則是人數不多的
「核心人員（或稱經營團隊人員）流體」。對於「一般人員流體」，機構
（或系統）的領導人、經營者、人力資源部門主管及其他各個部門的管理
者都必須要先加以確認的是，機構（或系統）或各個部門其組成人員的成
分（即流體內容）的一般性質，也就是機構（或系統）及各個部門的全體
一般成員的平均年齡、平均學歷、平均經歷、平均任職年資、平均技能水
準及平均薪酬水準等狀況；其次則是，「人員流體」的一般流動狀況的確
認，包括：每年新成員的進用率、每年的人員離職率以及每年的人員退休

率。基於上述「一般人員流體」在其成分及流動狀況上所具有的基本性質，機構（或系統）的領導人、經營者及管理者應進一步確認：機構（或系統）對於其「一般人員流體」所應設法維持的「定常狀態」究竟為何，以及要如何確保該一「定常狀態」能夠持續維持。對於「一般人員流體」的「定常狀態」的追求及維持，是機構（或系統）在人力資源管理與發展工作上的基本任務，因為這是機構（或系統）追求長期穩定發展的基礎。所以，機構（或系統）的領導人、經營者及管理者都應該清楚瞭解：本機構（或系統）在未來三年、甚或十年，其「一般人員流體」的流量規模，應該是怎樣的水準；若依所冀望的長程的流量規模為準據，則在未來之每一年的「人員流體」的「定常狀態」，應該分別訂在怎樣的水準；以及在人力資源管理工作上要如何運作，才可確保所訂定的每年之「人員流體」的「定常狀態」能夠達成。

至於「核心人員流體」，雖然人數不多，然而卻是機構（或系統）的各種營運活動的發動源頭，也是決定機構（或系統）能否持續生存及發展的關鍵。核心人員，即經營團隊人員，其產生及人數多寡，會依機構（或系統）的種類、規模、複雜程度及所處環境等因素的不同，而有所不同。例如，家族企業的核心人員，率多為家族成員；上市公司的核心人員，則由董事長、董監事、總經理及各部門經理所構成；民選政府的核心人員，則為領導執政黨贏得大選的總統或總理及內閣閣員。理論上，核心人員的人數、產生方式、任用及其任期等，均係依機構（或系統）的「設置章

程」（charter）所作規定而產生的，然而，在實務上，機構（或系統）的最高領導人（或真正掌權人）對於核心人員的產生，是具有相當大的操弄能力。所以，「核心人員流體」的變動或流動，就很少是如設置章程所描述般的單純、穩定、正常；常見的現象反而是，劇烈的人事震盪與派系爭擾，從而造成機構（或系統）在營運上的動盪。事實上，只有當「核心人員流體」的產生及流動，除能促使「核心人員流體」本身具有合理（或適當）的「新陳代謝」外，並且也能與「一般人員流體」的流動狀態相符映的時候（例如，核心人員的平均年齡、平均學歷、平均經歷及平均任職年資等都不應該與一般人員的狀況有太大差距），「核心人員流體」才能有效發揮其主導機構（或系統）整體營運活動的作用。因此，機構（或系統）的最高領導人或真正掌權人，如果希望他所領導的機構（或系統）能夠在二十年、五十年甚至一百年後仍然持續地存在並興旺地發展，他就應該將如何擇拔、培養「核心人員流體」，使有潛力而可能位居核心的一群年輕新生代人員能夠及早受到有計畫的培育、訓練及試煉，以強化他們出任高階管理人及領導人所應該具備的特質、能力及經驗，然後主動協助他們順利接掌權位，並把這一系列工作當作是他身為最高領導人的最重要任務與使命。例如，王安[註6.1] 可能是受到歷史上中國各朝代傳子不傳賢的家天下交棒觀念的影響，而使王安電腦公司在其兒子手上一蹶不振；反之，日本在二次大戰敗戰後的 1946 年至 1954 年的首相吉田茂[註6.2]，他在首相任內就致力於栽培國家領導人才，而以他努力為往後二十年的日本政界

培養出十餘位首相人才，作為他對日本的最大貢獻，也使日本因為持續擁有高素質、高效能的政府領導團隊，而能在第二次世界大戰戰敗後二十餘年（1968年），就復興成為當時的世界第三大經濟體（僅次於美國、蘇聯）；這兩個例證足以說明，「核心人員流體」的動態對機構（或系統）長遠發展的重要性。

　　總之，將機構（或系統）所擁有的人員視為會流動的流體，同時也視為是構成機構（或系統）實體的主要流體，是「人員流體」概念的主旨。由於「人員流體」在流動上所顯示的各種特性，實際上就反映著機構（或系統）的營運能力以及追求生存與發展能力的特點，所以，依本節所討論

■ [註6.1]

王安 (1920~1990) 出生於中國上海，畢業於上海交通大學，1948 年獲哈佛力學應用物理學博士，1951 年於波士頓創辦「王安實驗室」，1953 年創立「王安電腦」，是辦公室電腦及文字處理器的領導者，1984 年營收達 21 億美元，王安個人也擠身全美十大首富之一；1986 年由長子王列接任總裁，1992 年公司宣布破產。

■ [註6.2]

吉田茂 (1878~1967) 於 1946 年 5 月~1947 年 5 月及 1948 年 10 月~1954 年 12 月出任日本的第 45 任及第 48 任至第 51 任內閣總理大臣。

的「人員流體」概念，確認「一般人員流體」以及「核心人員流體」的流動特性，並以之建立「人員流體」的運作機制，俾促使「一般人員流體」以及「核心人員流體」有著適切的流動，並使二者的流動能夠相互匹配並且都能維持於「定常狀態」下，這才是領導人、經營者及管理者為自家機構（或系統）的長期生存與發展所作出的真正貢獻。

6-7 資訊流體及其流動

前述第五章在有關「定常狀態」概念（特別是第 5-3-1 節的回饋概念）的討論中，已經就「資訊」以及「回饋資訊」在促使系統維持於「定常狀態」上所具有的作用，作了詳細的說明。另外，第四章第 4-3 節以及第 4-4 節，對於「資訊」及「回饋資訊」在機構（或系統）的「營運基本機制」的運作過程中所扮演的角色，也有所討論。因此，綜合前述討論可以歸納出，所謂的「資訊流體」(information flow) 係指：機構（或系統）為使其各種「流體」以及機構（或系統）整體可以維持於「定常狀態」，在依其營運機制進行各種運作以及施行「調整程序」的過程中，必需「即時」(real time) 或「及時」(in time) 地獲得有關於機構（或系統）內部各部門、各元件、各流體以及機構（或系統）外部（即環境）各相關事項、

因素之實況的各種「訊息」或「資料」，而這些「訊息」或「資料」又是隨時產生或隨地出現，是以，機構（或系統）就必需設法持續蒐集這些隨時產生、隨地出現的「訊息」或「資料」，並且「即時」或「及時」地將它們傳送至特定的地方（即需要這些「訊息」或「資訊」的部門、單位、人員），以配合各種「運作程序」及「調整程序」的進行，故而，我們可以將這些不停流通於機構（或系統）內部以及內外部之間且其內容又係持續在更新並持續在傳送的「訊息」或「資料」，統稱之為「資訊流體」。

由於有著「資訊流體」的流動及傳送，機構（或系統）的各種「運作程序」以及「調整程序」才得以進行；也因為各種「運作程序」以及「調整程序」的進行，「資訊流體」在營運機制的運作過程中才得以伴隨機構（或系統）的其它各種「實體性流體」（本章第 6-2 節至第 6-6 節所述的流體均為實體性流體）的流動而在機構（或系統）內部到處流動，因而，機構（或系統）又可藉「資訊流體」的流動而將內部的各種「實體性流體」及各個部門整合為一個整體。所以，「資訊流體」的流動以及機構（或系統）的各種「實體性流體」的流動，它們都和機構（或系統）的「營運基本機制」的運作有著密不可分的關係。換言之，機構（系統）本身及其各種「實體性流體」能否達到「定常狀態」，將受機構（或系統）的「營運基本機制」在「資訊流體」的處理效能的影響。因此，確保並提升「資訊流體」的處理效能，就成為領導人、經營者及管理者在規劃、設計、操控機構（或系統）的「營運基本機制」時所必須特別重視的要務。

我們還要再加強調的是，「資訊流體」在流動、傳送的過程中，會出現第四章第 4-4 節所述的「干擾」、「滯延」、「扭曲」及「偏誤」等現象，而必需受到所有涉及「資訊流體」之流動的人員所特別加以注意，才可以確保必要的正確「訊息」或「資料」，能夠「即時」並「及時」地傳送至機構（或系統）內需要它們的部門、單位或人員。

　　「資訊流體」並不是「實體性流體」，是以，它並沒有一般「實體性流體」所要追求、維持的「定常狀態」，它是遵循機構（或系統）的「營運基本機制」的設計、安排，依規定步驟進行「訊息」、「資料」的蒐集、彙整、篩選、分析、傳送等處理程序，因此，要提升這些處理程序的處理效能就必需從「營運基本機制」上著手。換言之，機構（或系統）必需針對它在各種運作情況下所需要的內外部各種不同「訊息」、「資料」，來設計出對應的「資訊」處理程序，並且將這些「資訊」處理程序內建於「營運基本機制」的相關運作程序中，如此，它所需要的正確「訊息」及「資料」才有可能「即時」並「及時」地被傳送至每一筆資訊的需求部門、單位或人員手上。總之，為使「資訊流體」能在機構（或系統）中順暢地流動、傳送以支援各種「實體性流體」的運作，對於各個部門、單位或人員在它們進行各種「運作程序」及「調整程序」的過程中所需要的各種「訊息」及「資料」項目，都必須事先定義明確，然後才能進一步設計出它們的蒐集、彙整、篩選、分析及傳送的處理程序，最後再將這些處理程序連結、整合到對應的「運作程序」或「調整程序」裏，如此，機

構（或系統）的「營運基本機制」才有可能降低或排除「訊息」及「資料」在傳送過程中的「干擾」、「滯延」、「扭曲」及「偏誤」的現象，而使「資訊流體」的品質能夠獲得確保。

第7章

機構之定常狀態與
流體流動的關係

7-1 機構之運作機制與定常狀態的關係

　　機構（或系統）所呈顯的運作行為（即日常營運活動），基本上，是源自於機構（或系統）內部的複雜機制（有關於機制的意義，詳見第一章註[1.5]，至於機構（或系統）在營運上的基底機制，則詳見第四章第 4-3 節）。機構（或系統）必需能夠滿足所處環境對它的需求，俾能與環境在長期相互調適，進而才可求得機構（或系統）的持續生存與發展。機構（或系統）需要依本身的規模大小及所具有的條件、能力，配合所處環境的一般及特殊情況，自行發展、演進出一整套特殊且複雜的運作機制（不同系統層級、不同類別的社會系統其機制的細節均不相同，但其基底機制的構造則大致相同，詳如第四章所述），才能讓機構（或系統）得以在無常、多變的環境中持續地生存並穩健地發展。

　　機構（或系統）之所以必需有著內建的機制（包括「基底機制」與

「細部機制」），是為了讓自身及其所有構成元件可以持續地進行穩定、有條理（有時是規律性）的運轉 (work) 或運作 (operation)，俾使自身能以最有效率及最有效能的方式與所處環境互動並相調適。而此一內建的機制，也就是機構（或系統）整體為進行有條理的運轉或運作時，它的各個部門、單位及所有成員（即系統的構成元件）所必須依循的各種活動規則 (rules)、程序 (procedures)，以及綜整、協調各種規則、程序的指導性規範、原則及方針。所以，對於自家機構（或系統）的內建機制的構造及運轉邏輯，有著全面、深入、正確的瞭解，自然就成為領導人、經營者及管理者掌控自家機構（或系統）的動態行為以及研擬自家機構（或系統）的發展策略或運作戰術時，他們所必須要具備的基礎性認識。依第五章「認識定常狀態」所討論的概念，顯示，機構（或系統）各種機制的運轉或運作都是以追求機構（或系統）的「定常狀態」為最終目的；不過，由於機構（或系統）各種機制的構造及運轉邏輯極為複雜、繁瑣，另方面，又由於每一個機構（或系統）在任何時候所要追求的「定常狀態」都是由它所自行決定的，因此，我們若想從某一個機構（或系統）的機制就直接推知該一機構（或系統）所應該追求或所要追求的「定常狀態」是哪一種狀態，雖然不是絕對不可能，但基本上是極為困難的。換言之，我們無法從一個社會系統的組織結構及運作機制上，就直接推知該一社會系統所應該去做的「正確之事」（即所應追求的「定常狀態」）是什麼，至多，僅能推知它所不可能去做的事會是什麼；另方面，縱使我們已確知一個社會系

統應該去做或極想去做的「正確之事」（即所應追求的「定常狀態」）是什麼，我們也無法從該項應做或想做的「正確之事」上面，就直接推知該一社會系統所具有的機制是什麼。所以，機構（或系統）的「定常狀態」固然是機構（或系統）想藉由自身「運作機制」的運作所要追求的狀態，但是，機構（或系統）的「運作機制」與機構（或系統）所追求的「定常狀態」之間，並不存在著邏輯上的必然對應關係。亦即，機構（或系統）的「運作機制」與機構（或系統）所追求的「定常狀態」兩者之間，固然關係極為密切，然而，機構（或系統）的某一種機制可以支持（或促成）機構（或系統）去追求數種不同的「定常狀態」（或目標），同樣，機構（或系統）所要追求的某一種「定常狀態」（或目標），也可以經由不同的機制來達成。顯然，機構（或系統）的機制與它所要追求的「定常狀態」（或目標）兩者間，並沒有必然的對應關係。不過，一個機構（或系統）如果欠缺合理且具效能的機制來支持它的運作，則它所想要追求的「定常狀態」（或目標）就必定是難以達成。因此，如何在機構（或系統）的機制與機構（或系統）所要追求的「定常狀態」之間，建立合理、明確的連結及關連性，就成為領導人、經營者及管理者是否能夠有效營運他們所領導、主持的機構（或系統）的關鍵。

當前的「管理學」過度強調個別「企業職能」(business function) 之運作程序的設計與控管，反而忽略了機構（或系統）的整體性「基底機制」（詳第一、二章及第四章）的探究與認識，以致，機構（或系統）的

領導人、經營者及管理者若是過度受到「管理學」理論知識的影響，就易於偏重個別「企業職能」所出現之問題的處理，並因而使各職能的運作日趨繁複，進而竟使他們自己都難以將自家機構（或系統）內部各種複雜、繁瑣的細部機制作有效的整合。另方面，近年的「企業策略」及「管理策略」的論著，或是未能深入具體探討一個企業機構（或系統）在它所處特定環境所應該去做的「正確之事」（即所應追求的「定常狀態」），或是僅就某一項個別「企業職能」來探討其運作的策略，例如，所謂的「行銷策略」、「生產策略」、「財務策略」及「人力資源策略」等，而這些論著在提出這些個別職能的策略時，作者們通常都先假設，機構（或系統）早已存在著一個能夠支撐該項職能進行有效運作的理想機制，然後，只針對該項職能在假設的一般情境下所應做的「正確之事」以及「如何使該一應做的正確之事做好」，作為策略的內容來進行討論，而不管他們所假設的理想機制是否真正普遍存在於一般機構（或系統），或是可能於真實情境中存在，也不管其他企業職能的運作機制是否能與該一理想機制相配套，致使論著中的這些個別職能的策略，極易流於空泛之論。換言之，不論是「管理學」或是「企業策略學」都顯示，當前的管理理論在機構（或系統）的機制與機構（或系統）的「定常狀態」（即企業各種「策略」所要追求的基本目標）之間，還未能建立合理、明確的對應關係，致使依循管理理論知識來推展營運活動的許多機構（或系統），在機構（或系統）所要追求的「定常狀態」與機構（或系統）所具有的「運作機制」之間，

就不必然能夠相互應合，從而使得機構（或系統）所要推行的「策略」，常常難以在它的機制的實際運作過程中有效落實，或是只能在機構（或系統）既有的低效或失效機制的框架內，讓「策略」陷入機械性的運作而找不到「策略」原本所要指引的新方向。

　　確實，任何一種層級的任何一種類型的社會系統，基本上，都是社會分工演進下的產物，每一類社會系統為滿足該類系統所在社會的龐大數量人群的生活及生存需要，就由不同出身、背景、年齡、性格、學歷、經歷、能力的一群人來分別組成該類社會系統的許多個別複雜機構（或系統），因而，每一個個別的機構（或系統）內的所有成員所共同遵行的分工與合作的工作方式，必然是機構（或系統）所在社會經歷長期演化過程所形成的產物，所以，主導每一個機構（或系統）其成員間的分工合作的運作機制，不論是它的構造方式或是它的運作邏輯，都會受到機構（或系統）所在社會的傳統、文化、習慣、技術及政治經濟環境等因素的影響，而極其複雜。因此，要充分瞭解並有效掌握任何一個特定機構（或系統）的每一細部機制的運作情況，基本上是極為困難的，更何況，機構（或系統）的「運作機制」與它所追求的「定常狀態」兩者之間，並不具有絕對性的對應關係，所以，任何機構（或系統）的領導人、經營者及管理者通常都很難從自家機構（或系統）內部各種機制的瞭解上，就直接正確推知他們自家機構（或系統）所應該去做的「正確之事」究竟是什麼，至多，他們只能從對自家機構（或系統）運作情況的瞭解上，去推知現有機制所

無法支持自家機構（或系統）去做成功的事是什麼。然而，機構（或系統）所要追求的「定常狀態」，即機構（或系統）應作的「正確之事」，也是機構（或系統）的各種「策略」所要追求的基本目標，應是機構（或系統）存在價值或存在意義的寄託，因而，如何促使所要追求的「定常狀態」能夠與機構（或系統）的「運作機制」確實充分連結，乃是機構（或系統）的領導人、經營者及管理者的最重要任務與使命。因此，領導人、經營者及管理者如果能夠在自家機構（或系統）的「運作機制」與所要追求的「定常狀態」之間，建立起合理、明確的對應關係，他們就可以知道，自家機構（或系統）所想要追求的某種「定常狀態」所必須要對應具備的「運作機制」的構造及運作邏輯，應該是什麼了。所以，設法發展一套可以在機構（或系統）的「運作機制」與「定常狀態」之間建立合理對應關係的方法或概念，就成為當前策略研究上或經營管理研究上的重要課題。

依第五章的討論，生命系統的「定常狀態」就是系統在它所處環境與情境下的動態性「整體全面均衡狀態」(homeostasis)，這是系統內各種實體性的「質能」(matter-energy) 流體以及非實體的「資訊」流體在系統內部與系統內外部間的「通量均衡」(flux equilibria) 狀態。換言之，任何生命系統不管其構造及機制是簡單或複雜，系統內部所具有的結構及運作機制都是為了要使系統內的各種「質能流體」及「資訊流體」在系統內部以及系統內外部間的流動，能夠達到（並持續維持於）「通量均衡」的狀

態。所以，從系統所需要的各種「質能流體」及「資訊流體」在系統內部以及系統內外部間的「流通狀況」上，不但能夠讓我們瞭解一個系統當前所宜於去追求的「通量均衡狀態」是什麼樣的狀態，也能夠讓我們瞭解該一系統的「運作機制」在當前的運轉情況。

綜合上述分析，顯示：在機構（或系統）內部以及內外部間流通的各種「質能流體」及「資訊流體」，應該就是反映機構（或系統）的「運作機制」與「定常狀態」間所具有的對應關係的「媒介」(media)。因此，瞭解並掌握機構（或系統）所需要的各種流體在機構（或系統）內部以及內外部間的流動狀況，將是領導人、經營者及管理者在他們自家機構（或系統）的「運作機制」與「定常狀態」間建立合理、明確對應關係時的基礎。

7-2　流體流動與機構運作機制的關係

任何機構（或系統）要能在所處環境及情境中維持生存並持續發展，則該一機構（或系統）就必需具有相當的容忍、適應能力，可以在不同情勢下與所處環境中的其他機構（或系統）維持著有利於自身生存與發展的互動關係，而這種對自身有利的互動關係，自然會經由各種實體性的「質

能流體」及非實體性的「資訊流體」間的流動狀況來呈顯。換言之，任何機構（或系統）必需有能力自所處環境中的其他機構（或系統）或個體，吸取到自身生存與發展所需要的各種「實體性流體」，並且有能力接收到外部環境中與各種「實體性流體」的流動有關以及與自身生存或發展有關的各種「資訊」，同時也有能力將自身所產生而為環境中其他機構（或系統）所需要或所能吸納的各種「實體性流體」及「資訊流體」予以輸出。為此，任何機構（或系統）都必需使維持自身生存與發展所必需的各種「實體性流體」及「資訊流體」能夠在機構（或系統）的內部及內外部間維持穩定的流動，從而，機構（或系統）與所處環境間的互動才能夠維持在「整體全面均衡狀態」。

機構（或系統）各種流體之所以能夠在其內部及內外部間維持穩定的流動，主要是因為機構（或系統）在創建時就被賦予，或是在成長過程中自行逐步發展，而具備了一套可以操控內部各種流體的運轉、流動的「運作機制」，藉著這一套「運作機制」，機構（或系統）將自身的各個構成元件，組成為能夠處理各種流體的輸入、分解、生成、轉換、組合、運送、傳遞及輸出的複雜組織體。因此，機構（或系統）的「運作機制」不但是促使各種流體在機構（或系統）內部及內外部間進行輸入、分解、生成、轉換、組合、運送、傳遞及輸出等動作和操作（即流體的流動和變動）的「啟動器」及「操控器」，同時也是機構（或系統）各構成元件執行分工與合作任務並形成複雜組織體的依據。然而，機構（或系統）的

「運作機制」並不具有實體性，它只是導引各種不同流體產生流動和變動的一組「規則」，以及促使機構（或系統）的各構成元件及各組成單位在進行分工與合作的互動時的「關係定義」與「行為規範」。換言之，由上述的「規則」（用於啟動和操控流體的流動和變動）以及「角色關係定義」與「行為規範」（用於促成各構成元件及各組成單位的分工與合作）所構成的「運作機制」，也就是機構（或系統）的各個構成元件於組成各個不同部門、單位等硬體 (hardware) 時所同時被嵌入的軟體 (software)，而與機構（或系統）緊密結合、共存。

　　任何機構（或系統）的「運作機制」並非在機構（或系統）生成或創設之起始初時就已建置或發展完備，它會受到下述三種情況的影響而調整機制自身的構造及運轉邏輯，以確保機構（或系統）之「整體全面均衡狀態」的順利追求及維持。這三種情況分別是：(1) 機構（或系統）所處環境及情境的基本構造出現了鉅大的變動時，(2) 進出機構（或系統）內外部間各種流體的流質、流量、流速出現劇烈性變動或是趨勢明顯的長期漸進性變動時，及 (3) 機構（或系統）本身在規模上或結構上出現明顯的變動時。換言之，任何正常機構（或系統）的「運作機制」，在理論上，並不是僵固地一成不變，而是動態地不斷演變發展，它會在上述三種情況出現之時以及隨著機構（或系統）在成長與發展過程中，朝向複雜、精密、高效能的方向進行演化。

　　機構（或系統）的「運作機制」，即用以啟動和操控流體流動和變

動的整套「規則」以及用以促成各構成元件及各組成單位分工與合作的整套「規範」，在它朝向複雜、精密、高效能方向演化的過程中，所有構成為「運作機制」的各種鉅細規則及規範，會發展出「層級性的關連」及「序列性的關連」，從而使「運作機制」具有「層級性」及「條理性」。不過，由於各種流體在機構（或系統）內部及內外部間流動時，常會因為流體本身在流質、流量或流速上出現非預期的劇烈變動，而使得「運作機制」中那一些對於流體之「定常狀態」的追求或維持沒有助益的各種無效能或無效率「規則」和「規範」，逐漸被廢棄或被修正，並且促成具效能或效率的「新的規則」和「新的規範」的形成，或是促成各種「規則」、「規範」彼此間的「新的連結關係」的出現，進而就使「運作機制」的「層級性」及「條理性」也呈現動態演變的現象。

雖然，構成為機構（或系統）「運作機制」的各種「規則」和「規範」的「層級性」及「條理性」，會因為各種流體在流質、流量及流速上所出現的劇烈變動而有所變動，不過，一般由機構（或系統）自身所主動促發的「運作機制」的變動，與受流體在流質、流量、流速上劇烈變動之衝擊而被動因應所進行的「運作機制」的變動，兩者通常並非同步出現，也不會同時發生，所以，「運作機制」的變動並不完全是隨機性或無跡可尋。通常，屬於「細部性、技術性的運作規則及規範」，較易受流體在流質、流量、流速上劇烈變動的影響而有所調整、變動，而屬於全面性、原則性且具核心或基底 (underlying) 意義的「基礎性運作規則及規範」，就

比較不容易因為流體一時的劇烈變動而隨之更動。只有當「細部性、技術性的運作規則及規範」受到流體在流質、流量、流速上的變動的影響所形成的微幅變動，已經持續累積至呈現出明顯或巨幅改變並影響到對流體流動的正常操控時，機構（或系統）才會針對全面性、原則性且具核心或基底意義的各種重要「基礎性運作規則及規範」，主動進行修正、調整、變動。換言之，有關於一個機構（或系統）的流體的流動、變動，是屬於在第一線現場負責執行、操作任務的「戰鬥 (combat) 層次」的作為；而有關於機構（或系統）的「細部性、技術性的運作規則及規範」的變動、調整，則是屬於在第二線負責有關第一線各現場之督導、控管、協調任務的「戰術 (tactic) 層次」的作為；至於有關於機構（或系統）的全面性、原則性且具核心或基底意義的各種重要「基礎性運作規則及規範」的變動、調整，則是屬於最高層的「策略或戰略 (strategy) 層次」的作為。因而，從「戰鬥—戰術—策略」三層次的活動所存在的互動關係來看，很顯然，屬於「戰鬥層次」的流體流動課題的處理，固然受到屬於「戰術層次」及「策略層次」的「運作機制」（即「細部性、技術性的運作規則及規範」與「基礎性運作規則及規範」為主所構成的「運作機制」）的操控及制約，但是，在「戰鬥層次」的各現場的實況，也會直接或間接地促使「戰術層次」及「策略層次」所掌控的「運作機制」產生變動、調整。

　　總之，機構（或系統）會隨著本身於所處環境及情境的情況，促使在機構（或系統）內外部間流動、進出的流體種類及各種流體的流質、流

量、流速，產生改變，以能與所處環境及情境相調適，俾可使機構（或系統）所要追求的「定常狀態」能夠達成。為此，機構（或系統）的「運作機制」一方面要能與機構（或系統）所要追求的「定常狀態」相契合，才可以有效率、高效能地操控各種流體在機構（或系統）內部及內外部間流動；另方面，「運作機制」也要具備充分的自主調整、演化能力，俾可因應各流體在種類上及在流質、流量、流速上的重大變動；從而，機構（或系統）內部及內外部間各種流體的「通量均衡」狀態，才有可能長期、持續地維持。

7-3 各種流體之通量均衡與機構整體之定常狀態的關係

任何一個機構（或系統）在任何時間所呈現出來的狀態，就是各種流體在該一機構（或系統）內部及內外部間之流動狀態的綜合呈現，因此，機構（或系統）若是呈現出係處於「整體全面均衡狀態」（即整體的「定常狀態」）時，也就意謂著機構（或系統）內部及內外部間各種流體的流動狀態在當時係處於「通量均衡」的狀態。由於機構（或系統）之每一種流體的「通量均衡狀態」，是該一流體的流質、流量、流速在機構（或系

統）內部及內外部間的流動過程都保持著它所必需維持的穩定狀態，然而這並不是流體所偶然達成的狀態，而是機構（或系統）以自身所要追求的「整體全面均衡狀態」為依據，然後經由機構（或系統）的「運作機制」進行細緻操控後所實際呈現的狀態。所以，機構（或系統）內部各種流體的「通量均衡狀態」是否能夠達成，完全要視機構（或系統）所要追求的「整體全面均衡狀態」以及機構（或系統）「運作機制」的運行實況而定。從而，如果機構（或系統）的「運作機制」的運行實況與機構（或系統）所要追求的「整體全面均衡狀態」之間並沒有出現顯著的矛盾或不合理現象時，則機構（或系統）內部各種流體的「通量均衡狀態」就比較有可能或比較容易達成，否則，各種流體的「通量均衡狀態」就不太可能出現，或縱使出現也極難持續維持。

因為機構（或系統）所要追求的整體的「定常狀態」，即「整體全面均衡狀態」，並不是機構（或系統）本身可以一廂情願地任意設定的狀態，而是必須依據機構（或系統）當時所處環境及情境的實況及環境的未來變動趨勢來決定，所以，機構（或系統）內部各種流體的「通量均衡狀態」就不會是一個可以用某一個絕對的數值來代表的「恆定狀態」。換言之，當機構（或系統）所要追求的整體的「定常狀態」已經隨著所處環境實況的重大改變而必須有所改變時，機構（或系統）內部各種不同流體所需要維持的「通量均衡狀態」就必然要隨著有所不同，亦即，機構（或系統）內部各不同種類流體所需要維持的「通量均衡狀態」是具有可變動性

的，也就是具有可調整性，而不是不可改變的「恆定狀態」。有時候，即使是機構（或系統）所要追求的「定常狀態」並沒有改變，但是由於自身「運作機制」在構造或運轉邏輯上作出了調整、變動，或是由於內部各種類流體之間的彼此互動關係出現明顯改變，甚或是由於流體本身在流質、流量、流速上發生巨大改變，所有這些情況都會使機構（或系統）的各不同種類流體所需要的「通量均衡狀態」，也必需隨之有所改變。例如，某一企業公司想要將它所產銷的某種商品的市場佔有率，在一年之內予以倍增（即所要追求的「定常狀態」已確定要加以改變），則很顯然的，該公司的「資產流體」（廠房、生產設備機具等）、「產品暨服務流體」、「物料流體」、「金錢流體」、「人員流體」及「資訊流體」等不同流體所需要維持的「通量均衡狀態」，也必需調整至可以與市場佔有率倍增時相應合的新「通量均衡狀態」。另外，如果某一企業公司的市場佔有率業已達成所設定的目標，即該公司所要追求的「定常狀態」已經達成且將會在可見期間內持續維持，此時，該公司的領導階層可能因為當前業務穩定，而想利用這個時機將「管理運作機制」從原有的「成本中心制度」調整為「利潤中心制度」；或是因為預見原物料供應價格及供應數量將出現季節性或景氣循環性的變動，而想要設法降低生產成本以吸收原物料價格的上漲；或是想利用這個時機進行公司幹部的新陳代謝，以促進主管階層的年輕化俾加強公司的活力；所有這些內外部情況可能出現的變動，都會使該公司各種不同流體所需要維持的「通量均衡狀態」產生改變，也就是

說，即使這時該公司已是處於所追求的「定常狀態」下，各種流體的「通量均衡狀態」也是有可能出現改變的。

　　機構（或系統）生存與發展所必需擁有的六種流體（「資產流體」、「產品暨服務流體」、「物料流體」、「金錢流體」、「人員流體」及「資訊流體」），必然都同時在機構（或系統）內部及內外部間流動並且交互作用著，而且，由於不同種類流體的「流量」及「流速」（即本節所稱之「通量」）都不相同，因而，各不同種類流體對應於機構（或系統）整體所要追求的「定常狀態」而需要加以維持的「通量均衡狀態」，也必需隨時調整、變動，是以，機構（或系統）內部的任何個別種類流體並不存在永遠不變的「通量均衡狀態」。另方面，當機構（或系統）整體從某一「定常狀態」遞移或演進至另一「定常狀態」時，整個演變過程必定要進行一段相當長度的時間（如前一段討論中所述及之企業公司擬在一年內使其商品之市場佔有率倍增），這是因為機構（或系統）所需要的六種不同流體在機構（或系統）內部及內外部間的「通量」，並不能在短時間內做大幅度的改變（不論是突然大幅增加通量或突然大幅減少「通量」，都是不合理之事，而非機構（或系統）既有結構所可承受）。即便機構（或系統）的「運作機制」可以緊密配合各種不同流體之「通量」的變動，而能隨時進行適切的調整，然而，各種不同流體的「通量」也必需在一段時間之後，才能夠在「運作機制」的調整及操控下逐漸分別達到它們所需要維持的「通量均衡狀態」，因此，機構（或系統）必需歷經一段相當的時

間長度後，當它的各種流體都已達到「通量均衡狀態」時，機構（或系統）才能被稱為已達到整體的「定常狀態」。

就如我們在之前第六章有關六種流體流動特性的討論中所曾提及的，各種不同流體在流動上的「通量」變化，與機構（或系統）所可能追求的「定常狀態」之間，以及與操控各種流體「通量」之「運作機制」的調整能力之間，都具有密切的關係。是以，機構（或系統）的領導人、經營者及管理者在處理各種不同流體的「通量」變化問題時，要特別注意他們在觀測「通量」變化時所使用的「時間尺度」(time scale)，因為，各種不同流體各有其本性上的「通量變動」速度，即各種流體其「通量變動」的快慢基本上都會受到流體本身性質的影響，因而觀察、量測各種不同流體之「通量變動」現象（或流動行為）所使用的「時間尺度」，應該依流體種類的不同而有所不同。大體而言，觀測「資產流體」之「通量變動」所使用的「時間尺度」，依資產的品類性質的不同而異，通常是一年、三年、五年、十年甚或數十年以上；觀測「產品暨服務流體」的「通量變動」所使用的「時間尺度」，也是依產品或服務的品類性質的不同而異，不過，通常是時、日、週、月、季、最長不超過一年；而觀測「物料流體」之「通量變動」所使用的「時間尺度」，則通常不會超過其所對應之「產品暨服務流體」所採用的「時間尺度」的長度；觀測「金錢流體」之「通量變動」所使用的「時間尺度」，一般是與所對應之「產品暨服務流體」所採用的「時間尺度」相同；觀測「人員流體」之「通量變動」所

用的「時間尺度」，通常是一年、三年、五年或十年，依人員的類別、層次而異；至於觀測「資訊流體」之「通量變動」所用的「時間尺度」，則是以「資訊流體」所對應之各種實體流體所採用的「時間尺度」為準據，其長度以較小於所對應的實體流體所採用之「時間尺度」的長度為原則，而依資訊類別而異。因此，對於機構（或系統）所要追求的整體的「定常狀態」的決定，必然就要包括「時間尺度」的選擇。換言之，一個沒有明確「時間尺度」的「定常狀態」，對任何機構（或系統）而言，都是沒有意義的「目標」，因而，對於機構（或系統）的整體之「定常狀態」所採用的「時間尺度」，就必需與對機構（或系統）各種不同流體所採用的「時間尺度」，在彼此之間保有觀察及量測上的合理性及可行性。進一步言之，如果機構（或系統）對其某一種流體之「通量變動」的量測所使用的「時間尺度」，是遠大於或遠小於機構（或系統）在設定它要在多長期間內達到它要追求的整體「定常狀態」時所採用的「時間尺度」，則該一機構（或系統）所要追求的整體「定常狀態」顯然就與該種流體的「通量變動」（即流動行為）無關。所以，只有當量測各種流體的「通量變動」所採用的「時間尺度」是與定義機構（或系統）的整體「定常狀態」所使用的「時間尺度」，在它們彼此之間是具有觀察及量測上的合理性時，這些流體的「通量均衡狀態」才會與機構（或系統）的整體「定常狀態」產生關係。換言之，在處理機構（或系統）的整體「定常狀態」問題時，我們並不需要將全部各種流體同時納入，而只需針對那幾種其「通量均衡狀

態」是與機構（或系統）整體的「定常狀態」具有關係的流體，特別加以
處理即可；此時，我們可以把量測各種流體的「通量變動」所使用的幾種
「時間尺度」，將它們分別與定義機構（或系統）的整體「定常狀態」所
使用的「時間尺度」，進行相互比對，而以彼此間是否具有量測或觀察上
的合理性及可行性，作為我們研判機構（或系統）內部某一種流體的流動
是否與機構（或系統）的整體「定常狀態」具有關係時的一項判準。

第參篇
策略的思維、規劃、評估與執行

本篇共有三章：第八章「構思、規劃策略的前提」，第九章「策略的構思暨規劃」，第十章「策略的評估與執行」。本篇各章所討論的內容係以第壹篇及第貳篇各章所論述的概念為基礎，而以機構（或系統）作為施行策略的主體，針對從策略的思維、策略的規劃、策略的評估、以至策略的執行，這一系列策略活動所涉及的觀念與相關問題的處理原則及處理步驟，進行方法學上的分析及討論。本篇這三章的內容應作為一個整體來看待，這些內容可協助機構（或系統）的領導人、經營者及管理者，建立一套以「系統」暨「動態」的觀點為基礎的「策略的規劃與執行方法」，使他們可以為自己所領導、主持、主管的機構（或系統）的生存與發展，規劃出具周全性、合理性、可執行性及有效性的「策略計畫」、「戰術計畫」及「現場行動計畫」，並且將這三個具層次性關係的計畫統整為一個「行動計劃」，然後將其付諸實行。

第8章

構思、規劃策略的前提

　　策略的構思及規劃並不是一種任何人在任何時間都可以進行的任意冥想活動。一個人如果要使他心中所構思、思考的策略，能夠形成為一項正確、有效、可執行的計畫，則他必須在開始進行策略的構思及規劃之前，就已確實瞭解到有關於構思及規劃一項策略所必需具備的一些基本前提，如此，他才可以使他所進行的策略構思及規劃工作，不至於變成雜亂無章、任意冥想的活動。本章各節將就構思及規劃一項策略之時所必須認識、瞭解的一些基本前提，分別予以闡述。

8-1　具有「方法之尋想」的意念或動機

　　構思或規劃一項策略這一活動本身，並不僅只是一個人或少數人針對某一個機構（或系統）在某種環境及處境下所遭遇的特殊困局，來為它設

想、謀求出路，或為它所面對的問題來尋求解決之道，所進行的動腦活動而已。事實上，策略的構思或規劃已是一個機構（或系統）為求自身的永續生存及發展所必須具備的基本能力。因為，任何一個機構（或系統）被創設之後，它就自然具有追求自身的持續生存及持續發展的願望與本能，它若是能夠隨時依據所處環境情勢的變動，或是依自身在生存與發展上所應滿足的需求的改變，持續不斷地及時提出正確、有效、可執行的應對策略時，則它追求持續生存及發展的願望，就有可能實現。換言之，任何一個機構（或系統）都必須具備持續不斷地構思、規劃與自身生存與發展有關的策略的能力，這樣，它就有可能在複雜、難以全知而且不斷變動的環境之中，尋找到最有利於自身的持續生存與發展的途徑及方法。

由於有關於機構（或系統）的生存與發展的策略的構思或規劃，在本質上並不是偶發、隨興的一次性活動，而是一種具有「長期目標性」、「多次需求性」及「前後關聯性」的「持續性活動」。因此，對生存與發展策略的構思、規劃者而言，他應該具備的能力顯然是「釣魚的方法」，以確保他能夠持續地在不同的環境、情境下「釣得到魚」，而不僅只是偶然性、機遇性的提供「魚」。當然，「魚」本身，即所構思、規劃出來的特定策略，固然就是因應、處理、解決機構（或系統）當前所面臨的特定生存與發展問題的手段或方法，然而，卻沒有任何人有辦法在事前確知並保證他所構思、規劃出來的策略，也就是這條「魚」，會是一項正確、有效、可執行並能完全解決所面臨問題的策略。是以，縱使這條「魚」是

「對症下藥」的正確處方，而僅只是這一條「魚」的提供，至多只能暫時解除當前的困境，而卻無助於下一次困境的解決。所以，若是從「方法」的觀點來探討策略的意義時，則我們不僅必須注意，我們所構思、規劃出來的「任何一項策略」在作為「解決問題之手段」時所具有的合理性、正確性及可執行性（即「魚」本身的功能及價值），還必須注意，我們在「構思、規劃策略時所依據及使用的方法」（即「釣魚的方法」）是什麼以及「方法」是否具有條理性、嚴謹性、邏輯性及適切性。換言之，策略的構思、規劃者不但要瞭解，機構（或系統）在當前所面臨的生存與發展問題上所需要的「魚」，應該是什麼種類、什麼大小的「魚」，而且他還要瞭解，應該到什麼地方、在什麼時間、用什麼釣竿、用哪一種釣餌以及使用什麼技巧，他才可能釣得到所需要的「魚」。

　　顯然，策略的構思及規劃在本質上就是「方法之尋想」的過程，也就是在尋想處理一般策略問題時所必需運用的「基礎方法」，以及在尋想可以解決當前特定生存與發展問題的「特別方法」。此處所稱的「特別方法」就是指，可以針對機構（或系統）當前所面臨的生存與發展問題之特殊性來提供的正確、有效、可執行的解決之道的方法、計謀；而所謂的「基礎方法」就是指，通常在處理策略問題時，我們在理論上及經驗上所必需參採或不能違反的原則和作法。因此，構思及規劃一項策略，在本質上就是上述的「基礎方法」與「特別方法」這兩種方法的尋想過程。

　　對於「構思、規劃策略的基礎方法」有所認識及瞭解，是一位策略

構思、規劃者之所以能夠長期、持續地研擬出可以符合他所服務機構（或系統）之長期性及基本性利益的正確策略的最主要原因；另方面，他對「構思、規劃策略的特別方法」的深入認識及瞭解，則能協助他針對機構（或系統）當前所面臨的生存與發展問題的特殊性，研擬出可執行的有效策略。策略構思、規劃者他個人所掌握到的「構思、規劃策略的基礎方法」，除來自於他對策略及管理相關理論的推導及分析外，最主要是來自於他個人以往處理策略問題時所曾運用的「特別方法」，也就是說，策略構思、規劃者將他個人過去那些或是成功或是失敗的方法，予以沈澱、歸納並深入思考後所獲得的綜整性經驗，就成為他建立個人獨有的「基礎方法」的來源。對策略構思、規劃者而言，他所建立的「基礎方法」雖然是源自於他以前所使用的「特別方法」，不過，他所自行摸索、建立的這一「基礎方法」，卻是他在面對自家機構（或系統）的任何具體生存或發展問題而在構思、規劃處理的策略時，幫助他尋想出有效的「特別方法」的必要基礎。我們必須再加強調的是，一套能夠幫助策略構思、規劃者去構思、規劃出可以處理他所服務機構（或系統）的具體生存或發展問題之有效策略的「特別方法」，固然才是他解決當前特定問題所最需要的具體手段，然而，只有當他所提出的這一套「特別方法」的背後，是有著健全的「基礎方法」在支撐「特別方法」的合理性及有效性時，他才能放心採用該一「特別方法」。總之，構思、規劃策略的「基礎方法」與「特別方法」並非兩種不相干的方法，而是關係密切、相輔相成的兩種方法，因

而，這兩種方法都是策略的構思、規劃者所必須同時去學習、並力求熟練的方法。

所以，對任何一位策略的構思、規劃者而言，他若想要長期、持續地為他所服務的機構（或系統）研擬出正確、有效、可執行的策略時，則他必須具有尋想出用以構思、規劃策略的「基礎方法」及「特別方法」的意念或動機，而不是僅只著眼於當前「一時一事」的解決，也就是說，他必需具備發展、培養「釣魚的方法」的意念或動機，而不是只在追求「眼前一魚」的獲取。而且，只有當策略的構思、規劃者確實擁有研擬策略所需要的「基礎方法」及「特別方法」時，他才有可能使他所研擬出的策略具有「方法上」（或「方法學上」）的支持，從而，他才能使所研擬出的策略具有合理性、可查驗性及可執行性。

不可否認的，策略的構思、研擬及規劃必定是以所研擬出的策略是否具有正確、有效、可執行等特性，作為評選、採行的判準，不過，在實務上對於策略構思、規劃者所研擬出的策略是否正確、有效、可執行，卻是難以在事前作出準確的研判。因為，策略的實施結果是無法在事前預知，所以，我們不能以尚未出現的後果或以主觀臆測的結果來研判一個策略的好壞，而只能在事前從構思、規劃策略所運用或依據的「方法」來研判策略的好壞。換言之，只有當策略的構思、研擬過程是具有「方法上」的依據或支持時，我們才有可能從「方法上的妥適性」，在事前來對所研擬的策略就其正確性、有效性及可執行性等特性，進行評估。因此，能夠

從「方法」的觀點來看待策略的構思、研擬及規劃，應該是一位策略的構思、規劃者所要擁有的基本能力，也是他在進行策略的構思、規劃工作時所必需具備的前提。

當策略構思、規劃者具備了「方法之尋想」的觀點時，他不但可以使所研擬的任何策略具有基本的合理性、可查驗性及可執行性，而且，他也能夠更有效地去累積、歸納、綜整他個人的策略構思、規劃經驗，進而可以不斷地提升他在策略構思、規劃上的能力。另外，從機構（或系統）的面向來考量時，「方法之尋想」的觀點也是必要的，因為，每一個個別機構（或系統）在它追求永續生存及發展的過程中，它在不同處境、不同成長發展階段、不同時間所需要或所適用的策略都不會相同，所以，若要將一個機構（或系統）在以往所曾採行的各種成功及失敗的策略都予以調查、蒐集，然後再以之來為機構（或系統）建立策略的規劃方法，這對於任何策略構思、規劃者而言，都不是一件容易之事。因而，只有從「方法」的觀點來看待一個機構(或系統)以往歷史所曾採行的各種成功及失敗的策略，也就是以「方法」的觀點來歸納、綜整機構（或系統）以往所規劃、施行的各種策略，這樣，機構（或系統）的歷史及經驗才有可能幫助它的策略構思、規劃者尋取到適用於本機構（或系統）的「方法」，然後在「方法」的導引下，機構（或系統）的策略構思、規劃者才能創新地構思出可以解決它當前的生存或發展問題的有效策略。

總之，策略的構思、規劃者若是不想使他的策略構思、規劃活動變成

為一場空泛的冥想時，他就必需從「方法」的觀點來看待策略的構思、研擬及規劃活動；換言之，一個好的策略構思、規劃者在從事他所面臨的策略構思、規劃工作時，他應該具有強烈、明顯的「方法之尋想」的意念或動機。

8-2　瞭解並定義機構的實況

　　任何一項策略，在本質上，都是策略構思、規劃者專為某一特定機構（或系統）就該機構（或系統）在某一種特定時空背景下所面臨的生存或發展問題，特別量身裁製出來的因應方案或計畫。適用於甲機構（或系統）的策略不一定能夠適用於乙機構（或系統）；而對同一機構（或系統）而言，適用於 A 時空背景的策略不一定能夠適用於 B 時空背景。很明顯的，策略是機構（或系統）謀求生存與發展所使用的「方法計謀」，它必需依機構（或系統）在特定時空背景下的生存與發展需求來訂定，因此，它會因為機構（或系統）的不同而不同，也會因為機構（或系統）在不同時間、空間之生存與發展需求的不同而不同。所以，策略構思、規劃者在構思、規劃一項策略時，自然必需以他所服務的特定機構（或系統）作為他所要研擬之策略的施用對象，並以滿足他所服務機構（或系統）在

當前特定時空背景下的生存與發展需求，作為他所要研擬之策略的追求目標。

因為任何一個機構（或系統）都是由許多不同的「人」所組成的社會系統，它並沒有確切不變的邊界 (boundary)，它的具體活動範圍及活動型態，會隨組成的人數規模、組成的人員性質、組成人員的生活習慣及傳統、組成人員的活動內容、與周遭之其他機構（或系統）或「人」的互動關係等情況的變動，有所變動，因此，一個機構（或系統）的真實存在狀態通常極不容易被確切地掌握。不過，策略構思、規劃者若是因為一般機構（或系統）的存在狀態常是不易掌握，因而就對他所服務的機構（或系統）也同樣僅只具有模糊的概念而無法確切掌握到其真實存在狀態，則他將無法為所服務的機構（或系統）研擬出正確、有效、可執行的策略。所以，對於自己所服務機構（或系統）的真實存在狀態給予清楚的定義，並且將所定義的狀態確實地在真實世界中加以確認，就成為策略的構思、規劃者在進行策略構思時的重要前提。

由於策略的本質就是：一個機構（或系統）在某一種特定時空背景下為謀求自身的生存或發展，所使用的一套特別的「計謀方法」。所以，策略的構思、規劃自然就要以一個特定機構（或系統）在出現生存或發展需求的當時的真實存在狀態，作為思考、規劃的起點。然而，機構（或系統）是由許多種不同性質的元件、單位及流體所構成的複雜、動態有機體[註8.1]，同時它也是不停歇地與外部的各種機構（或系統）進行各種流體的

交換、流通、互動，因此，要對一個機構（或系統）的真實存在狀態作出完整且精確的客觀描述，基本上是非常困難的。不過，對於策略的構思、規劃者而言，他應該在開始為一個特定機構（或系統）進行策略的構思、規劃之時，就以該一特定機構（或系統）在當時的特殊、具體的生存或發展的需求為基礎，針對與這些特殊、具體的生存或發展的需求有關的事項（即生存或發展的需求所涉及的各種重要流體的流動，以及與各種流體之流動相關連的運作機制等事項），就這些事項的真實狀態做出脈絡完整、層次分明、條理清晰的描述和說明，這也就是所謂的「對機構（或系統）的真實存在狀態給予清楚的定義，並且將所定義的狀態確實地在真實世界中加以確認」。

　　大多數無效或失敗的策略，幾乎都與策略本身對機構（或系統）真實的存在狀態欠缺清楚定義有關。例如，自 1990 年代以來我國兩岸政策所滋生的爭議及困擾，就與政府和民眾對於我國的國家定義及國家定位的模糊不清，有極為密切的關係。同樣，我國自 1990 年代開始推動的教育改革，推展十餘年後卻廣受教師、家長、民意代表的嚴厲批判及反對，也顯示，推動教育改革當局在開始規劃教改方案當時，對於學生的需求、家長

■ [註8.1]

有關機構（或系統）內之各種流體的性質，請參閱本書第貳篇第六章、第七章。

的需求、各級學校的各學科教師在教學上的運作機制及教材的編撰使用機制等事項的實際狀態的瞭解，有極為明顯的不足或偏誤。另外，許多企業公司及政府機關在推行各種組織變革策略時，常有無疾而終或招致挫折的案例，這些案例也反映出，組織變革策略所設想的機構（或系統）情況，與機構（或系統）的運作機制及人員的工作內容、工作能力、工作方式、工作態度等的真實狀態間，常存有明顯的落差或偏誤，而這應是許多變革策略未能成功推動組織之變革的重要原因。

　　針對機構（或系統）當前的真實存在狀態作出定義及衡量，應該是構思、規劃、研擬策略的前提及基礎，而這樣的觀點早就由古代智者所指出。例如，成書於 2500 年前的《孫子兵法》的第一篇〈始計篇〉上，就有「兵者，………故經之以五事，校之以計，而索其情：一曰道，二曰天，三曰地，四曰將，五曰法。………」之語[註8.2]，充分顯示：孫子認為在構思、研擬戰略之前，應該針對「道、天、地、將、法」這五件事項，深入

■ [註8.2]

> 原文為：「兵者，國之大事，死生之地，存亡之道，不可不察也。故經之以五事，校之以計，而索其情，一曰道，二曰天，三曰地，四曰將，五曰法。」此段文字的意思為：「用兵作戰，是國家大事，攸關人民的生死，國家的存亡，對於作戰的勝負，必需事先細心研究、深入察考、慎重考慮。所以要從下述五個方面，針對敵我實況進行衡量，來釐清敵我的情況：一是道義，二是天時，三是地利，四是將領，五是法制。」

地衡量、探索國家當前存在狀態的真實情況。由於同一個機構（或系統）在不同的時間（或不同年代、不同發展階段）所具有的存在狀態都不會相同，以致它的真實存在狀態的定義及衡量也必然會「因時而異」，因此，是否正確掌握到「定義及衡量機構（或系統）真實存在狀態的方法」，就成為策略的構思、規劃者能否清楚定義機構（或系統）實況的關鍵。而《孫子兵法》所論及的「道、天、地、將、法」，也就是孫子提供給主政者在構思、規劃國家的軍事國防策略之前，用來定義及衡量國家真實存在狀態的方法。所以，策略的構思、規劃者對於應該採用何種方法來定義及衡量他自身所服務機構（或系統）的真實存在狀態，就必需特別加以關注，並且持續改進所用方法的正確性及適用性。

　　總之，要為一個機構（或系統）構思、規劃策略之前，策略的構思、規劃者應該要能清楚定義及衡量該一機構（或系統）在當前的真實存在狀態；而要定義及衡量一個機構（或系統）的真實存在狀態時，他就必需先掌握到定義及衡量該一機構（或系統）真實存在狀態的正確方法。因此，策略的構思、規劃者必需全面且深入地瞭解他所服務機構（或系統）的行為特性，並且以所瞭解的行為特性為基礎，設法建立有關自家機構（或系統）實況的各種定義及衡量方法（或具方法意義的原則），如此，他才有可能逐步地發展出可以正確定義及衡量自家機構（或系統）在總體上及各面向上之實況的有效方法，從而，他就能夠立足在正確瞭解機構（或系統）實況的基礎上，來進行有意義的策略思維及規劃。

8-3 釐清機構所處環境的輪廓

　　策略構思、規劃者為他所服務的機構（或系統）構思、規劃任何策略及戰術的目的，都是為了要謀求可以促使自家機構（或系統）不但能與所處環境相調適並且可自環境獲取最佳利益的有效方法，俾可確保自家機構（或系統）的持續生存與發展。因此，機構（或系統）所處環境的狀態、情勢將會影響（甚或會決定）策略的構思、規劃方向及構思、規劃的內容。由於一個機構（或系統）所處環境的狀態、情勢原本就具有變動的特性，而且環境的含括範圍內不是只有該一機構（或系統）而已，還存在許多不同的其他機構（或系統）及各種人、事、物，同時環境的構成內容及範圍界限也不是固定不變，因而，機構（或系統）與環境間的互動關係以及機構（或系統）於所在環境中的處境，也都會隨著環境的變動而改變。所以，要運用策略或戰術來促使機構（或系統）與動態的環境相調適並獲取最佳利益，並非容易之事。

　　一個機構（或系統）的環境的範圍究竟有多大，環境究竟要含括哪些機構、系統、人、事、物，並沒有一定的準據。基本上，在當前以及可見未來會與某一特定機構（或系統）發生關係的其他機構（或系統）及人、事、物，有關於它們的出現以及如何與該一機構（或系統）發生怎樣的關係，並無必然性，而它們的性質、類別及數量又極為繁雜、多變，所以，一個機構（或系統）所處環境的全部構成分子，在理論上，不但是無法正

確知道，更是無法在構思、規劃策略之前就完全確知。因而，策略的構思、規劃者通常僅只將那些與自家機構（或系統）所從事的重要或主要活動有關連的外部機構（或系統）及外部人、事、物，作為自家機構（或系統）所處環境的構成分子。

　　機構（或系統）外部環境的構成分子雖然是如上所述的，係難以確知、確定且不易應對，但是，機構（或系統）卻又無法脫離環境而存在。因為，環境是機構（或系統）日常運轉所需各種「輸入」的供應來源，也是運轉所產生各種「輸出」的接納去處，環境已成為機構（或系統）生存及發展的基礎，更是機構（或系統）所不可須與脫離的母體（或載體）。由於策略是機構（或系統）藉由主動改變自身，來調整、更動自身與環境的互動，以從環境獲取最佳利益的一種特別的「計謀方法」，所以，策略的構思、規劃者就必需先具備「正確掌握機構（或系統）所處環境的本質及特性」的能力。換言之，策略的構思、規劃者在構思、規劃一項策略之時，對於機構（或系統）外部環境具有繁雜、多變、難以確知、確定等性質的各個構成分子，他應該先加以確認，並且設法釐清、辨明由各個構成分子所形成的環境的基本構造及各主要構成分子的行為特性。總之，對於機構（或系統）所處環境的構造、行為及特性，策略的構思、規劃者雖然無法鉅細靡遺地詳細描述，但他必需盡一己最大的能力（即最大、最深入的洞見），儘可能客觀、如實地將環境的「大體輪廓」及「重點特徵」加以釐清、辨明。

　　若從細部、局部、短期的觀點來觀察機構（或系統）所處的環境時，則環境的各個構成分子必然呈現高度的繁雜性、易變性及多變性，而難以捉摸、掌握；然而，如果從機構（或系統）的「永續生存」、「根本價值」及「長期利益」的立場來觀察環境時，則環境在細部、局部、短期所呈現的繁雜、易變及多變等特性就相對地不需在意，因而，要勾勒、釐清環境的「大體輪廓」及「重點特徵」就不會是非常困難了。對任何機構（或系統）而言，它在任何時間任何情況所執行的任何策略，如果確是經過理性思維而產生的策略，則在理論上都不應該背離機構（或系統）的「根本價值」及「長期利益」，或是傷害它自身的生存。所以，策略的構思、規劃者要勾勒環境的「大體輪廓」以及釐清環境的「重點特徵」時，他只要將那些與機構（或系統）的「永續生存」、「根本價值」及「長期利益」有關的外部機構（或系統）及外部人、事、物，全都納為環境的構成分子，然後將每一個環境構成分子會對機構（或系統）的「永續生存」、「根本價值」及「長期利益」產生影響的各種行為及動向，分別予以辨明、釐清，接著再針對各個環境構成分子對機構（或系統）的生存與發展確有影響的行為，將它們與機構（或系統）的關係以及它們相互間的關係（即環境各構成分子及其行為以機構（或系統）為核心所形成的關係），確實加以辨明、釐清，如此，他就完成了機構（或系統）所處環境的「大體輪廓」及「重點特徵」的勾勒、釐清工作。只有當機構（或系統）所處環境的「大體輪廓」及「重點特徵」都已能夠被辨明、釐清並加

以勾勒描述時，策略的構思、規劃者才有可能進一步定義機構（或系統）在當前環境下的處境，亦即，辨識出機構（或系統）在當前環境中的定位、角色以及與各環境構成分子間的互動關係。進而，只有當機構（或系統）所處環境的「大體輪廓」和「重點特徵」以及機構（或系統）在環境中的處境已能辨明、釐清時，策略的構思、規劃者才有可能為機構（或系統）進行合理、有效的策略構思、研擬及規劃工作。

幾乎所有成功的策略都是植基於策略構思、規劃者對於機構（或系統）的所在環境及處境的深刻、正確認識。例如，東漢末年諸葛亮所提出並推動的「三國分立」的策略，就是一個明顯的例子，從《諸葛亮集》文集卷一〈草廬對〉的敍述就可以顯示：諸葛亮係基於他對於當時在董卓之亂後曹操已經崛起的天下政治環境的瞭解，以及對當時劉備在荊州的處境所具有的洞見，然後，他才為劉備定出「先取荊州為家，後取西川巴蜀建基業，以與曹操、孫權成鼎足之勢」的「三分天下」大策略。事實上，一般企業策略規劃方法上常被提及的 SWOT 分析法（SWOT係指 Strength 優勢、Weakness 弱點、Opportunities 機會、Threats 威脅），基本上就隱含著：策略構思、規劃者對於機構（或系統）所在環境及處境的「大體輪廓」及「重點特徵」已能辨明、釐清，從而，他才能夠運用 SWOT 分析法針對機構（或系統）在環境及處境中所具有的優勢、弱點、機會及威脅，進行綜合性分析。換言之，如果策略構思、規劃者對於機構（或系統）所在環境及處境的「大體輪廓」及「重點特徵」並沒有下功夫加以辨明、釐

清，就直接採用 SWOT 分析法來構思、規劃策略時，將會因為 SWOT 分析法運用前提的不完備、不清楚，而使所規劃之策略的施行成效明顯受限。所以，策略的構思、規劃工作絕不是可以憑空進行的任意冥想活動。策略的構思、規劃者要啟動任何一項策略的構思、規劃之前，他必需先將自家機構（或系統）的所在環境及處境予以辨明、釐清，然後以此一已被釐清的環境及處境的「大體輪廓」及「重點特徵」作為策略構思、規劃的基礎，這樣，他才有可能促使自家機構（或系統）的主管及幹部們，來認同他所構思、規劃的策略確實是針對機構（或系統）的真實環境所開出的處方，並且可以讓他們相信這是一項具有合理性、說服力及可執行性的策略。

8-4 確認策略所適用的「時間尺度」及所要含括的「時間長度」

機構（或系統）的日常運作活動、永續生存及長期發展都必需依賴外部環境，並且要能與外部環境的狀態隨時保持相調適，所以，機構（或系統）與外部環境彼此間具有依賴及動態互動的關係。由於策略在本質上就是機構（或系統）為求能與所處環境相調適，俾能在所處環境中持續生存

及發展而運用的計謀方法，因此，策略的內容需要包含並反映出機構（或系統）與環境彼此間所具有的依賴及動態互動的關係。然而，機構（或系統）對環境的依賴關係，事實上，卻是明顯而強烈地受到兩者彼此間的動態互動情況所影響。換言之，一項策略的內容應該能夠顯示出，該一策略對於機構（或系統）與環境彼此間的動態互動情況已有正確的認識，並能對關鍵或重要的互動情況進行有效的掌握，同時也能針對各種不利於機構（或系統）的互動情況提出妥適的因應方法。因為，一項策略的實際內容是否能夠滿足上述的三項要求，將是決定該一策略有效與否的關鍵。

策略構思、規劃者若要瞭解自家機構（或系統）與外部環境彼此間的動態互動情況，則他對於「時間」因素對自家機構（或系統）及環境兩者的作用與意義，就必需有所認識。固然，天下萬事萬物的狀態或行為之所以被認為有所變動或是沒有變動，完全是依據觀察者所使用的「時間座標」而定，然而，觀察者若想作出有意義的精確觀察，則他在「時間座標」的選用上就不能任意地隨興決定，而必需與被觀察對象的變動（或運動）特性相應合，如此，他才有可能對被觀察對象的狀態變動或行為，進行有意義的觀察；也就是說，觀察者在他所使用的「時間座標」上所標示的「時間刻度」或所決定的「時間單位」，即所謂的「時間尺度」(time scale)，將會決定觀察者所作的觀察是否具有意義。因為，有了用來劃分時間間隔或時間距離的明確「時間尺度」後，觀察者就可以用該一「時間尺度」為基準，針對被觀察對象的狀態及行為在各種時間範圍內進行持續的

觀察，更重要的是，只要該一「時間尺度」能夠契合被觀察對象在狀態及行為上所具有的變動節奏和變動速度，則被觀察對象之狀態及行為所出現的變動及相關的變動特性，都能夠在該一「時間尺度」所標示的時間點及時間距離被觀察者所詳盡觀察。因此，很顯然的，當觀察者所使用的「時間尺度」是較小時間距離的尺度時，就表示被觀察對象的週期性動態行為是在較短的「時間長度」內所發生的，而當觀察者所使用的「時間尺度」是較大時間距離的尺度時，就表示被觀察對象的週期性動態行為是在較長的「時間長度」內所出現的。例如，以秒、分、時等單位作為「時間尺度」時，則被觀察對象的週期性動態行為就應該會在數分鐘、數小時、數日的「時間長度」內被觀察到；同樣，以日、週等單位作為「時間尺度」時，則被觀察對象的週期性動態行為可能就要延長至以數日、數週的「時間長度」才可完整地被觀察到；而以週、月等單位作為「時間尺度」時，則被觀察對象的週期性動態行為就要延長至月、季、半年、一年、甚至三年或五年的「時間長度」才能被完整的觀察到；若是以年的單位作為「時間尺度」時，則被觀察對象的週期性動態行為恐怕就要長達三年、五年、十年、甚至數十年以上的「時間長度」才能被完整的觀察到。綜合上述分析，顯示：藉由合適的「時間座標」的設定，我們才有可能揭露、理解萬事萬物的諸種動態現象的特性及本質，而適當的「時間座標」則有賴於用來觀察事物之動態現象及行為的「時間尺度」及「時間長度」，是否選擇合宜。

策略的構思、規劃者必須就是自家機構（或系統）與外部環境間的動態互動狀況的敏銳觀察者，如此，他才能夠使他所構思、規劃、研擬的策略，確實包含並反映出機構（或系統）與環境間所具有的依賴關係及動態互動關係。因此，在構思、規劃、研擬策略之前，策略的構思、規劃者就必需先行設定一個合理的「時間座標」，因為藉著這個「時間座標」，他才可以在即將規劃的策略中，標示出機構（或系統）以及環境的各構成分子、各因素所被分別設計、安排要進行互動或要出現行動的時間點，也就是說，他才可以標示出策略的各個行動的「時間順序」與「時間距離」；而為設定具有此一功能的「時間座標」，他就要選擇一個可以深入觀察到自家機構（或系統）及其外部環境各構成分子的各種重要動態行為的「時間尺度」及「時間長度」。

　　由於天下萬事萬物都是在「時間之河」中存在並進行演變，因此，任何一項策略也必然要在「時間之河」中產生並實施。如果一項策略的內容不能符合機構（或系統）及其環境在「時間之河」中的變動節奏或變動速度時，則該一策略就會是失效或無效的策略，而必需加以廢棄。因為萬事萬物的變動節奏或變動速度並非固定不變，所以，大多數人對於策略的構思、規劃自然會有所謂「此一時也，彼一時也」的「因時而異」的考慮，而認為不能持有「一成不變」的僵固態度。在策略的構思、規劃上持有這種「因時而異」的想法應屬正常，然而，策略的構思、規劃者如果沒有明確且適當的「時間尺度」及「時間長度」來建構「時間座標」時，他又如

何能夠清楚分辨、研判出所謂的「此時」與「彼時」，究竟是指哪一個時間點呢？

　　策略的構思、規劃者若要選擇出適當的「時間尺度」及「時間長度」，他就必須對自家機構（或系統）各種行為、活動的變動節奏和運作、發展的速度，以及對外部環境各構成分子各種行為的變動節奏或變動速度，都具有相當的認識、瞭解，這樣，他才不會因為「時間尺度」及「時間長度」的選擇失當，以至於輕忽、誇大或誤判了機構（或系統）與某些環境構成分子間的重要互動行為。要注意的是，當一個人所選用來觀察事物行為及安排他自身行動的「時間尺度」及「時間長度」有所改變時，他對於涉及時間因素的各種人、事、物及諸般現象所作的觀察、研判、詮釋，自然就會有所不同。例如，許多企業公司常常因為投資策略的財務計畫未能適切掌握公司現金的真實流動速度，將長期資金移作短期套利之用或將短期資金支應長期投資需求，進而造成資金週轉困難，甚至惡化至週轉不靈，最後導致公司倒閉或被購併；而這種案例的最初肇因，就在於企業經營者於構思、研擬投資策略時，未能選用正確的「時間尺度」及「時間長度」，因而對於營運計畫或投資計畫所涉及的機構（或系統）內部運作各種活動的節奏、速度，以及對於外部環境各構成分子各種行為所具有的變動節奏及變動速度，他都難以作出正確的研判，致使他對於營運活動的資金收支流量及流速或是投資計畫中的投資活動的進行速度以及資金的消耗速度等，就不能有效掌控，進而使經營者在投資策略計畫的執

行過程中，對於資金的調度及週轉就無法確實遵循理財的基本原則，而任意將長期資金移作短期之用，或以短期資金挹注長期性的資金需求，這種違反理財基本原則的資金調度，最後必然會出現資金週轉不靈，導致投資策略計畫的執行失敗，甚或遭致公司倒閉的不幸結果。

　　任何一項策略的內容必定要涉及機構（或系統）的內部單位及外部環境的各個構成分子，這些內部單位及外部分子的各種行為所呈現的變動節奏或變動速度會隨它們自身性質的不同而不同。因此，一項策略所要發揮的作用及功能，就是設法改變或協調各個重要內部單位及外部分子所進行之各種活動、行為的變動節奏及變動速度，以使機構（或系統）整體的運作節奏及速度，能夠與所處環境各主要構成分子之行為的變動節奏及變動速度，維持在調和 (harmony) 的狀態（即「定常狀態」）。總之，若要使一項策略能對機構（或系統）內部單位及外部環境各個構成分子之各種行為的變動節奏或變動速度發揮出改變、協調的功能，則策略的構思、規劃者在構思、規劃策略之前就應該先行設定適當的「時間尺度」及「時間長度」，以使所構思、規劃的策略對於涉及時間因素的各事項確實具備處理的能力。事實上，只有當策略的構思、規劃者能夠認清一項策略所應該採用的正確「時間尺度」及「時間長度」時，他才可以宣稱他已經準備好要將時間因素納入策略中加以考量，從而，當他所構思、規劃的策略已確實包含了時間因素的考量時，該一策略才具有改變、協調各個內部單位及外部環境各個構成分子在各種行為上的變動節奏及變動速度的可能性，因而

該一策略也才具有在動態、複雜的真實情境中予以實施、執行的可能性。

　　凡要在真實世界中實施、執行的策略，就必須將時間因素以明顯的方式表現於策略的內容中。因為策略在本質上是抽象性的概念，它必需再進一步地被演繹為能與具體之人、事、物相互關連的「戰術」性說明，然後，機構（或系統）的領導人、經營者及管理者才可依據所擬定的策略計畫及戰術計畫，去引導機構（或系統）中的每一個別成員（或單位）一步一步地執行策略計畫及戰術計畫所規劃的操作行動。這時，若要使機構（或系統）中的眾多個別成員（或單位）在同一時間點或不同時間點所分別執行的不同操作行動，能夠依照策略計畫及戰術計畫的要求，即時或及時地相互協調一致，以使機構（或系統）整體的運作產生策略計畫及戰術計畫所預期的效果，則策略計畫及戰術計畫就必須設定適當的「時間尺度」以協調所規劃的各項操作行動，同時也要設定一個適當的「策略計畫執行時間長度」，以使策略計畫的預期效果經過該一「時間長度」的執行後，能夠充分呈現。因此，策略的構思、規劃者在構思、規劃策略之前，就應該將策略計畫的內容中所有可能涉及時間因素的各事項，依據它們所共同適用的「時間尺度」以及策略計畫所要含蓋的「執行時間長度」，分別予以確認，才能使策略計畫及戰術計畫所規劃的各項操作行動在執行時，確能在時間上相互協調、配合。

　　最後，必須再加強調的是，一項策略所使用的「時間尺度」及「時間長度」若是未能妥加選擇時，則在策略計畫及戰術計畫的執行過程中，常

常會造成機構（或系統）內部各成員（或單位）的操作節奏無法與外部環境各構成分子的行為節奏作出準確配合，而使策略計畫及戰術計畫的執行招致失敗。一代戰爭藝術大師拿破崙，他之所以在 1815 年自被流放的厄爾巴島重返巴黎掌握政權後，隨即在百日後的滑鐵盧戰役中招致無法挽回的慘敗，最重要的原因之一是，拿破崙在此次戰役的執行過程中，對於時間因素的掌握精準度以及對於各種內外部因素變動節奏的反應敏銳度，已經明顯不及從前，以致他沒有在滑鐵盧戰役那天早晨（1815 年 6 月 18 日）及時地對英軍發動進攻，而延至中午才下達攻擊命令，使得法軍未能有充裕時間先行擊潰威靈頓將軍所指揮的英軍，因而到了當日下午七時普魯士軍團抵達戰場救援英軍時，拿破崙潰敗的命運就已確定[註8.3]。連最精於謀略及戰術的拿破崙，都會因為時間的拿捏失準而使原本構思、規劃美好的策略計畫及戰術計畫在執行時遭致失敗，所以，策略計畫及戰術計畫的構思、規劃者必須加倍重視時間因素的掌握，而能否精準、有效地掌握時間因素的關鍵，則在於「時間尺度」及「時間長度」的選擇處理是否妥適。

■ [註8.3]

參閱 Emil Ludwig(1881~1948) 所著《Napoleon Bonaparte》之中譯本《拿破崙傳》（梅沱等譯，大地出版社出版，2002 年 4 月，台北）下冊第四章第十八節〈滑鐵盧之敗〉。

8-5 辨認機構的核心價值並定義所要追求的 定常狀態

　　任何一個由人所組成的機構（或系統）都應該具有它自己專有的「核心價值」，藉由這一「核心價值」，機構（或系統）才可能發展出它自己的「價值層級」（詳閱第五章第 5-3-3 節），同時也使機構（或系統）能夠據以在所處環境及情境中確立自己的定位、角色，進而讓機構（或系統）在追求生存及發展的過程中，能夠以「核心價值」為最高判準來決定它自己想要經由行動去達到的「內部性目的」(internal purpose) 或「外部性目標」(external goal) 是什麼。此外，由於策略的功能是在謀求機構（或系統）能與所處環境相調適以促使機構（或系統）能夠持續生存及發展，因而很顯然的，任何有意義的策略的內容，就不能違反或脫離機構（或系統）在追求生存及發展過程所想要實現或展現的「核心價值」，是以，策略及其內容就不是策略的構思、規劃者所可以憑空或任意研訂之事。因此，策略的構思、規劃者在構思策略之前，就必須辨明並瞭解自家機構（或系統）的「核心價值」是什麼，這樣，他才有可能使自己所構思、規劃的策略，在方向上及原則上具備基本的正確性。

　　「核心價值」對所有的人及所有由人所組成的機構（或系統）而言，應該都具有無比的重要性，甚至可以說，那是所有的人及所有的機構（或

系統）在自覺、自主地追求自身的安身立命及發展的過程中，促使人們產生自發驅動力量的滋生源頭。然而，由於「核心價值」並不是具體可見或可直接觸摸的東西，因而我們無法以客觀的工具或方法來確定它的存在或估測它的內容的確實所值。事實上，「核心價值」這一個抽象詞彙是指，一個人或一群人內心深處所最珍貴且最能代表自身生存意義的一些認知、概念、信念或信仰，那是文化傳統、生活經驗、知識、思想、感情等的長期積澱的綜合產物，因而，「核心價值」極不容易被釐清、辨明。基本上，一個機構（或系統）的「核心價值」與該一機構（或系統）的領導人個人及領導階層集體所持有的「信仰」、「信念」及所具有的「精神境界」，有著極為密切的關係。一個機構（或系統）的「核心價值」可以說就是該一機構（或系統）的領導人及領導階層所理解、體悟到有關於自家機構（或系統）之所以必需存在的「終極意義」，因而就會受到領導人及領導階層他們個人及集體所持有的「信仰」、「信念」或「精神境界」的影響。總而言之，「核心價值」就是一個人、一個機構（或系統）之所以要存在，之所以要盡力追求自身的生存及發展的「終極、至高理由」，它不會在短時間內毫無緣由地突然產生或突然消失或隨機變動，所以，「核心價值」一旦在一個人或一群人的內心產生並確立，它就成為人們的存在的最終歸依處所，並將會在一段相當長久的時間內持續地激發、驅使並導引個人及機構(或系統)去發動各種重大或主要的行動。

　　「核心價值」是無法在人們的內心中隨時隨興地產生，也不能隨時

自外部直接地任意加諸一個人或一個機構（或系統）的身上，事實上，它是一個人或一個機構（或系統）經由自省、自覺的過程，而從自己內心自然發展出來的終極性（或根本性）信念。因為，「核心價值」必須能夠經歷時間及空間變動下的各種事件、行動、觀念及思想的考驗，才能夠成為個人或機構（或系統）在各種環境及處境下的「自我認同 (identity) 的維繫力量」。所以，一個人或一個機構（或系統）都必須經過相當長度的時間並從許多實際參與或涉入的活動、衝突、危急變故等事件的考驗、歷煉之後，人們才有可能經由檢討、反思、自省、自覺的過程而在自己內心深處發展出自己所專有的「核心價值」。因此，對於一個初創新設的機構（或系統）而言，雖然創設者在機構（或系統）創立之初會賦予它一定的願景、目標、功能或角色，不過，該一機構（或系統）的領導人、幹部及員工在機構（或系統）創立之初並不容易瞭解到它的「核心價值」，而必需等到該一機構（或系統）經歷一段時間的實際運轉，甚至要經歷過重大危機的考驗之後，領導人、幹部及員工才能真正了解到：自家機構（或系統）真正的「核心價值」是什麼，以及自家機構（或系統）的真正「核心價值」與在文宣或簡報、公告上所作的願景、目標、功能或角色等的文字描述，兩者間是否相符、一致，是否有著落差。所以，一個機構（或系統）的「核心價值」的辨明及確認，確實不是一件容易的工作。

一般所稱的一個機構（或系統）的「核心價值」，應該就是：該一機構（或系統）的領導人、幹部以及全體員工對於下述兩個根本性問題，

(1) 自家機構（或系統）之所以要在社會上立身存在的道理是什麼，以及

(2) 大家之所以要以自家機構（或系統）作為大家的共同載體來共同努力追求大家集體的生存及發展的理由是什麼；大家對這兩個問題的回答上所共同認同的「終極、至高理由」，就是這一群人所組成的機構（或系統）的「核心價值」。如果一個機構（或系統）的全體成員對於此一「終極、至高理由」都具有相同、一致的瞭解及認同，也就能夠使該一機構（或系統）的各階層人員像《孫子兵法》在〈始計篇〉所說的，「道者，令民與上同意，可與之死，可與之生，而不危也。」這裡所謂的「道」，就是「核心價值」的意思。然而，在大多數情況下，許多機構（或系統）的領導人、幹部及員工對於他們所共屬的機構（或系統）的「核心價值」，並不一定具有相同的瞭解，甚至有著相當歧異的看法。因此，策略的構思、規劃者就更不容易去辨明或釐清：究竟是什麼「價值」才是領導人、幹部及員工所可能真正共同接受的「核心價值」，也就是說，究竟是什麼「價值」才是他們所共同願意去奉獻、追求和維護的「價值」。換言之，策略的構思、規劃者不宜僅以領導人個人一己或領導階層少數人的「核心價值」來作為機構（或系統）的「核心價值」，除非領導人及領導階層所提出的「核心價值」確實沒有隱藏個人或黨派的私慾、私心，同時正是絕大多數員工所能感受、理解並認同的「價值」，也就是說，領導人及領導幹部心中的「價值」確實就是絕大多數員工的「民之所欲」時，才能將這一「價值」作為機構（或系統）的「核心價值」。例如，《三國演義》中

諸葛亮為劉備所研擬的各項大戰略，都是基於「興復漢室」這一項「核心價值」來進行籌謀畫策的，而「興復漢室」確實就是劉備集團（以劉備個人及劉備、關羽、張飛三人為核心所形成的集團）主要成員所共同認同的「核心價值」，所以才能持續導引並激勵集團幹部及成員共同創建蜀漢王國。

　　只有當機構（或系統）的「核心價值」已確實被辨明、釐清時，策略構思、規劃者所構思、研擬的策略才有可能與機構（或系統）的「核心價值」相連結，而只有能與「核心價值」相連結的策略，才會對機構（或系統）的根本生存及發展有所助益，也才會激勵、驅動機構（或系統）的成員主動地為策略的落實執行而努力。然而，因為個人或機構（或系統）的「核心價值」都是抽象的觀念、概念、理念、信仰或信念，它們雖然極為根本且重要，但卻不容易與策略直接相連結。因此，為使所構思、規劃的策略能夠確實與已辨明、釐清的「核心價值」相連結，策略的構思、規劃者在構思、研擬策略之前，還必須依據已辨明、釐清的「核心價值」來進一步地定義出機構（或系統）在可見未來所應該或所適宜追求的「定常狀態」，從而，他才能確保後續所構思、規劃的策略是可以引導機構（或系統）達到符合機構（或系統）「核心價值」的「定常狀態」。因此，設法依據已辨明、釐清的「核心價值」來定義機構（或系統）在可見未來所要追求（不論是應該追求或是適宜追求）的「定常狀態」，自然就成為策略的構思、規劃者在正式展開策略的構思、規劃之前，所必須先行完成的

工作。換言之，只有當機構（或系統）所要追求的「定常狀態」就是依據機構（或系統）的「核心價值」所定義的「定常狀態」時，作為達到機構（或系統）「定常狀態」之手段的「策略」，才有可能真正連結到機構（或系統）的「核心價值」，從而，機構(或系統)才有可能藉「策略」的實施來展現、彰顯它所持有的「核心價值」，所以，依據機構（或系統）的「核心價值」來定義它所要追求的「定常狀態」，就成為構思、規劃策略時所必需進行的前置工作。

　　依據第五章、第六章及第七章的討論，顯然，一個機構（或系統）的「定常狀態」的定義工作，實際上必需以包含該一機構（或系統）的內部複雜運作機制以及該一機構（或系統）與其外部環境進行動態均衡之過程的一整套繁雜、動態性概念為基礎，然後才能對該一機構（或系統）所渴欲並有可能追求到的最理想狀態作出明確、具體的描述。從策略構思、規劃及執行的觀點而言，機構（或系統）在可見未來所要追求的最理想狀態（該一狀態必定是機構（或系統）的「核心價值」可以獲得展現、彰顯的狀態才能被認定為最理想狀態），應該也就是機構（或系統）希望藉由策略的實施來達成的狀態。所以，策略的構思、規劃者除非能夠先行定義並確認，機構（或系統）在可見未來所要追求的「定常狀態」是一種可以展現、彰顯機構（或系統）「核心價值」的狀態，否則，他在後續所規劃的策略其內容將只不過是一些無根、空泛的計謀而已，對於機構（或系統）的生存與發展將不會具有任何實質性、積極性、根本性或長遠性的意義。

　　如果要在構思、規劃策略之前就將機構（或系統）內部各部門、各種流體所要追求的「定常狀態」先行作出明確、詳盡的定義，事實上是不可能也是不需要的。因為，有關於機構（或系統）內部各部門、各種流體所要追求的「定常狀態」的定義，基本上應該是屬於策略思維的內容，而不屬於構思、規劃策略的前提或前置工作。因此，在構思、規劃策略之前所要進行的機構（或系統）「定常狀態」的定義工作，只是針對「機構（或系統）整體」在可見未來所最希望（或是最需要）達成（或呈現）的「總合性狀態」，作出簡單、明確的具體性描述。換言之，策略的構思、規劃者所需要先行完成的前置工作就只是：依據已辨明、釐清的機構（或系統）的「核心價值」，定義或研擬出能符合並展現、彰顯該一「核心價值」而可以成為機構（或系統）在可見未來所要追求的「內部性目的」和「外部性目標」（有關目的與目標的意義請參閱第五章第 5-3-3 節）。因為，機構（或系統）在可見未來所要追求的「內部性目的」和「外部性目標」，就已經可以代表機構（或系統）整體所最希望（或最需要）達成的「總合性狀態」，所以也就可以將它們作為機構（或系統）所要追求的「定常狀態」。由於「策略」在本義上就是針對「目的」或「目標」所研提出來的「計謀方法」（參閱第三章第 3-1 節），所以，只有在機構（或系統）的「目的」和「目標」已被深刻思維（即從「核心價值」的內涵及意義來進行「目的」和「目標」的思維）並且已被清楚定義時，我們才能進行有意義的策略構思及規劃。因此，機構（或系統）在可見未來所要

追求的「定常狀態」,不論是由「內部性目的」或是「外部性目標」所單獨代表,或是由兩者所共同代表,策略的構思、規劃者都必須將此一可以反映機構(或系統)之「核心價值」而為在可見未來所要追求的「定常狀態」,先行定義、描述清楚,然後,他才有可能再繼續進行有意義的策略思維、規劃工作。

第9章

策略的構思暨規劃

　　機構（或系統）為能時時與動態性的外部環境相調適，以期能夠隨時在所處環境中取得最有利於本身的持續生存與發展的地位及機會，它的規模以及內部運作的複雜度就必需伴隨本身的成長與發展而增加。機構（或系統）為克服自身在規模及運作複雜度的增加所產生的運作效能及效率的降低，它自然會以層級的型態或方式將內部的單位及成員予以編組來強化組織功能，俾使機構（或系統）的運作效能及效率可以伴隨本身的成長及發展而提升。所以，就理論而言，一個機構（或系統）在任何時間的各種運作及活動，應該就是機構（或系統）的全體人員在機構（或系統）的運作機制的規範、引導下進行共同協作的結果。由於策略的思維、規劃及執行是有關於機構（或系統）在自身生存及發展上的重大、關鍵性運作及活動，所以，任何一個機構（或系統）的任何策略，不論是它的思維、規劃或執行，也都應該是該一機構（或系統）內各層級人員所共同協作的結果，而不應該是任何特定個人或特定少數人的專屬特權。機構（或系統）內各不同層級不同部門的人員由於他們在機構（或系統）中所扮演的

角色、所執行的功能及所擔負的職責，都有所差異，因而會使他們對於機構（或系統）的策略從思維、規劃以至執行，自然都會有不同的看法，然而，這些差異及不同並不會妨害策略的思維、規劃及執行工作應該成為機構（或系統）各層級人員共同協作的結果。另方面，策略的思維暨規劃工作，在本質上是一個機構（或系統）針對它所面對有關於自身的生存與發展課題所進行的智力活動，因而這項智力活動所依循的施行方法及進行程序，並不會因為機構（或系統）的不同或策略構思、規劃人員的不同或策略內容的不同，就會在智力活動所涉及的思考邏輯或思考原則出現明顯的不同。所以，本章將從機構（或系統）整體及一般方法的角度，來討論策略的構思暨規劃所涉及的「方法」及「程序」課題，俾為這項智力活動建立一套透明、合理、可行的基本施行程序，以使任何機構（或系統）的任何策略構思、規劃者，都能在此一基本程序所呈示的方法及概念的導引下，產生可行、有效的具體策略及戰術。事實上，如果機構（或系統）的專責人員所構思、規劃出來的策略，確是依據一套透明、合理、可行、可檢驗的施行程序所產生的，則這項策略就不會是機構（或系統）中少數人「黑箱作業」的結果，而是機構（或系統）中各層級、各部門相關人員經由該一施行程序所進行的共同協作的結果，這樣，不但能使所規劃的策略比較容易獲得機構（或系統）各層級、各部門人員的理解、認同與支持，並因而使策略在執行時比較容易凝聚機構（或系統）全體成員的力量。所以，發展一套透明、合理、可行、可檢驗的策略構思、規劃的基本施行程

序，應該是極有必要的。本章各節即為此一基本程序及相關方法、概念的闡述與討論。

9-1 需要構思、規劃策略的情況

當機構（或系統）面臨下述各種情況之時，理性的機構（或系統）領導人、經營者或經理人通常就會產生構思、規劃並形成一項具體策略來加以因應的需求：

1. 機構（或系統）的外部環境其演變傾向或發展趨勢，已經顯現出有可能對機構（或系統）的基本生存產生重大或明顯的威脅；

2. 機構（或系統）在所處環境中的地位（或原有之定位）正出現或即將出現負向的變動，即環境正朝向或即將朝向會明顯不利於機構（或系統）的生存或發展的方向進行變動；

3. 機構（或系統）的外部環境的變動趨勢和變動傾向，出現有利於機構（或系統）進一步強固它自身的生存與發展的基礎的機會，或是出現了可以提升機構（或系統）在所處環境中的地位的明顯機會；

4. 機構（或系統）的外部環境的某一個或少數幾個構成分子，特別是

那些與機構（或系統）具有競爭關係的其他機構（或系統），當它們出現一些威脅或不利於機構（或系統）的生存或發展的行為；

5. 機構（或系統）對於本身在當前環境中所處的地位或所具有的狀態，已是不能滿意或難以繼續接受；

6. 機構（或系統）擔心它在當前環境所擁有的「定常狀態」，不能夠持續地維持下去；

7. 機構（或系統）不滿意自身的現有地位，而不願意繼續維持它在當前環境所擁有的「定常狀態」；

8. 機構（或系統）的「運作機制」出現了「機能障礙」(dysfunction) 或「機能不全」(malfunction) 的現象，以致機構（或系統）的運作效能及效率顯著低落，而難以在所處環境中正常生存或發展；

9. 機構（或系統）內部各個組成分子（不論是部門、單位、人員或流體），它們的原有性質已有所改變並影響到彼此的互動及利害關係，以致各組成分子在機構（或系統）中的角色地位或運作關係開始醞釀巨大或劇烈的改變；

10. 機構（或系統）遭遇到突發性的重大威脅、侵害、變故或事故等，而難以繼續維持它自身的基本生存或正常運作。

對於任何一個關注於自身的生存與發展的實況及機會的機構（或系

統）而言，當它面對上述的十種情況時，雖然這十種情況有時可能是個別單獨出現，有時可能是數個情況接續出現，有時可能是數個情況同時出現，但是，只要是關注機構（或系統）短、中、長期的生存與發展的領導人、經營者及管理者，他們都會針對自家機構（或系統）所面臨的一種或多種情況，開始進行應對策略的思維及規劃，以期藉著策略的執行來促使機構（或系統）突破困境，並為機構（或系統）謀求最有利的生存與發展機會。所以，任何想要為他所服務的機構（或系統）來籌謀、構思、規劃策略的人，都應該對自家機構（或系統）及其外部環境的實況有深入、周全的認識，並隨時注意自家機構（或系統）及其外部環境的狀態是否出現上述十種需要構思、規劃因應策略的情況，如此，他才有可能「對症下藥」地為自家機構（或系統）來構思、規劃、研擬出有效的應對策略，也才不會使他所研擬的策略成為「無的放矢」的空想。

9-2 機構最高領導人在策略形成過程中所扮演的角色

依據「組織理論」的觀點，任何機構（或系統）都必須要有一位明確的最高領導人，而這位最高領導人雖然不一定就是該一機構（或系統）

的法定代表人或是名義上的負責人，不過，他必須是實際主導機構（或系統）的運作並對機構（或系統）的績效及成敗負最後責任的人，他同時也是機構（或系統）的核心營運團隊或管理團隊絕大多數成員所共同接受的具實權的實質領袖。是以，絕大多數的機構（或系統）的最高領導人在正常情況下通常也就是機構（或系統）的法定代表人，同時也是機構（或系統）在名義上及實際上的最高負責人。

機構（或系統）的最高領導人不但對外代表機構（或系統），同時也是對機構（或系統）內部的運轉活動的績效，以及對所有與外部其他機構（或系統）所進行之互動行為的後果，承擔起最後成敗責任的最高負責人。他之所以必需承擔如此沈重的責任，最主要是因為：最高領導人擁有命令、驅動、指揮一個機構（或系統）所有人員的最高權力，同時也掌有分配、調度、運用一個機構（或系統）所擁有的各種資源的最大權力。當然，最高領導人在使用他的權力時，他必須依循機構（或系統）內部運作機制及相關規範的規定程序並受制度上的約束，而非可以由他個人將權力作隨興任意的使用。換言之，機構（或系統）在維續其永續生存及發展的過程中，它所經歷的興、衰、成、敗各種後果，都必須由其最高領導人來擔負最高、最終的責任。機構（或系統）的最高領導人在機構（或系統）中的角色、地位，既是如上所述的崇高、獨特、無可或缺，因而，機構（或系統）在醞釀、形成一項策略的時候，它的最高領導人也必然要扮演最重要的角色。

當機構（或系統）面臨第 9-1 節所述的各種情況而需要構思、規劃、形成應對策略時，它的最高領導人在策略醞釀、形成的過程中，就必須扮演好下述的三種角色並確實發揮各角色的功能，才能使機構（或系統）最後所產生的策略，確實是針對機構（或系統）在生存或發展上的重要課題所作出的可行、有效的因應。

1. 構思策略的倡議者或啟動者。

　　理論上，一位盡責的機構（或系統）最高領導人，他應該是全機構（或系統）中最能夠領先感受到第 9-1 節所述各種需要構思、規劃策略的情況的人員。因為，第 9-1 節所述各種情況中的有些情況會是由最高領導人所直接面對、觸及，而大多數情況的許多相關訊息或資訊，又必然會經由機構（或系統）內部各種正式、非正式的蒐集及通報管道，優先地被彙整傳送到他的手上，所以，只要是盡責的機構（或系統）最高領導人，他在接觸到這些訊息或資訊之後，他必然會對機構（或系統）的處境有所警覺、感受，而不可能「無動於衷」。當機構（或系統）的最高領導人感受到或察覺到，攸關機構（或系統）生存或發展的威脅或機會正以隱晦或明顯的方式出現其跡兆時，他基於自身在機構（或系統）中的地位及職責，就必須針對他所感受到或察覺到的機構（或系統）所面臨的威脅或機會情況，要求他的智囊、參謀、高階幕僚或是機構（或系統）的智庫單位，就該等情況的真實情形開始進行深入的瞭解、分析並展開應對策略的構思、

研議及規劃工作。因此，一位能夠「洞燭機先」的機構（或系統）最高領導人，自然就成為能夠為機構（或系統）開啟、催動策略的構思及規劃活動（或工作）的倡議者或啟動者。換言之，機構（或系統）的最高領導人不但要有靈敏的觀察及感知能力來感受、察覺機構（或系統）內外部眾多因素的動態變化，以隨時掌握機構（或系統）所面臨的內外部周遭情況，而且也要有銳利的直覺及研判能力來辨識機構（或系統）當前所面臨的內外部周遭情況對機構（或系統）的生存及發展所具有的可能衝擊及意義，並進一步確認當前的情況是否就是應該開始進行策略構思的情況（即研判並確認當前所面臨的情況確實是屬於第 9-1 節所述的十種情況之一）。

對於一個機構（或系統）的內外部環境及周遭情況的觀察、掃瞄、研判等工作，通常會隨機構（或系統）規模的擴增而日趨龐雜繁複，而必需指派專責單位或人員來負責，以致最高領導人難以親自深入參與，並且難以直接接觸到第一手資訊，亦即，他所收到的資訊通常是業經處理、加工後的資訊，而很可能會遭受到蒙蔽、扭曲、失真，這樣，將會使得最高領導人在策略構思的啟動需要上以及啟動時機的判斷上，不容易精準掌握。因此，最高領導人若要扮演好構思策略的倡議者、啟動者這樣的角色，他就必須使自己能夠時常親自接觸到機構（或系統）內外部環境的實況，以便讓自己對各種實況及實況相關資料隨時保有靈敏的感受力以及銳利的研判力，從而，他才能夠正確辨識部屬所提報的內外部周遭情況相關資訊的真實性以及這些資訊所反映或代表的實情狀態，並針對機構（或系統）當

前所處情勢的實況，作出是否要開始進行策略構思的判斷。

2. 策略所應具備前提的釐清者及研判者。

由第八章所討論的內容顯示：策略的思維、構思、規劃並非個人任意的冥想活動，而是針對一個具體機構（或系統）所面對的特定真實情況並基於特定前提所進行的有條理、具邏輯性及務實性的思維、規劃活動。因此，對於在第八章所討論的「構思、規劃策略的一般前提」以及「針對眼前特定真實情況所關連的特定前提」，策略構思、規劃者對機構（或系統）在這兩類前提的具體情況都必需在進行策略構思、規劃之前或在構思、規劃的過程中，確實加以釐清，這樣，他才有可能使所構思、規劃的策略，可以與各相關前提建立起具有條理性及邏輯性的關連，從而，才能使所構思、規劃的策略是確實立基於真實情況之上。

不論是構思、規劃策略的一般前提，或是針對機構（或系統）眼前特定真實情況來研擬策略時所需的特定前提，基本上都要從機構（或系統）整體的立場或觀點來察考、分析，才有可能將所關連、涉及的前提事項予以確立。由於機構（或系統）最高領導人的角色本來就是要代表機構（或系統）從整體的立場及觀點來看待事物，因此，他自然就成為策略思維、規劃所涉及各項前提的最佳研判者及釐清者。因為，最高領導人在他的角色及職責上就被要求，他在任何情況下都必須從機構（或系統）整體利益的立場來思考並推動機構（或系統）的各種活動，所以，不論是在構思策

略之前或在思維、規劃、形成策略的過程中，最高領導人的領導經驗及職責壓力，在理論上，都會促使他比機構（或系統）中的任何其他人更清楚地瞭解到，能夠滿足機構（或系統）整體在近、中、長程的需求的任何一項正確、合理、具可行性的策略，究竟應該具備什麼樣的前提。從而，在機構（或系統）進行策略思維、規劃時，最高領導人就必須主動地協助策略規劃者（或規劃工作團隊）去釐清他們所研議的各個策略方案所必須具備的各項前提。

　　策略的本義原是：機構（或系統）為改變它於所在環境及處境的狀態、地位，而準備採行的一系列行動的總稱。因此，這些準備要在後續一段時間內加以執行的一系列行動，在理論上，就是可以促使機構（或系統）達到它所期望的狀態、地位的「計謀方法」。由於所謂的「計謀方法」就是策略構思、規劃者在思維後所得到的一套抽象性概念，因而這些抽象性的「計謀方法」是否正確、合理及具可行性，則完全要視策略構思、規劃者的思維內容（即所思維的每一具體事項）及思維邏輯而定。不過，就策略構思、規劃者在「計謀方法」上的思維（即策略的思維）而言，因為他的思維內容必然要涉及機構（或系統）內外部環境的眾多複雜而難測其變動的因素及事項，因而，幾乎沒有任何一位策略構思、規劃者有可能將機構（或系統）內外部的所有複雜而難測其變動的眾多因素及事項，鉅細靡遺地全部納入於「計謀方法」的考量、安排上，是以，他只能將其中的少數重要因素及事項納入考慮。對於究竟要將哪些因素及事

項列為重要因素及事項,以及在被納入考慮的重要因素及事項中,究竟有哪些因素及事項要被當作是與策略所應具備前提具有相關性,並沒有任何客觀判準可供運用,這時,若是完全依策略構思、規劃者個人的主觀研判而定,恐怕就會因為策略構思、規劃者個人從機構(或系統)整體的立場來看待、處理問題的經驗通常較為不足或欠缺,而難以作出正確的判斷。在此情況下,機構(或系統)的最高領導人就需要出面協助策略構思、規劃者(或規劃工作團隊),從機構(或系統)整體的立場及觀點來研判,究竟哪些因素及事項應該作為與策略所應具備前提具有相關性的因素及事項,並且進一步研判:依據這些因素及事項的實況所設定或推定的策略前提,是否妥適。換言之,機構(或系統)的最高領導人必須主動、積極地扮演策略所應具備前提的釐清者及研判者的角色,才能促使策略構思、規劃者(或規劃工作團隊)在他們的策略思維、規劃工作上,不會偏離機構(或系統)處境的實況並確實掌握到策略所要滿足的真實需求。

3. 策略方案的決定者。

　　策略是指:機構(或系統)針對當前所面對的內外部環境的情況,就機構(或系統)的「核心價值」及內外部環境實況,去推定或設定機構(或系統)若要對環境情勢進行回應行動時所必須具備的前提,再依據所設定或推定的前提,推想內外部環境情況的未來演變趨勢,然後據此研擬、規劃出具體的行動方案,讓這項行動方案不但能夠促使機構(或系

統）與所推想的內外部環境未來演變趨勢相調適，並且可以為機構（或系統）的持續生存及發展取得最有利地位及機會，這樣的一整套具有「計謀方法」意涵及作用的行動方案，就是所謂的策略。因此，當策略構思、規劃者所設定或推定的前提不同時，或是所推想的內外部環境情況的未來演變趨勢不同時，則他們所研擬、規劃出來的策略方案自然就會不同。換言之，針對任何已確知的特定內外部環境情況，策略構思、規劃者必然會研擬、規劃出數個不同的策略方案供機構（或系統）的最高領導人（或決策者）選擇，這時，機構（或系統）的最高領導人就必須從這數個不同的策略方案中，選擇出一個策略方案來作為機構（或系統）各部門、各單位、各層級人員所要共同協力去執行的策略。當然，在為機構（或系統）選擇出要付諸執行的一個策略時，最高領導人必須具有足夠的能力去評估各個策略方案的利弊得失及執行的可行性，他才能夠從數個策略方案中選擇出一個最佳或較佳的策略方案來作為機構（或系統）要去執行的策略。所以，最高領導人自然就成為機構（或系統）最終定案的策略方案的決定者和最後核定者。（至於如何從許多策略方案中評選出最終的定案策略，則請參閱第十章〈策略的評估與執行〉。）

9-3 機構最高領導人及策略構思、規劃者在 策略形成過程中應作的思維、規劃事項

　　機構（或系統）的最高領導人在機構（或系統）形成一項具體策略的過程中，扮演著如第 9-2 節所述的多重角色，因而，最高領導人本身就必須在策略形成過程中主動擔負起構思策略的主要思維工作。為幫助機構（或系統）的最高領導人及其所帶領的策略規劃工作團隊，能夠有條理、周延地進行策略思維、規劃工作，我們將就機構（或系統）的最高領導人及策略構思、規劃者在策略形成過程中應作的九項思維、規劃事項（或分析、研判事項），也就是九項思維、規劃程序，在本節依序分別闡述。

1. 思維並研判機構（或系統）在當前所面對之內外部環境的情況。

　　機構（或系統）需要運用策略來因應的情況，至少有多達如第 9-1 節所述的十種情況，而且這些情況常是晦隱不明，通常並不容易經由固定、明確、客觀、具體的指標來表徵、顯示。所以，有關於某一個特定機構（或系統）在某一特定時間所面對的內外部環境情況究竟是如何，該一機構（或系統）因這些情況而必需去承受的衝擊、壓力究竟又是如何，以及該一機構（或系統）是否需要研擬一項策略來應對這些情況，對於這些問題的探索及研析，理論上都必需由該一機構（或系統）的最高領導人帶領高階層主管人員來處理，而他們就必需運用他們個人與集體的知識及經

驗，於深入思維、研析這些問題及可能的答案後，才能對所面對的情況作出正確的研判。機構（或系統）的最高領導人及經營團隊的這一項思維及研判工作，事實上也就是一般人所謂的「問題定義」(problem definition)的思維。最高領導人對於自己所領導的機構（或系統）在任何時間所面對的任何問題，他都必須具備足夠的思維、研判能力，他必須有能力從機構（或系統）的「核心價值」、「根本利益」及「近中長程的發展需求」等角度，深入思維機構（或系統）所面對的問題的本質。也就是說，最高領導人必須有能力隨時針對自家機構（或系統）在當前所面對的內外部環境的情況，依據自家機構（或系統）的「核心價值」、「根本利益」及「近中長程發展需求」，就所面對的情況與自家機構（或系統）當前所進行的運作活動的關係，以及就該等情況對自家機構（或系統）的可能衝擊或影響（包括該等情況與自家機構（或系統）的關連及其意義），作出具邏輯性的闡釋及有條理的描述。換言之，最高領導人經過上述的深思熟慮過程後所慎重提出的當前內外部環境情況的本質的陳述，就是最高領導人經過以「問題定義」觀點進行深度思維後，他對自家機構（或系統）當前所面對的問題所做出的正式定義。總之，最高領導人對於機構（或系統）當前所面對的問題情況，若能經由上述深思熟慮過程的深度思維，並做出深入、周延、扼要、有條理的定義性陳述，他才有可能正確地引導策略的構思、規劃者（或策略規劃團隊）去進行後續的策略思維、規劃活動，讓策略的構思、規劃者可以針對他代表自家機構（或系統）所定義的問題情況，研擬出有效的因應策略。

機構（或系統）領導階層針對自家機構（或系統）當前所面對的內外部環境情況去進行「問題定義」型態的思維，是極為重要及關鍵的工作。這項思維工作固然可由最高領導人獨自為之，然而，由於第 9-1 節所述的問題情況常常是晦隱不明而不易辨識，再加上最高領導人會受到本身在學識、經驗、識見、性格、偏好等因素的影響，因而他很可能在「問題定義」的思維上出現盲點。為減少或避免個人單獨思維上的盲點，最高領導人在進行機構（或系統）內外部環境情況的研判、思維時，最好能邀請實務經驗豐富並具有「系統思維」能力的適當顧問、參謀或幕僚，請他們共同參與討論、分析、辯駁，並透過這些智囊「集思廣益」的腦力激盪來進行環境情況的研判，如此，將能有效幫助最高領導人避免「當局者迷」的盲點而可做出正確的「問題定義」。

　　例如，東漢末年的劉備，他自黃巾賊之亂即與關羽、張飛共同起兵勤王，二十餘年四處奔走，無法建立自己的事業基礎，而只能流落到荊州依附劉表；劉備對於他個人及跟隨他的部眾的共同未來，感到極度的迷惘及惶惑，他與關、張二人都無法對「興復漢室」的政治事業提出明確的推進方向；直到他「三顧茅廬」虛心請教諸葛亮之後，經由諸葛亮在隆中為他剖析當時的天下形勢，並對他所領導的集團在當時環境及處境下的情況，作出如下的「問題定義」：「曹操已擁百萬之眾，挾天子而令諸侯，此誠不可與爭鋒。孫權據有江東，已歷三世，國險而民附，賢能為之用，則可以為援而不可圖也。荊州北據漢、沔，利盡南海，東連吳會，西通巴

蜀，此用武之國，而其主不能守，此殆天所以資將軍，將軍豈有意乎？益州險塞，沃野千里，天府之土，高祖因之以成帝業。劉璋闇弱，張魯在北，民殷國富而不知存恤，智能之士思得明君。將軍既帝室之胄，信義著於四海，點攬英雄，思賢如渴，若跨有荊、益，保其岩阻，西和諸戎，南撫夷越，外結好孫權，內修政理，天下有變，則命一上將將荊州之軍以向宛、洛，將軍身率益州之眾出於秦川，百姓孰敢不簞食壺漿以迎將軍乎？誠如是，則霸業可成，漢室可興矣。」（詳《諸葛亮集》文集卷一〈草廬對〉）。由於諸葛亮能深入、扼要及正確地定義出，劉備集團在當時天下情勢下所面對的生存及發展問題，進而也從問題的陳述中自然地歸納出以下的具體行動方案：奪荊、益二州作為根據地，穩定後方，對內革新政治並建設好根據地，對外聯合孫權，孤立曹操，以造成曹、孫、劉三人三分天下、鼎立共存的局面。這樣的行動方案才是劉備集團謀求生存及發展所應採行的大策略。作為集團最高領導人的劉備，因為他能夠認同諸葛亮為他所作的「問題定義」及「策略構思」，並且也能獲得諸葛亮的輔佐，終於能夠創建蜀漢政權，與曹魏、孫吳在東漢末年形成三國鼎立之勢。

2. 思維並分析為策略所設定之前提的妥適性。

正如前述各章節所一再強調的基本觀點：策略是機構（或系統）針對所處的「動態性」環境及處境所出現的某一種會影響機構（或系統）生存或發展的特殊情況，而主動採取的「系列性因應行動」的總稱，所以，策

略在本質上就是一種產生「以動制動」作為的計謀方法。然而，機構（或系統）的內外部環境所涵括、涉及的因素及事項，極為眾多，而且各有其變動的節奏及特性，機構（或系統）以其自身的資源及力量，實際上是不可能去制約、掌握或因應內外部環境的所有因素、事項以及它們的所有變動。因此，任何一種策略所施展的「以動制動」作為，只是在內外部各方面情況符合特別設定的前提條件時，針對部分因素、事項的部分變動所施行的「以動制動」作為，而不是範圍無限「無所不包、無所不能」的「以動制動」作為。換言之，策略的構思、規劃者在構思、形成策略的過程中，必須針對下述各問題的處理，再三反覆的思考、斟酌：

(1) 在當前內外部環境的眾多因素、事項中，究竟要將哪幾項因素及事項作為即將研擬之策略所要全力去應對、處理的對象？

(2) 對於不擬處理的其他因素及事項，究竟要以怎樣的方式來對待、處理？是否能夠假設它們對未來所形成之策略的內容及其執行，將不會產生作用或影響（即使有影響，該影響也可加以忽略）？或是應該假設它們會對未來所形成之策略的內容及其執行，仍會出現不同程度的作用和影響，若是如此，則又應該如何設定它們與所要研擬之策略的關係？

(3) 對於要作為策略所必須去應對、處理之對象的那幾項因素及事項，因為它們之中有一些是策略要去作用、影響的對象，有一些則是策

略行動的構成要素，因此，在研擬策略之前必須針對這幾項因素及事項，先行分析它們彼此間所具有的基本或基底性 (underlying) 互動關係，並且假設經分析所得出的「基底性互動關係」為真確，然後，才能依據該一「基底性互動關係」去進一步分辨，哪些因素及事項適於作為策略行動要去作用、影響的對象，以及哪些因素及事項是策略行動的構成要素。所以，對於策略要去應對、處理的這些因素、事項以及它們間的互動關係，究竟要如何判定哪一些互動關係是可以作為研擬策略時的「基底性互動關係」？這些，也都必須深入思考並予以判定。

由於上述各問題並沒有絕對或唯一的解答，而是純由策略的構思、規劃者依據他們自身的經驗、知識及手邊的可用資訊，來自由心證、主觀設定。所以，機構（或系統）的最高領導人對於策略的構思、規劃者針對上述需要在研擬策略之前就應先加處理之各項問題所提出的處理方法或建議，以及對於我們在第八章所闡述之構思、規劃策略時應先釐清的五項前提，他都必須深入思維、分析並研判所作處理的妥適性。總之，我們必須再加強調的是，在本項思維、規劃程序所完成並經最高領導人確認、核定之下述各事項，即機構（或系統）所定義的問題情況、所定義的環境情況、所定義的內外部重要因素及事項之「基底性互動關係」、以及所設定的策略應具備之前提等各事項，確實具有邏輯上及事實證據上的合理性與妥適性時，後續由策略的構思、規劃者所做的策略內容的構思及規劃，才

有可能具備合理性及可行性。

3. 推測內外部環境情況的未來演變趨勢。

　　策略在本義上就是，機構（或系統）為因應所「預想」的「內外部環境情況」的「未來演變」，而準備在可見「未來」去採取的「一系列行動」的總稱。此一定義顯示：策略所具有的「未來性」和「未來意義」完全是以策略構思、規劃當時「所預想」的「內外部環境情況的未來演變趨勢」為基礎，因此，「推想或推測內外部環境情況的未來演變趨勢」，就成為策略構思、規劃者的基本思維事項之一。

　　由於，內外部環境所涵括、涉及的因素及事項，數量繁多、性質各異、變動不一，策略的構思、規劃者在實際上是不可能全面、逐一、詳盡地預測它們的未來變動細節，而只能就它們的總體行為或是針對少數特定、重要因素及事項的變動，作出「趨勢性」的未來推測。為使所作的「內外部環境情況的未來趨勢推測」能夠接近甚或脗合未來所出現的真實情況，策略的構思、規劃者應先以本第 9-3 節的第 1、2 兩項思維程序的思維結果作為依據，來確定需要進行未來趨勢推測的對象或變項（即內外部環境之各因素及事項中最需要掌握其未來變動趨勢者），同時他也必須確定，究竟要使用怎樣的「時間尺度」及「時間長度」來進行未來趨勢的推測。原則上，舉凡是策略所可能會採行之各項行動所要去作用、影響的對象，以及可能會影響這些行動的形成的內外部環境因素、事項，因為這

些對象、因素及事項的未來演變趨勢將會是構思、規劃、研擬策略之具體內容時的依據及基礎，所以，策略的構思、規劃者必需針對它們的未來演變趨勢，儘可能地作出準確的推測。為確保並增進內外部環境各重要相關因素、事項的未來演變趨勢在推測上的準確性，策略的構思、規劃者對於需要推測的因素、事項及變項的既往變動情形、變動型態或既往行為的特性、特徵等，就必須在「質」與「量」上都有深入、周全的瞭解及掌握。為此，策略的構思、規劃者應該具備廣泛蒐集內外部環境重要資訊的能力，以及擁有深入分析、研判、推論所蒐集資訊之意義的能力。此外，由於機構（或系統）的最高領導人對於機構（或系統）內外部環境情況未來演變趨勢所具有的「想像力」及「理解力」，會明顯影響策略的構思、規劃者所作趨勢推測的品質及準確性，因而，最高領導人與策略的構思、規劃者在有關內外部環境情況未來演變趨勢的推測工作上，彼此間必須具有高度的相互理解、信任及合作。至於在機構（或系統）內外部環境情況未來演變趨勢的推測工作所要使用的「時間尺度」及「時間長度」，基本上必須與策略預定要使用的「時間尺度」及預定要含蓋的「時間長度」相應合。例如，當所要構思、規劃的是二、三年至五年的中程策略時，或是長達五年至十年、甚至是十年以上的長程策略時，則有關內外部環境情況未來演變趨勢所要加以推測的「時間長度」，就必須與中程策略或長程策略所預定的期程長度相應合（最好能比策略的預定期程長度稍加延長一些，以確保策略是完全被所推測的內外部環境未來演變趨勢所含蓋），從而，

進行推測時所使用的「時間尺度」也就必須與策略所預定要使用的「時間尺度」相應合。（有關於「時間長度」及「時間尺度」的意義及選用概念，請詳閱第八章第 8-4 節）

正如第二章所述，當前系統時代的任何一個機構（或系統），其內外部環境含括、涉及的因素及事項，極為繁多、複雜、變動不一，沒有任何人能夠預先確知有關於環境情況的未來演變，因此，策略的構思、規劃者實際上只能就環境情況的未來演變作「趨勢性的推測」。策略的構思、規劃者在作環境情況未來趨勢的推測時，他不論是依據「質」性歷史經驗或是「量」性統計資料及數學模式來進行推測，當他所設定的推測的前提條件（包括：各相關因素及事項彼此之「基底性互動關係」的設定，以及在推測模型中作為「參數」(parameter) 變項之各因素及事項其「狀態值」的設定）有所改變時，他所推測出來的未來演變趨勢自然就有所不同。所以，機構（或系統）內外部環境情況未來演變趨勢的推測，不會、也不應該是只有單獨一種趨勢的推測結果。因而，策略的構思、規劃者應該在他的預測能力範圍內，將他所能設想到的所有可能發生的演變趨勢，儘可能地加以推測。事實上，機構（或系統）內外部環境情況之未來演變趨勢的「質性」推測，也就是針對未來環境及情境的可能狀態及其演變通常都是，以經驗為基礎經由想像方式來提出描述性的「劇本式想定」(scenario)。因此，策略的構思、規劃者必須就內外部環境在未來的演變趨勢，針對他自己所作出的各種「想定」，分別研擬出不同的因應策略，如

此，機構（或系統）在面對多變、不確定的內外部環境時，就能擁有許多套可以和環境各種可能演變相應對的因應策略來採行，從而，才能使機構（或系統）在因應環境演變時具有高度的應變彈性。換言之，機構（或系統）若能事先規劃出許多套內外部環境演變的「想定」以及應對不同「想定」的基本因應原則、大綱，則機構（或系統）就可以在後續的策略規劃、研擬過程或是策略的執行過程，隨時將內外部環境的實際變動狀況來和原先所規劃的多套「想定」相互參照，將其中最符合或最近似當前實況的那一套「想定」及對應的「因應原則」，挑選出來作為規劃、研擬策略的參考藍本，或是作為修正策略的範本，如此，機構（或系統）的策略就能迅速、靈敏地因應環境實況的演變。

例如，1996 年我國第一次總統直選時面臨對岸中國導彈試射的威脅，李登輝總統就向國民宣示：政府已經準備了「十八套劇本」來回應，希望民眾安心；這個「十八套劇本」就是有關中國若以武力侵犯台灣時，台灣可能面臨的內外部環境衝擊的十八套「想定」，以及對不同「想定」所分別對應的「因應策略」。總之，對於機構（或系統）所面臨的內外部環境未來演變趨勢的推測，並非所作出的「想定」的套數愈多，就是愈好的推測；因為，太多套在內容及意義上沒有顯著差異的「想定」，不但浪費許多推測的精力及時間，而且也容易讓機構（或系統）的最高領導人及決策階層對環境及情境所出現的關鍵性變動，產生判斷上的混淆。所以，策略的構思、規劃者對於機構（或系統）所面臨內外部環境及情境的未來演變

趨勢，應該避免僅只作出一種「一廂情願」式的推測及「想定」，而應發揮「想像力」，作出幾套具高度發生可能性的「想定」來備用；至於要作出多少套「想定」才算妥適，則完全由最高領導人及策略的構思、規劃者依機構(或系統)當時所面臨的環境及情境的實況，自身的資訊蒐集、分析能力，以及可用的時間等條件而定；最重要的是，最後所作出的各種「想定」，必需能夠將機構（或系統）所面對的內外部環境及情境在未來所最可能發生的幾種演變趨勢，都已確實加以掌握。

4. 就所推測的環境未來演變趨勢，思維機構（或系統）在此種環境趨勢中所「能夠」(can) 去做的事究竟是什麼？

策略的構思、規劃就是機構（或系統）基於為使自身在未來能夠獲取最有利於本身持續生存及發展的地位及機會，針對所推測的環境及情境的未來演變趨勢，研擬出要在未來採取的一系列具體因應行動的規劃、設計過程。既然策略就是機構（或系統）在未來所要採行的一系列行動的總稱，也就是機構（或系統）未來所要「做」的「事」的總稱，因而，在進行策略思維、規劃之時，首先就要考慮到：機構（或系統）處在當前及可見未來（即所推測的未來）的內外部環境中，它究竟「能夠」(can) 去「做」什麼「事」或採取什麼「行動」，才能使自身在未來取得最有利於持續生存及發展的地位及機會。

任何機構（或系統）若要正確思維它在未來究竟「能夠」去做什麼

「事」，它才能在所推測的環境未來演變趨勢中取得最有利於自身持續生存及發展的地位與機會，這時，它就要先做好「知己」的功夫，只有這樣，才有可能使機構（或系統）所去做的「事」，確實是它自身能力所真正「能夠」做到的「事」。此時所謂的「知己」功夫，就是最高領導人及策略的構思、規劃者確實能夠正確且深入地瞭解到：機構（或系統）自身所擁有，而且可以自主發揮、使用出來的各種「有形」(tangible) 或「無形」(intangible) 的「能力」(capability)，究竟是哪些能力？以及這些能力發揮之後所可以產生的力量，究竟又是如何？所謂機構（或系統）自身所擁有的「有形能力」是指：機構（或系統）運用自身所擁有的資產流體、產品暨服務流體、物料流體、金錢流體、人員流體及資訊流體等多種具體資源，所能夠發揮、呈現出來的「作功」、「做事」的「力量」(power)；而機構（或系統）自身所擁有的「無形能力」則是指：機構（或系統）自創設以來經過長期運轉後所塑造的聲譽形象、所發展的各種內外部網絡關係、所凝聚的價值信念、所累積的經驗以及所領悟的智慧與創新能力等。不具實體性的形象、人脈、品味、特質、風格、文化、傳統、經驗、技術、技巧、精神、思想、智慧、創新力等各種「無形能力」，可以使機構（或系統）所擁有的「有形能力」在「作功」、「做事」時，更有力量或更具效率、效能，因而，在「能力」的運用、施展上，「無形能力」常常會比「有形能力」更為重要。

當然，策略的構思、規劃者及最高領導人真正要去思維的重點是：

機構（或系統）應該將它所擁有且可自主使用的這些「有形能力」及「無形能力」，使用在什麼地方去做什麼事，才能讓機構（或系統）可以突破當前及可見未來所面臨的問題或困境，或是讓機構（或系統）可以掌握到難得的機遇，以便在未來取得最有利於持續生存及發展的地位與機會。因此，這些「有形能力」及「無形能力」所要去做的事，必然是有關於能夠讓機構（或系統）突破當前及未來的問題或困境或是掌握到機遇的那些事，也就是有關於能夠在未來讓機構（或系統）取得有利於生存及發展的地位與機會的那些事。所以，策略的構思、規劃者及最高領導人，這時最好能夠參照本書第四章第 4-3 節〈支撐機構（或系統）持續運作的「基底機制」〉圖 4-1 的「情境辨識機制」以及圖 4-2 的「行動決定機制」，來進行策略、戰術及行動方案的思維、構思、規劃或設計。換句話說，他們可以用第 4-3 節所述的「基底機制」為依據，來思考、規劃機構（或系統）「能夠去做的事」是什麼，也就是去思考，「做什麼事」才是可以填補或是可以縮小機構（或系統）的「冀求狀態」[註9.1] 與當前現況所存在的

■ [註9.1]

> 機構（或系統）的「冀求狀態」就是最有利於機構（或系統）的持續生存及發展的狀態，也就是機構（或系統）期望去擁有的地位或是去掌有的機會，換言之，就是機構（或系統）所要去追求的「內部性目的」或是「外部性目標」所對應的狀態；作為導引機構（或系統）行動方案的推進方向的「冀求狀態」，必須具有相當程度的「合理性」、「合法性」及「可行性」，並且要能獲得機構（或系統）大多數幹部、成員的認同、支持。

「差距」，並且進一步思考，所做的事是否就是機構（或系統）的「有形能力」及「無形能力」所能夠做到或做成的事。凡是可以符合這項判準的那些事，亦即策略構思、規劃者所應該去思考、規劃的行動方案，就是所謂的「機構（或系統）能夠去做的事」。

策略的構思、規劃者對於機構（或系統）以自身能力「能夠去做的事」在進行思維時，他應該更深一層地去思考：當機構（或系統）竭盡其「最大能力」時，它所能夠做到的事究竟是什麼「事」？當它使用「平常時候的能力」時，它所能夠做到的事，又是哪些「事」？以及，在當前及可見未來的環境演變趨勢下，機構（或系統）該以它的「最大能力」所能夠做到的「事」來作為因應的「策略」？或是該以它的「平常能力」所能夠做到的「事」來作為因應的「策略」？在思考這些問題時，策略的構思、規劃者必須注意到，不論是「最大能力所能夠做到的事」或是「平常能力所能夠做到的事」，基本上都包括了以自身能力去結合或運用機構（或系統）外部其他機構（或系統）的力量之後所能夠做到的事。因此，策略的構思、規劃者及最高領導人要儘可能地從環境（或超系統）的視野以及從外部其他機構（或系統）的立場、觀點，來思維能夠產生「共贏」、「雙贏」、「多贏」效果的行動方案，而不能僅只從自家機構(或系統)本身一己的觀點及一己所擁有的能力，來思維、研擬因應內外部環境未來演變情勢的策略。至於究竟該選擇以機構（或系統）的「最大能力」為前提所研擬、規劃的行動方案，或選擇以機構（或系統）的「平常能力」

為前提所研擬、規劃的行動方案，則要依機構（或系統）所面對的問題情勢而定。通常，若是機構（或系統）確實正面臨著「生死存亡交關」的情勢時，或是面臨著只能「置之死地而後生」的情勢時，自然就一定要以機構（或系統）的「最大能力」為前提所研擬、規劃的行動方案來作為因應的策略。

5. 就所推測的環境未來演變趨勢，思維機構（或系統）在此種環境趨勢中所「想要」(want) 去做的事究竟是什麼？

所謂「想要」（want）去做的「事」，就是機構（或系統）在「主觀上」最希求去做的「事」，也就是最能促使主觀的「冀求狀態」真實出現的「行動方案」，而此一主觀「冀求狀態」所對應的「行動方案」就是「想要」去做的「事」。通常，一個機構（或系統）在主觀上所冀求的狀態不盡然是純理性思考下的產物，而且，環境的未來演變趨勢的推測，更是基於許多主觀假設及前提下所產生的推論或想像，因此，任何機構（或系統）所選擇的「冀求狀態」，無可避免地就會受到機構（或系統）的最高領導人及策略構思、規劃者他們個人主觀的「需求」、「慾望」、「偏好」或是「情感渴望」等因素的作用或影響，從而，在促使「冀望狀態」出現的各種「行動方案」的構思、設計過程，自然也會將機構（或系統）中許多不同個人的主觀的「需求」、「慾望」、「偏好」或「情感」等因素參雜其中。所以，在策略構思、規劃、形成的過程，最高領導人及策略的構思、規劃者最好就直接從機構（或系統）各部門、各層級成員所具有

的「需求」、「慾望」、「偏好」或「情感渴望」上，去思考機構（或系統）全體人員最「想要」去做的「事」是什麼，如此，將可使所構思、設計的策略，具有滿足機構（或系統）成員的「真實需求」、「心理慾望」及「情感渴望」的能力。

　　機構（或系統）基於其成員主觀願望而產生的「想要去做的事」，固然具有滿足機構（或系統）成員的「真實需求」、「心理慾望」及「情感渴望」的功能，然而，當這些「想要去做的事」所需要的「投入力量」，如果是遠超過機構（或系統）本身的「最大能力」時，則這些「想要去做的事」就只是「虛幻的妄想」而已，也就是說，若真要將這些「想要去做的事」付諸執行或行動時，就會如同「愚公移山」，只是白費力氣、徒勞無功。因此，對於「想要去做的事」的思維，不宜過度浪漫地隨興想像，或是過度偏重於機構（或系統）成員的主觀願望，而應務實地以機構（或系統）「能夠去做的事」為範圍來思考。換言之，應該先從前述第4項思維程序所得到的機構（或系統）以自身能力所「能夠去做的事」的清單中，逐一考量、評估每一項「能夠去做的事」，是否也具有滿足機構（或系統）成員的「真實需求」、「心理慾望」及「情感渴望」的功能，然後，將無法滿足成員「真實需求」、「心理慾望」及「情感渴望」的各項「能夠去做的事」，從清單中予以剔除，這樣，清單中所剩下的「能夠去做的事」，就是機構（或系統）以自身能力所「能夠去做」而且也是成員們「想要去做的事」了。

如果機構（或系統）「能夠去做的事」的清單中，經考量、評估後，竟然沒有一件「事」是具有滿足機構（或系統）成員的「真實需求」、「心理慾望」及「情感渴望」的功能時，則顯然，這時機構（或系統）所擁有的「做事」能力所可產生的功效、意義及價值，與它的成員的主觀「需求」、「慾望」、「偏好」或「情感」間，存在極大的落差，也代表著機構（或系統）依所設定「冀求狀態」所規劃的「能夠去做的事」，已無法將它的成員在當前的「真實需求」、「心理慾望」及「情感渴望」予以含攝。因此，最高領導人及策略的構思、規劃者就必須先行重新思維：機構（或系統）在當前及可見未來能夠讓成員們認同、支持的「冀求狀態」應該是一個怎樣的狀態？並設定出一個可讓大多數成員認同、支持的「新冀求狀態」。然後，再依據重新設定的「新冀求狀態」來思維、規劃、設計機構（或系統）「能夠去做的事」，也就是應該要重新進行本第 9-3 節的第 4 項思維程序，然後，再一次進行本項程序的「想要去做的事」的思維工作。

　　總之，本項思維程序之所以要以「能夠去做的事」為基礎來思考「想要去做的事」，其用意乃在於，要確保所形成的各種策略方案都是機構（或系統）「有能力去做而且也是想要去做的事」。至於在本項思維程序所提出的清單中，所有這些機構（或系統）「有能力去做而且也是想要做的事」之中，機構（或系統）成員對它們的慾想、渴望程度究竟分別是如何，以及是否具有顯著的差異等問題的進一步釐清，則要由最高領導人

及策略的構思、規劃者依據：(1) 他們對機構（或系統）的「核心價值」的理解與堅信程度，(2) 他們對機構（或系統）成員的「深層心理需求」及「深層情感渴望」的瞭解與感受程度，以及 (3) 他們對當前的問題情勢對機構（或系統）成員在心理和情感上的衝擊的瞭解與感受程度，然後再以他們對這些事項的認知為基礎，他們才有可能深入分析、評估每一件在本項思維程序所提出的機構（或系統）「有能力去做而且也想要去做的事」對機構（或系統）成員的激勵效果，之後，他們才有可能將所提出的這些「有能力去做而且也是想要去做的事」，排定出它們之間的優先順序。當然，最高領導人及策略的構思、規劃者在針對他們所提出的機構（或系統）「有能力去做而且也是想要去做的事」的清單進行優先順序排列時，除要依上面所述的概念去分析、評估清單中每一件「有能力去做而且也是想要去做的事」對機構（或系統）成員分別所產生的激勵效果（也就是分析、評估成員們對這一清單上不同的「事」的「冀求」、「想要」程度）外，也要同時去考量不同的「想要去做的事」所對應要投入的「能力」究竟是機構（或系統）的「最大能力」或是「平常能力」，如此，他們才有可能從這些機構（或系統）「有能力去做而且也是想要去做的事」之間，排列出對機構（或系統）成員具「合理性」及「說服力」的優先順序。

6. 就所推測的環境未來演變趨勢，思維此種環境情勢有「可能」 (possible) 會讓機構（或系統）去做的事是什麼？

　　沒有任何一個機構（或系統）可以不需要隸屬於某一個特定環境（或超系統）而能獨立存在，換言之，一個機構（或系統）只能在某一種特定環境（或超系統）中生存及發展。若是機構（或系統）所隸屬的特定環境（或超系統）的狀態及演變趨勢，顯示該一特定環境（或超系統）已不再能夠持續提供適於機構（或系統）生存及發展所需要的基本條件時，這時，除非機構（或系統）自身能夠自行作出根本性及結構性的重大改變以適應環境（或超系統）所提供基本條件的改變，或是機構（或系統）能夠覓得另一個與原有環境（或超系統）類似的新環境（或新超系統）而遷移到新環境（或新超系統）中重新安置、生存，否則，機構（或系統）就只能步上滅亡、消失之途。因此，機構（或系統）只能在所處環境（或超系統）所提供給它的生存及發展的基本條件下，進行它的各種生存及發展的活動。所以，一個機構（或系統）有關其生存及發展的策略的思維及設計，自然也就不能背離或脫離它所隸屬的環境（或系統）所提供的基本條件。換句話說，環境（或超系統）所提供給機構（或系統）讓其得以生存及發展的基本條件，事實上就是機構（或系統）進行各項生存及發展活動時所必須面對的「現實限制」(constraints in reality)。

　　機構（或系統）的最高領導人及策略構思、規劃者在進行本項策略思維工作時，他們應該先針對在本第 9-3 節第 3 項思維程序所作的「環境之

未來演變趨勢的推測」，深入分析並研判環境在未來會提供怎樣的基本條件給機構（或系統）讓其繼續生存及發展；然後才去思考：對於環境在當前及未來所提供的生存及發展的基本條件下，機構（或系統）有機會去做的事是什麼？因為，不管是如何高明的策略，就構成為一項策略的一系列行動而言，這些行動絕對不可能超越所在環境（或超系統）所加諸予機構（或系統）的「現實限制」，因此，機構（或系統）所施行的任何策略，在理論上，都必須是所處環境所允許它去做的策略。換言之，環境（或超系統）有「可能」(possible) 讓機構（或系統）去做的事，就是機構（或系統）在環境（或超系統）所設置的「現實限制」範圍內可以去進行的事，也就是在環境（或超系統）所提供給機構（或系統）的生存及發展的基本條件下有機會（亦即有可能）去做的事。如果，機構（或系統）「想要」去做的事並不符合環境（或超系統）所提供給它的生存及發展的基本條件時（即「想要」去做的事是環境所提供之基本條件所無法支持或無法允許去做的事），則「想要」去做的事就是環境（或超系統）的「現實限制」所「不可能」讓機構（或系統）去做的事。所以，機構（或系統）只能夠在環境（或超系統）所提供給它的生存及發展的基本條件所允許的範圍內，也就是在環境（或超系統）「有可能」讓它去行動的範圍內，去做它「想要」去做的事，而不可能隨興任意地去做任何它所「想要」去做的事。

由於環境（或超系統）是由許多不同的系統所構成，並成為它所含括

的各個系統的「輸入」(inputs) 來源與「輸出」(outputs) 去處，因此，環境（或超系統）提供給它所含括的任何一個機構（或系統）在生存及發展上所需要的基本條件，事實上就是一個機構（或系統）在「輸入」與「輸出」上所必需保有的基本條件，也就是機構（或系統）與環境（或超系統）中的其他系統在進行各種流體（即資產、產品暨服務、物料、金錢、人員、及資訊等流體）的交換、流通上，所要維持的最起碼流動狀態。換句話說，只有當機構（或系統）與環境（或超系統）中的其他系統在各種流體的交換、流通上能夠維持著超過最起碼水準的流動狀態時，機構（或系統）才能持續生存，進而才有可能朝向所冀望的「定常狀態」發展。所以，確認一個機構（或系統）的各種類流體必需與外部的哪一些特定機構（或系統）保持哪一種最起碼水準的交換、流通狀態，就是該一機構（或系統）在生存及發展上所需要的基本條件的確認。換句話說，一個機構（或系統）與其外部環境（或超系統）的某一些機構（或系統）在某些重要流體的流通、交換上，若是無法與那一些機構（或系統）保持所需要的最起碼水準的交換、流通狀態時，該一機構（或系統）就會停止運作或崩解，這時，外部的那些機構（或系統）與該一機構（或系統）在該等重要流體的交換、流通上所必需維持的最起碼水準的流動狀態，就是該一機構（或系統）在生存及發展上必需獲得環境（或超系統）提供、支持的基本條件。因此，該一機構（或系統）的策略構思、規劃者要確認的就是，自家機構（或系統）在生存及發展上所必需仰賴的這些外部機構（或系統）

究竟是哪一些機構（或系統）？以及本機構（或系統）在與它們進行重要流體的交換、流通時，所必需維持的最起碼水準的交換、流通狀態，究竟是怎樣的狀態？

以上所討論的是，在環境（或超系統）中流動的各種流體對於需要這些流體的「輸入」或「輸出」才能生存的任何機構（或系統）而言，並非可以無限制地輸入或輸出，而是存在著可以容許一個機構（或系統）去輸入或輸出的「底線」。這個「底線」就是環境（或超系統）可能提供給隸屬它的某一種機構（或系統）的生存及發展的最低條件（即前述的基本條件），也就是一個機構（或系統）要進行其各項生存及發展活動時所必須面對的「現實限制」。機構（或系統）只能在所處環境（或超系統）所設定、給予的「現實限制」之下，也就是在環境（或超系統）的「現實限制」所允許的範圍內，去作機構（或系統）「有能力去做而且也是想要去做的事」。依前述討論，由於環境（或超系統）的「現實限制」最終都會反映在各種流體的「輸入」或「輸出」上，所以也就反映在機構（或系統）所輸入或輸出的各種實體資源上。我們應該可以從機構（或系統）所輸入或輸出的各種實體性資源（即各種流體）上面，就它們在機構（或系統）與環境（或超系統）的介面上的流通狀態，來瞭解環境（或超系統）所設定的「現實限制」，不過，要再加注意的是，這項「現實限制」的具體情況，除了受到不同資源（即各流體）本身性質的影響之外，還受到機構（或系統）與環境（或超系統）間的基本結構關係的影響。換言之，

由於機構（或系統）與所處環境（或超系統）間的基本結構關係會限制各種實體性資源在機構（或系統）所進行的輸入或輸出的流動，是以，機構（或系統）不可能依照自身的「欲想」(want) 就任意隨興地進行各種實體性資源的輸入或輸出，而只能在這個基本結構關係所允許的範圍內，去做環境「可能」讓機構（或系統）去做的事，以促使機構（或系統）自環境（或超系統）所輸入或輸出的各種流體（即各種資源）達到「定常狀態」。

　　環境（或超系統）所加諸予機構（或系統）的「現實限制」，會因環境（或超系統）本身的變動以及環境與機構（或系統）間基本結構關係的變動而變動，所以，機構（或系統）的最高領導人及策略構思、規劃者要儘可能地瞭解並掌握環境（或超系統）所施加的各種「現實限制」的情況，也就是要深入瞭解下述各問題，包括，環境（或超系統）所施加的各種「現實限制」究竟是什麼？每一種限制所加諸機構（或系統）的力量有多大？機構（或系統）若要突破各種限制時，則每一種限制分別所需要的突破力量及突破條件是什麼？以及機構（或系統）可以突破各種限制的機會有多大？關於這些問題的答案，基本上只能由機構（或系統）的最高領導人及策略構思、規劃者依據他們所蒐集到的環境（或超系統）資料、他們對環境（或超系統）性質的瞭解以及他們以往的工作經驗，來作分析、推論、研判。只有在當前環境（或超系統）所施加的「現實限制」及其所衍生的各項問題，都已能夠合理、深入、正確地加以釐清之後，機構（或

系統）的最高領導人及策略構思、規劃者才有可能針對本項課題，進行有效、合理的思維，即，在「機構（或系統）有能力去做而且也是想要去做的事之中」，有哪些事是環境（或超系統）的「現實限制」有「可能」讓機構（或系統）去做的？另外，有哪些事則是環境（或超系統）的「現實限制」所「不可能」讓機構（或系統）去做的？換言之，最高領導人及策略的構思、規劃者此時要將他們在前述第 9-3 節第 5 項思維程序所完成且已排好優先順序的「機構（或系統）有能力去做而且也是想要去做的事」的清單，依據上述有關環境（或超系統）所施加「現實限制」的概念，辨識並確認出環境（或超系統）的「現實限制」的種類、性質、力量、要將其突破的條件及突破的機會等，之後，再將清單中所列的每一項「有能力做而且也是想要做的事」，依序從環境（或超系統）的「現實限制」的實況分別進行評估、研判；然後，將清單中屬於環境（或超系統）的「現實限制」所「不可能」讓機構（或系統）去做的事，予以刪除；經過如此的處理之後，清單中所保留的就是：機構（或系統）在其「有能力去做而且也是想要去做的事」之中，環境（或超系統）最有「可能」讓機構（或系統）去做的「事」了。

環境（或超系統）有「可能」讓機構（或系統）去做的「事」，必然是那些能夠順應環境（或超系統）及情境的演變趨勢的「事」。所以，機構（或系統）的最高領導人及策略構思、規劃者要如《孫子兵法》之〈兵勢篇〉所說的：「故善戰者，求之於勢，不責於人，故能擇人而任

勢。」也就是說，凡是善於作戰的將軍，都會求取並利用內外部環境最有利於自家軍隊作戰的「態勢」及「情勢」，而不會將作戰的勝利苛責於特定的個別部屬，所以，他就能夠隨著戰局「態勢」的發展及「情勢」的需要，自如地「調兵遣將」。由於絕大多數需要進行策略思維的情況裡，環境（或超系統）的情勢、態勢及演變趨勢，通常都是晦隱難明的，這時機構（或系統）的最高領導人及策略構思、規劃者只能就所推測的環境（或超系統）未來演變趨勢，依據環境（或超系統）各構成分子間的基本結構關係來推導環境（或超系統）所具有的「勢」或「態勢」（「勢」即環境各構成分子因彼此間之「群力交推」所形成的狀態）。最高領導人及策略的構思、規劃者若是能夠正確地瞭解環境（或超系統）的「勢」，並且機敏地掌握到「勢」的變化，則他們所構思、規劃的策略自然就是「求之於勢」、「順勢而為」的高明、「事半功倍」的舉措；相反的，他們若是昧於環境（或超系統）的「勢」及其變化，則他們所構思、規劃的策略就會是「背離情勢」、「逆勢而為」的笨拙、「事倍功半」、甚至「徒勞無功」的舉措。總之，最高領導人及策略的構思、規劃者應該正確瞭解自家機構（或系統）所處環境（或超系統）的「勢」的基本構造，並且機敏掌握到「勢」的動態及變化，這樣，他們自然能夠從機構（或系統）「有能力去做而且也是想要去做的事」之中，挑選出最能順應環境（或超系統）的「勢」也是環境（或超系統）最有「可能」讓機構（或系統）去做的那些「事」了。

7. 就環境有「可能」讓機構（或系統）去做的「事」，思維它們是否為倫理、道德以及機構（或系統）自身之價值、信念上所「允許」(allow) 去做的「事」。

　　所有的機構（或系統）都是它所在社會、國家的一分子，也是人類社會的一分子；任何一個由人所組成的機構（或系統），它的任何舉措、行動、作為都必須符合普世共認的倫理、道德要求，也必須遵守它所在社會、國家所具有的倫理、道德規範，唯有如此，這一個機構（或系統）才能夠被所在社會、國家所接納而有容身、生存與發展的空間。換言之，任何機構（或系統）的任何舉措、行動、作為都不應該，也不能夠，去背離、違反世人及所在社會、國家所公認的倫理、道德規範，它只能在當時社會、世人公認的倫理、道德規範的範圍內行事，而不能隨意踰越。所以，機構（或系統）的最高領導人及策略構思、規劃者，對於機構（或系統）在環境的「現實限制」下有「可能」讓它去做的「有能力去做而且想要去做的事」，他們還必須再進一步地去思維、檢視：這些「事」之中有哪些是屬於在倫理上及道德上可以被「允許」(allow) 去做的「事」，同時，並將可能背離、違反當前世人、社會、國家所公認的倫理、道德規範的那些「事」，予以排除。例如，東漢末年三國時代的曹操，很早就有絕對的能力及強烈的慾望來取代漢朝皇室而自任皇帝，然而，曹操終其一生並未篡奪漢獻帝的皇位，而僅在臨終前向他的臣僚們公開宣布「若天命在吾，吾為周文王矣。」很顯然，曹操在世之時東漢社會的倫理、道德規

範，是「不允許」高舉「奉天子以令不臣」而據有大半天下的曹操，自己「不臣」去篡漢自代，因此，曹操始終不敢干犯、踰越當時的倫理、道德規範去採取篡漢的行動。

在當前及可見未來，有關於環境保護、生態平衡維護、動物保護、人權保障、兩性平權、社會正義維護、弱勢團體及弱勢族群保護、智慧財產權保護、以及生活安全及生活品質促進等課題，都已成為每一個現代文明社會所必須重視的倫理、道德議題。所以，機構（或系統）的最高領導人及策略構思、規劃者在進行本項程序的思維時，除了機構（或系統）所在社會、國家的傳統性倫理、道德課題必須深入考慮外，他們也應該將現代文明社會所必然會關心的上述各課題納入倫理、道德上的考量及評估，以確保最後所研擬的策略，不但是所在環境（或超系統）有「可能」讓機構（或系統）去做的「事」，同時也是傳統性倫理、道德規範以及現代文明社會的倫理、道德要求，都「允許」機構（或系統）去做的「事」。

另外，還要再加注意的是，當前的大多數機構（或系統）在現代社會中都扮演著一定的專業分工角色，而且，每一種專門性行業的各種機構（或系統）及從業人員所形成的專業社群 (professional community)，都具有本身專業所必須遵行的倫理、道德規範。所以，任何一個專業性機構（或系統），例如，醫療機構、法律機構、教育機構、宗教機構、企業機構或行政機關等，就機構（或系統）本身以及它的從業人員而言，都有遵行本行業專業倫理、道德規範的義務及責任。因此，機構（或系統）的最

高領導人及策略構思、規劃者在構思、形成策略的過程中，在有關倫理、道德面向的思考上，他們除了要考量、評估所研擬策略是否符合社會的傳統性倫理、道德規範以及現代文明社會所重視的倫理、道德要求外，也必須考量、評估所研擬策略是否符合自家機構（或系統）所屬專業及行業的專業倫理、道德規範，如此，他們才能使機構（或系統）所實施的策略，確實是各方面倫理、道德規範上所「允許」去做的「事」。

機構（或系統）所實施的策略除了必須是各方面倫理、道德所「允許」去做的「事」之外，還必須是機構（或系統）及其成員在「自身價值觀」及「信仰」上所「允許」去做的事。因為，策略的實施有賴機構（或系統）多數成員的全心投入及通力配合，如果機構（或系統）所推動的策略會使它的大多數成員認為，策略是違反他們自身既有的「價值觀」、「信念」或「信仰」（包括宗教信仰）時，則此一策略必然無法獲得機構（或系統）多數成員的認同及支持。在策略不被機構（或系統）多數成員所認同、支持的情況下，若是機構（或系統）的領導階層仍是執意去推動，則策略在執行過程中必然會遭受到機構（或系統）許多成員的有形、無形抗拒或抵制，而使策略無法順利執行，甚至導致失敗。所以，最高領導人及策略的構思、規劃者在構思、形成策略的過程中，他們必須深刻掌握並正確理解到機構（或系統）的「核心價值」以及大多數成員心中的「價值觀」、「信念」或「信仰」，如此，他們才能使所研擬、提出的策略符合大多數成員心中的「價值觀」、「信念」或「信仰」，從而，才能

使機構（或系統）的多數成員能夠真心、全力地投入策略的推動及執行。

8. 針對經由前述七項思維程序所形成的多個策略方案，分別規劃每一個策略方案所對應的戰術佈署及現場實際操作行動，並且要特別注意所規劃的每一策略方案在「策略—戰術—現場實際操作行動」三個層次的思維原則及內容重點，是否具有邏輯的一致性及連貫性。

　　機構（或系統）的所有部門、單位及全體成員在每一分鐘的實際行動，是形成機構（或系統）整體運作行為的基礎。為使機構（或系統）的整體運作行為能常時與機構（或系統）所處環境的動態情況相調適，俾為機構（或系統）取得最有利於它本身持續生存及發展的地位及機會，機構（或系統）就必須藉由策略及戰術來指導、引導並協調它轄下各部門、各單位及全體人員在各個現場的實際操作行動。任何機構（或系統）所轄各部門、各單位及其人員所分別執行的每一個行動，固然並非獨立、隨機的任意、隨興性行動，不過，這些由不同單位、人員分別執行的行動，也不會自動或自然地形成為具有明確推進方向的整體運作行為，所以，機構（或系統）的領導者及領導階層就必須運用適當的策略及戰術來指導、引導、協調各單位、人員所執行的個別行動，以促使每一個人員、單位的個別行動可以整合成機構（或系統）整體的有意義運作行為。因此，任何有效的策略方案在付諸實施時，就必須先確保：該一策略方案在執行過程能

夠產生有效指導、引導、協調機構（或系統）內各部門、各單位及其人員之各種行動的力量和作用。

為使所形成的策略方案在付諸實施時，能夠產生指導、引導、協調機構（或系統）內各部門、各單位及其人員之各種行動的力量和作用，則機構（或系統）的最高領導人及策略構思、規劃者就不能只是構思、規劃出具有創意的策略方案，他們還必須進一步地為所研擬的每一個策略方案，去思維它所應該對應的戰術佈署行動及現場實際操作行動究竟是什麼。從而，每一個策略方案的內容不但提出了執行該一方案所必需涉及的各部門、各單位及其人員所分別必需執行的各種實際操作行動，而且在方案的說明中也可以明確顯示出，該一策略方案所對應的各種實際操作行動，相互之間確實具有邏輯的一致性及連貫性，如此，就意謂著該一策略方案已經包含了戰術佈署的安排（有適當的戰術佈署安排才能促使各實際操作行動間具有邏輯的一致性及連慣性）。這時，該一策略方案才具有付諸實施的合理性，也才能確保方案在付諸實施時，能夠產生指導、引導、協調機構（或系統）內各部門、各單位及其人員之各種實際操作行動的力量及作用。

任何策略方案在構思之初，必然只是具有方向性、原則性及概念性的粗略行動網領，如何將具有上述抽象性質的策略方案連結到實施時所要牽動的機構（或系統）內各部門、各單位、各人員及各種資源，以及如何進一步地去推導、思維各部門、各單位及各主要人員所必需執行的各種實際

操作行動，對於機構（或系統）的最高領導人及策略構思、規劃者而言，基本上並不是一項簡單、容易的工作。因為，策略的構思、規劃者在依據策略方案去推導、規劃對應的各種實際操作活動時，一方面他們必須設法去想像、模擬機構（或系統）各部門、各單位、各人員在各現場的實際行動、作為或行為，另方面，他們也必須使所設想的各種實際操作行動的作用、效果、意義，能夠與策略方案所揭示的目的、目標、方向、原則及概念相符應。然而，要直接設想出能夠符合策略方案之方向、原則及概念的各種實際操作行動，在實務上是很困難做到的。因此，機構（或系統）的最高領導人及策略構思、規劃者就必須先推導、演繹出，能夠達成該一策略方案所要追求的基本「目標」(purposes and goals) 的各種可行的戰術佈署方案，而所謂可行的戰術佈署方案，就是已考量到機構（或系統）的運作機制、組織、人員及資源實況的佈署活動，然後，再針對機構（或系統）各部門、各單位及其人員於各現場所必需執行的各種操作行動，進行思維、模擬、規劃及設計。因為，經由戰術佈署方案的思維、推導、演繹，才能將策略方案所要追求的「基本目標」轉換為更具體、明確、可見的「目的」(ends) 或「標的」(objectives)，並提出可以達成各個可見的「目的」或「標的」的具體佈署行動，而依據機構（或系統）的運作機制、組織、人員及資源的實況所完成的佈署行動（即戰術佈署方案），才有可能進一步地對要在各現場執行的各種具體操作行動，進行模擬、規劃及設計。總之，從策略層次經戰術層次再到現場操作層次的推導、演繹，

就是所規劃的策略方案能夠被落實推行的必要思維過程。

綜合以上討論，我們可以確定，任何有效、可行策略的形成過程，不能僅止於策略方案的構思，而必需進一步去思維、規劃策略方案所對應的戰術佈署方案及現場實際操作行動。當「策略方案─戰術佈署方案─現場實際操作行動」這三個不同層次的方案（或計畫）都已構思、規劃清楚，而且這三個方案（或計畫）的思維原則及內容重點在相互間也具有邏輯的一致性及連貫性，這樣，策略方案就有著戰術佈署方案及現場實際操作行動計畫來作為配套式的支撐，當然也就能夠將其付諸實行並且有可能獲得成功。

舉例而言，我國自 1994 年 4 月開展的教改運動，前後歷經十年，到了 2003 年，社會各界竟高度質疑過去十年來的教改運動，並大聲呼籲應儘速進行「二次教改」；這次十年教改未能成功的最主要原因，很顯然就是：只有陳義高遠的策略方案─「教改總諮議報告書」，而欠缺能與該一策略方案相互呼應並維持邏輯一致性及思想、概念連貫性的戰術佈署方案，更缺乏能夠符應台灣教育體系運作機制暨各級教育組織、教育人員及教育資源實況的縝密、周延、可在全國各地中小學校各年級各班級實際進行操作的行動計畫，教育部就在 1998 年開始啟動難以在各教學現場落實執行的「12 項教改行動方案」。換言之，十年教改之所以未能成功，是由於僅憑藉著「教改總諮議報告書」此一方向性、原則性、概念性的抽象性策略方案，而欠缺能夠與該一策略方案相互配套的戰術佈署方案及可在全國

各中小學各教學現場實際操作的行動計畫，就貿然啟動了這項勢必涉及全國各級學校數百萬學生、教師及家長的複雜教育需求的行動方案。所以，任何策略方案若是欠缺能夠與其相互配套的戰術佈署方案及現場實際操作行動計畫的支撐，則該一策略方案將是極難付諸實行的，縱使機構(或系統)的領導階層以高度熱情及強烈意志要將它實施，也是極難獲得成功的。

　　由於大多數機構（或系統）的最高領導人及策略構思、規劃者在策略方案構思、規劃完成之後，通常就會產生馬上將策略方案付諸行動的強烈傾向，因而，他們就極易將本質為方向性、原則性、概念性的抽象性策略方案，當成為可以立即在真實情境中執行的行動方案。然而，任何真正可以在真實情境中執行的行動方案，必然會動員到機構（或系統）的許多單位及人員，也會要求各單位及人員在機構（或系統）既有運作機制及作業流程的架構下，針對要在各現場執行行動方案的各項操作行動時所必然涉及的各種繁細、具體事物，展開必要的安排、規劃及設計。不過，現場的各單位及人員通常是沒有足夠能力僅依據方向性、原則性、概念性的抽象性策略方案文字說明，就分別自行去主動完成行動方案所需要的具體操作行動的設計。因此，僅只具有方向性、原則性、概念性意義的策略方案，是不能也無法直接將它作為可在真實的現場情境中進行操作的行動方案。換言之，機構（或系統）的最高領導人及策略構思、規劃者在規劃策略方案時，不能僅只著眼於方向性、原則性及概念性等層次的構思及考量，而必需再進一步地深入考慮：要如何將方向性、原則性及概念性的抽象策略

方案，充實、轉換為機構（或系統）各部門、各單位及其人員在各現場進行實際操作行動的行動方案；而要將策略方案確實轉換為可以在真實現場情境中操作的行動方案時，則最高領導人及策略的構思、規劃者就要針對策略方案所要追求的「基本目標」，先行推導、演繹出能夠達到該一「基本目標」的戰術佈署方案；有了以落實操作為導向的戰術佈署方案的具體佈署行動作為依據，然後才有可能規劃、設計出可以在各現場操作的各種行動方案，從而，就可以促使「策略方案─戰術佈署方案─現場行動方案」三者之間，具有邏輯的一致性及思想、概念的連貫性。

9. 針對現場行動方案的各個關鍵行動，規劃現場行動方案的操作時程（即各個關鍵行動的啓動時間點及結束時間點），以使現場行動方案在時間的協調上確實具有可執行性，並且使策略方案的執行時程表得以明確。

　　策略就其本質而言，是一個機構（或系統）為因應動態性外部環境的變動，所自主採取的一系列「趨吉避凶」的特別行動，而針對這些特別行動所提出的指導思想及指導原則，就是策略的意義及功能的所在。所以，一個機構（或系統）所規劃、提出的「策略方案─戰術佈署方案─現場行動方案」，在理論上，機構（或系統）對於這三個分屬不同層次的方案都必須具有相當的主導性及自主操控性。雖然，機構（或系統）的領導階層對於策略方案及戰術佈署方案雖具有高度的主導性及自主操控性，不過，

他們對於現場行動方案的主導性及自主操控性，就並非僅只依據策略方案所含具的思想及原則就可以自動產生，起碼還需要各部門、各單位的各層級領導幹部們在現場行動方案的執行過程中，都能夠準確掌握到現場各個關鍵行動的操作時程並且相互協調，機構（或系統）對現場行動方案的推動才有可能具備主導性及自主操控性。進一步言之，只有當現場行動方案的各個關鍵行動的操作啟動時間點及結束時間點，是由該一方案的規劃人員依據每項關鍵行動的活動內容、規模、動員單位、動員人力及活動方式等因素，進行縝密的評估、設計後所規劃決定的，這樣，才有可能使現場行動方案的各個關鍵行動在時間順序上獲得合理的安排，進而才能使各個關鍵行動於未來在各個現場真正執行時，在時間的同步性及相互銜接性上，具有適當的調整餘裕。若能如此，則整個現場行動方案的可執行性及執行時機的掌握，就可在行動方案規劃、研擬之時得到較好的把握。

事實上，任何策略方案在執行上的成敗和成效，是與所配套的現場行動方案中的各個關鍵行動在「執行時機」(timing) 上的拿捏及掌握，具有極為密切的關係。現場行動方案的「執行時機」是不能一廂情願地任意決定，而必需配合機構（或系統）所在環境的實際情況。在機構（或系統）的最高領導人決定要將策略的這三個不同層次方案中的現場行動方案正式啟動執行時，機構（或系統）對於現場行動方案的操作時程表必須已有明確及正確的安排。換言之，只有當現場行動方案的操作時程表已經於事先規劃明確，機構（或系統）的最高領導人才能夠依據他對環境變動情況的

判斷，來拿捏策略之現場行動方案的啟動時機，同時也才能使各級主管在執行現場行動方案時，能夠參考事先規劃的操作時程表來正確控制各個關鍵行動的節奏 (tempo)，進而使所規劃的策略方案能夠因為現場行動方案在執行上的「及時」與「適時」，而能充分發揮策略所預期的成效。例如，歷史上東漢末年所發生的赤壁大戰，如果不是因為周瑜與諸葛亮對戰術佈署方案（以火功作為戰術佈署的基調）及現場行動方案的各個關鍵行動與操作時程，都已於事先規劃明確並準備妥當，否則，孫權及劉備的五萬聯軍怎能在冬季的長江突然吹起僅是偶會出現的東南風之時，立即就由黃蓋以「走舸」快船渡江發動火攻，進而大破曹操的二十多萬水陸軍，並就此確立了曹、孫、劉三家鼎立天下的形勢，也初步實現了諸葛亮在隆中為劉備所作的聯孫抗曹的大策略。

　　本節所討論的上述九項策略思維、規劃程序，是機構（或系統）的最高領導人及策略構思、規劃者在策略構思、規劃、形成過程中，所應該深入思考、分析及研判並且特別多加用心的事項。當然，經由上述九項程序所作的思考、分析、規劃而形成的策略，並不能保證它必定是一個可以執行而且會獲得成功的策略，但是，它一定是一個具有邏輯性、條理性、周延性而且具有說服力的策略，因而，它也就具有較高的可執行性及成功可能性。對於上述九項策略思維、規劃程序，原則上，最好是依序進行思考、規劃，換言之，這九項思維、規劃事項其實就是一套具邏輯性的策略思考、規劃程序或步驟。不過，機構（或系統）的最高領導人及策略構

思、規劃者在實際進行策略思考、規劃的過程中，仍然可以依機構（或系統）當時處境的實況以及最高領導人個人思考習慣的偏好，自行調整這九項思維、規劃程序的先後順序，或是同步進行數個程序的思考、規劃。另外，由於時間、情境及策略議題上的不同，都會使得這九項思維、規劃程序所需要的思考內容有所不同，所以，機構（或系統）的最高領導人及策略構思、規劃者對於這九項思維、規劃程序的具體內容在思考高度、廣度、深度及細密度上，可以依他們個人的認知、經驗、思考習慣以及策略所涉及的「領域知識」(domain knowledge) 的範圍，自行斟酌調整。總之，本節所討論的九項策略思維、規劃程序，若能依序進行，將可使所研擬、規劃的三層次「策略方案─戰術佈署方案─現場行動方案」，具有較高的邏輯性、條理性、周延性、可執行性及成功性。

9-4 「策略計畫─戰術計畫─現場行動計畫」三者的關係及它們的調和問題

就一般情況下的策略思維暨規劃而言，策略的構思、規劃者為使他所構思、規劃的策略確實可以落實執行，則前述第 9-3 節第 8 項思維、規劃程序所強調的每一「策略方案在『策略─戰術─現場實際操作行動』三個

層次的思維原則及思維內容重點，是否具有邏輯的一致性及連貫性」，就成為他們在具體的策略規劃作業過程所無時不可或忘的指南。就此再進一步言之，依前節所述九項策略思維、規劃程序的觀點而言，則很顯然的，任何一個完整策略方案的思維暨規劃，通常都必須以提出「策略計畫」、「戰術計畫」及「現場行動計畫」這三個具層次性關係的計畫說明書，作為全部規劃工作的結束及成果。如果這三個具層次性關係的計畫說明書顯示，它們的思維原則及思維內容重點在相互間是欠缺邏輯的一致性或連貫性時，則該一策略方案的全部思維、規劃活動，很可能就只是一次浪費人力、時間、資源的「紙上談兵」而已。因此，如何使所規劃的「策略計畫」、「戰術計畫」及「現場行動計畫」三者，在它們的思維原則及思維內容重點上，彼此能夠具有一定的邏輯一致性及連貫性，應該就是策略構思、規劃工作上的關鍵課題。本節將針對這一關鍵課題進行探討。

從軍事領域運用「策略—戰術—現場實際操作行動」的概念，最能說明這三者的關係。在軍事領域上可將這三者分別對應為：「策略」係對應於「戰爭」(war) 的層次，「戰術」係對應於「戰役」(battle) 的層次，而「現場實際操作行動」則對應於「戰鬥」(combat) 的層次。在軍事上，「戰鬥」、「戰役」及「戰爭」這三個詞彙所描述的作戰活動並不相同，但它們三者間卻具有下述的關係：許多個別但具有關連性的「戰鬥」會構成為一次「戰役」，而幾次具關連性的「戰役」則構成為一場「戰爭」。通常，「戰鬥」所使用的武器多為個人武器，參與的兵員規模從數十人到

數百人，而其時間長度則從數小時到數日；「戰役」所使用的武器則增加了多人共同操作的重型武器，參與的兵員規模從數千人到數萬人，而其時間長度則從數日到數月；「戰爭」則會儘可能地出動各種高科技、重型、高度殺傷力武器，動用的兵員規模則從數十萬人以至數百萬人，而其時間長度則從數月到數年。由於「戰鬥」、「戰役」及「戰爭」所代表的作戰活動、作戰活動的空間範圍、使用武器的威力、人員的規模及持續時間長度上，有如上所述的明顯差異，所以，「戰略計畫」、「戰術計畫」及「現場戰鬥計畫」這三種不同層次的計畫，就很困難確保它們的規劃能夠周延地維持層次間的合理關係，而它們三者也不一定需要同步或同時地完成。因此，這三個具層次性關係的計畫在規劃過程及規劃內容上所必然存在的調和問題，是遠比一般人所想像的更為複雜及困難處理。

很顯然，「策略」（或「戰略」）所對應的「戰爭」層次活動，它必須涉及的人、事、物，範圍廣闊，通常要考慮到整個機構（或系統）全部人員及資源的動員課題，而「策略」（或「戰略」）在施行過程所經歷的時間又長達數月或數年之久，因此，在「策略」（或「戰略」）構思、規劃的初始階段，規劃者在事實上是無法正確預知機構（或系統）所處環境（或超系統）情勢的後續發展、演變實況。所以，要求「策略」（或「戰略」）的構思、規劃者在「策略」（或「戰略」）構思、規劃的初始階段，就同時提出能與「策略計畫」（或「戰略計畫」）相匹配的完備、周全的「戰術計畫」及「現場行動計畫」（或「現場戰鬥計畫」），基本上

是有困難的，也不是絕對必要。例如，諸葛亮在向劉備提出「三分天下」大戰略的「隆中對」時（見第 9-3 節第 1 事項），並沒有任何「戰術計畫」及「現場戰鬥計畫」的構思、規劃，但並不影響「三分天下」大戰略的推動與實施。之所以如此，最主要是由於環境（或超系統）的實際情況在「策略」（或「戰略」）構思的初始階段，常常還是尚未完全明朗，對環境（或超系統）演變趨勢所作的推測並不適宜作為「戰術計畫」的規劃依據，所以，暫緩進行「戰術計畫」及「現場戰鬥計畫」的規劃，應是合理的。不過，當環境（或超系統）情勢的實際發展、演變，隨時間的推移而漸趨明朗時，能與「策略計畫」相匹配的明確「戰術計畫」及具體的「現場戰鬥計畫」，就必須及時地進行規劃，適時提出完整計畫並付諸實施，才有可能掌握到環境（或超系統）情勢所出現的「機會之窗」，達成「策略計畫」（或「戰略計畫」）所要追求的「基本目標」。

由於「戰術計畫」係針對一次或數次即將展開的明確、可見的具體「戰役」所研擬的動員及作戰佈署計畫，因此，一個「戰術計畫」必須「承上」去符應已確立的「策略計畫」（或「戰略計畫」）所研擬的「基本目標」及「方針」，而且也必須「啟下」去指導構成為該場「戰役」的一系列「現場戰鬥計畫」的規劃、研擬，以確保這一系列「戰鬥」的成功，並促使各次「戰鬥的戰果」能夠累積成為該場「戰役」的勝利。然而，環境（或超系統）情勢的演變及戰鬥現場實況的瞬息變化，絕非策略的構思、規劃者在研擬「策略計畫」（或「戰略計畫」）時所可預見或所

可掌握。所以，策略的構思、規劃者通常必須藉由他在「戰術計畫」的研擬過程，來儘可能地回應、處理已經知道的環境（或超系統）的新情勢演變及預定之戰鬥現場的更具體實況訊息。「戰術計畫」雖然具有「承上啟下」、「居間連結」的重要功能，不過，若是屬於上位的「策略計畫」（或「戰略計畫」）所設定的「基本目標」或「方針」有所偏誤，則由於「戰術計畫」是定位在設法達成「策略計畫」所訂定的「基本目標」上面，它的功能主要著重於引導、指導居於它下位的「現場戰鬥計畫」的規劃、研擬及實施，以促使「現場戰鬥計畫」能依循「戰術計畫」所決定的佈署方式來進行戰鬥，因此，縱使「戰術計畫」及「現場戰鬥計畫」可以成功執行，然而仍是無法彌補「策略計畫」（或「戰略計畫」）的偏差，也更不可能扭轉「策略計畫」（或「戰略計畫」）的錯誤。

　　例如，1941 年日本海軍聯合艦隊司令官山本五十六，他個人非常反對當時日本政府東條英機內閣的參謀本部大本營及陸軍所研提向美國開戰的「戰略計畫」，由於他個人無法改變這項對美國開戰的國家層次「戰略計畫」，他因而以海軍的立場研擬了侵襲美國夏威夷珍珠港的「戰術計畫」及「現場戰鬥計畫」，希望日本政府能藉這項「戰術計畫」的成功執行，爭取到與美國政府談和的有利條件，同時也藉此排除美國海軍阻礙日本海陸軍後續南進南太平洋的能力；雖然，山本五十六所研擬的偷襲美國珍珠港的「戰術計畫」及「現場戰鬥計畫」執行得非常成功，不過，仍然無法扭轉日本東條政府所決定的「對美國開戰」此一「戰略計畫」本身所存在

的根本性錯誤，亦即，日本政府竟然主動向國力超強的美國發動戰爭作為國家層次「戰略計畫」的基本目標；所以，在珍珠港戰役之後半年，美軍就使日本海軍聯合艦隊在後續的中途島戰役及南太平洋戰役遭受覆滅的命運，最後，終於讓日本在 1945 年遭受兩顆原子彈的襲擊而無條件投降。這就是「戰術計畫」及「現場戰鬥計畫」雖然規劃、執行都很成功，但卻無法扭轉或彌補「戰略計畫」（或「策略計畫」）所犯錯誤的一個例證，也顯示了「策略計畫」（或「戰略計畫」）、「戰術計畫」及「現場戰鬥計畫」（或「現場行動計畫」）三者的思維原則、思維邏輯必需相調和、相連貫的重要性。

雖然策略的構思、規劃，在理論上應該包括「策略計畫—戰術計畫—現場行動計畫」這三個具層次性關係的計畫的構思及規劃，不過，一般實務界的策略構思、規劃者或機構（或系統）的領導人，他們通常都偏好於屬中間層的「戰術計畫」的構思與規劃，而較輕忽在上層的「策略計畫」與在下層的「現場行動計畫」的構思及規劃。這是因為，在上層的「策略計畫」其抽象性高、涵蓋面廣、施行所需的時間長，只有極少數具有抽象思考能力而且視野廣闊、深遠的人，才擅於這種類型計畫的構思、規劃；而另方面，在下層的「現場行動計畫」極為複雜、細密，規劃相當繁瑣、費時，並不是一般上層領導人所能耐煩、負荷的工作，是以，「戰術計畫」的構思、規劃，在實務上，自然就成為絕大多數機構（或系統）的領導人在進行策略構思、規劃時的重點及偏好。由於絕大多數的機構（或系

統）的領導人在構思、規劃策略方案時，極易如以上所述的偏好於「戰術計畫」的構思，而輕忽了「策略計畫」及「現場行動計畫」的連結與配合，或是將所思維、規劃的「戰術計畫」等同為「策略計畫」或「現場行動計畫」。因此，對任何一個策略（或戰略）方案而言，它是否能夠避免「雖然贏得多次"戰役"，最後卻輸掉整場"戰爭"」的悲劇，或是能夠取得「縱使輸掉幾次"戰役"，卻可在最後贏得"戰爭"」的勝利，就成為評估一個「戰術計畫」是否與對應的「策略計畫」（或「戰略計畫」）及「現場行動計畫」相調和、相連貫的主要判準了。換言之，「戰鬥(或現場行動)有成果，戰術見成效，戰略（或策略）獲成功」才是任何策略方案所要追求的結果，也是構成為策略方案的「現場行動計畫」（或「戰鬥計畫」）、「戰術計畫」及「策略計畫」（或「戰略計畫」）三者在相互間確實具有適當調和的結果；而「戰鬥無成果，戰術失敗，戰略錯誤」則是任何策略方案所要極力避免的結局。

　　很顯然的，現場行動若是無法獲得預期的成果，則再怎樣美妙、高明的「戰術計畫」及「策略（或戰略）計畫」，也只是「空話」一場。然而，最令人懊惱、扼腕的，卻是「現場行動（戰鬥）有成果，戰術也成功，但策略（或戰略）卻是錯誤」以及「現場行動（戰鬥）有成果，戰術有錯誤而失敗，雖然策略（或戰略）是正確」這兩種情況的出現。所以，居於中間層的「戰術計畫」是否能夠與上層的「策略計畫」（或「戰略計畫」）及下層的「現場行動計畫」（「現場戰鬥計畫」）相互調和，就成

為構思、規劃「策略方案」三個具層次性關係的計畫的關鍵重點。因此，為使「戰術計畫」能夠與「策略（或戰略）計畫」及「現場戰鬥（或行動）計畫」協同發揮出「戰鬥有成果，戰術見成效，策略（或戰略）獲成功」的結果，機構（或系統）的領導人及策略方案構思、規劃者在規劃「戰術計畫」時，就必需在所研提的「戰術計畫」的內容中，針對下述五項要素作出適切的規劃：

(1) 將「策略（或戰略）計畫」所要追求的「基本目標」轉換為具體、明確、特定、可見的「標的」(Specific objectives)；

(2) 對於「戰術計畫」的執行結果是否可以稱之為「成功」，不但要於事前對「成功」達成計畫所定「標的」一事，給予清晰、明確的定義，並且對所作的「計畫成功」之定義，建立可以量測的方法及判準 (Measurable success)；

(3) 發展出一套簡潔明白且可操作的公式、步驟、程序、方法或途徑，使計畫在執行時只要依循該一公式、步驟、程序、方法或途徑，就能夠確保計畫的「標的」是可以成功地達成 (Achievable)；

(4) 籌集到執行計畫所需要的充足且寬裕的各種類資源 (Resources)；

(5) 訂定出執行計畫的明確進度和時程表 (Timetable)。

上述有關構成為一個可執行的「戰術計畫」所必需包含的五項要素，

它們的英語字辭的第一個字母分別為 S・M・A・R・T，也就是說，如果所研提的「戰術計畫」是一個包含上述五項要素的「SMART 計畫」時，則這個「戰術計畫」與上層的「策略（或戰略）計畫」以及與下層的「現場行動（或戰鬥）計畫」，彼此間就不至於出現太大的矛盾。因為，很顯然的，一個準備將 SMART 要素包含於「戰術計畫」的策略構思、規劃者，當他在考量、規劃 S 要素及 M 要素時，他自然要先深入理解已完成的上層「策略（或戰略）計畫」所擬定的基本目標、方針及相關內容，在這個過程中他就可以檢討原定「策略（或戰略）計畫」內容的妥適性，並可順便修正「策略（或戰略）計畫」中那些無法或難以在「戰術計畫」執行的部分，從而，對於「戰術計畫」所要達成的「標的」（即 S 要素）及衡量計畫是否成功的「可量測的判準或定義」（即 M 要素），他就有可能加以確立；而當他在考量、規劃 A 要素、R 要素及 T 要素時，他自然必須先對現場實際行動（或戰鬥活動）的各種可能情況及相關需求，建立逼真的描述或想像，因而，當後續的下層「現場行動（或戰鬥）計畫」在考量、規劃時，他自然會以這個先前完成的「SMART 戰術計畫」為依據及指導；所以，不論是下層的「現場行動（或戰鬥）計畫」與中間層的「戰術計畫」，或是上層的「策略（或戰略）計畫」與中間層的「戰術計畫」，三者在彼此間就不會出現嚴重脫節、明顯矛盾或無法執行的情形。

　　雖然，一個包含「SMART」要素的「戰術計畫」可以幫助「策略計畫—戰術計畫—現場行動計畫」三者間的調和，但並不代表「策略計畫—戰

術計畫—現場行動計畫」三者間的調和問題，會因為「SMART」要素的考量而完全被消弭或排除。從本節先前所討論的「戰爭」、「戰役」及「戰鬥」三個層次的軍事活動在本質上的差異，就顯示了「策略計畫—戰術計畫—現場行動計畫」三者間，必然會在本質上存在一些難以完全消除的調和問題。所以，不論是機構（或系統）的最高領導人或是策略的構思、規劃者，在構思、規劃、研擬策略方案的過程中，對於「策略計畫—戰術計畫—現場行動計畫」三者的調和問題，應該特別多加關注。因此，我們在本節以下內容中，將就這三種計畫在本質上所存在的調和問題的性質，進行探討，俾便協助機構（或系統）的最高領導人及策略構思、規劃者瞭解他們所可能遭遇的調和問題，進而能針對這些問題給予妥適處理。茲將由本質性原因所形成的三種計畫間的調和問題的性質，闡述如下：

1. 三種計畫因內容涵蓋範圍不同而產生的調和問題

在上層的「策略計畫」其涵蓋面及影響面雖是最廣，卻不容易直接影響具體的既有運作活動。雖然，一個機構（或系統）的各個層次、各個面向及各個部門的各種活動，在理論上，或多或少都會受到它所施行的「策略計畫」的影響，也或多或少地會與該一「策略計畫」的推動、執行產生延伸性的關連。然而，機構（或系統）既有的活動因「策略計畫」的施行所受到的影響，或是既有的各種活動與「策略計畫」在推動、執行過程所具有的關連，都不容易在「策略計畫」中作出明確且具體的分析及說

明，而只能以較抽象、模糊的方式，將這些影響和關連設法表達於策略計畫的內容之中。是以，「策略計畫」因其著重於機構（或系統）所要追求的「基本目標」及「追求途徑」的規劃（參閱第三章第 3.1 節及第 3.2 節），而必需將思考涵蓋面擴大到「基本目標」及「追求途徑」與整個機構（或系統）在較長遠未來的運作狀態間的關係，自然就無法顧及到機構（或系統）當前既有日常運作活動所可能受到的影響。因而，最高領導人及策略的構思、規劃者要主動注意到「策略計畫」的推動、執行對機構(或系統)既有日常運作活動所產生的衝擊或影響，特別是對於既有運作活動人員在心理上所受到的衝擊，應該設法加以疏導，以減少人員心理的不確定感對計畫推動的影響。

　　至於中間層的「戰術計畫」，因為它是依據上層「策略計畫」所訂的「基本目標」及「途徑」來進行資源、人員的動員及佈署（即作戰佈署或執行佈署）的規劃、安排，通常不太可能將佈署的期間延伸到「基本目標」的最終達成，因而，「戰術計畫」只針對首先要進行的一次或數次操作行動（或戰役）作出動員及執行佈署（或作戰佈署）的規劃，其內容僅包含與該次操作行動有關的事項、因素及部門，並沒有辦法將「策略計畫」所考量的涉及整體性、廣面性、長遠性的各事項、因素及部門全數予以含括。因此，對於那些在「策略計畫」中所考量但卻不被「戰術計畫」所包含的事項、因素及部門，究竟應該如何處理方屬妥當，就成為最高領導人及策略的構思、規劃者必須注意的「策略計畫」與「戰術計畫」間的

調和問題。

其次，在下層的「現場行動計畫」（或戰鬥計畫）是依據中間層「戰術計畫」在動員、人員及資源佈署、任務要求及執行方法等事項所作的安排、設計，再考量各執行現場的實況，然後才研擬出來要在各現場實施的具體性「行動計畫」。因此，「現場行動計畫」所包含的事項、因素，都是有關於在各現場執行各種行動或活動時所要依循的程序、步驟、方法或要使用的器材、工具，以及所涉及的人、物、錢等資源的調度、安排事宜。很顯然，「現場行動計畫」必須考慮在各現場的執行細節，所以，其內容必定是相當的瑣細繁雜。因此，如何將「現場行動計畫」（或戰鬥計畫）中這些瑣細繁雜的執行事項及細節，合理且正確地關連到「戰術計畫」的內容上，以確保所執行的「現場行動計畫」（或戰鬥計畫）是在落實、貫徹「戰術計畫」的設計，並可進而達成「策略計畫」（或戰略計畫）所要追求的基本「目標」，就成為最高領導人及策略的構思、規劃者必須小心處理的「戰術計畫」與「現場行動計畫」（或戰鬥計畫）間的調和問題。

總之，如果中間層的「戰術計畫」是包含本節所述的「SMART」要素時，則上層「策略計畫」（或戰略計畫）與中間層「戰術計畫」間的調和問題，就會較為容易處理；如果下層的「現場行動計畫」所規劃的細部行動方法及資源調度細節是依據以「SMART」要素為主軸所完成的中間層

「戰術計畫」而研擬出來的，則下層「現場行動計畫」與中間層「戰術計畫」間的調和問題，就可以大幅減少。

2. 三種計畫因所使用之「時間單位」及「時間長度」不同而產生的調和問題

　　「策略計畫」（或針對「戰爭」的「戰略計畫」）、「戰術計畫」（或針對「戰役」的「戰術計畫」）及「現場行動計畫」（或針對「戰鬥」的「戰鬥計畫」）三者，都必需包含「時間因素」的考量與處理。通常，「策略計畫」所使用的「時間單位」為「月」或「年」，計畫執行所要經歷的「時間長度」或所考量的「時間界限」(time horizon) 則長達「數年」之久；而「戰術計畫」所使用的「時間單位」為「日」、「週」或「月」，計畫執行所要經歷的「時間長度」為「數週」或「數月」；至於「現場行動計畫」的「時間單位」則為「時」或「日」，計畫執行所要經歷的「時間長度」為「數小時」或「數日」。因而，最高領導人及策略的構思、規劃者對於這三個計畫在「時間維度」(time dimension) 上的處理，若沒有經過深度考量並作出妥適安排時，則這三個分屬不同層次的計畫就會因為它們的規劃者未能掌握正確的「時間維度」，而使它們在執行時極易成為難以相互關連的三個獨立計畫。

　　「策略計畫—戰術計畫—現場行動計畫」三者在「時間維度」上，其實是存在著一定的關連性，因為，若從現場的實際發展狀況來看，必需先

有「現場行動（即「戰鬥」行動）計畫」的持續獲得具體成功，然後，這些行動的成果才能累積成為所謂的「戰術成功」（即「戰術計畫成功」或「SMART 計畫成功」或「戰役勝利」），在此過程，執行「戰術計畫」所經歷的時間長度，事實上約略就是在多個現場執行多個同步或依序施行的現場行動計畫所經歷時間的總和；同理，必需先有一次或多次的「戰術計畫」成功（即「戰役勝利」），這些成功的結果在最後才能累積成為最終的「策略成功」（即「策略計畫成功」或「戰爭勝利」），而此一過程中，執行「策略計畫」所經歷的時間長度，約略就是執行多個同步或先後施行的「戰術計畫」所經歷時間的總和。換言之，若從現場的實際發展過程來觀察一個策略方案的全部施行經過，則觀察者在任何特定時間點只看得到在某一個特定現場所進行的行動，也就是說，他只能觀察到在該一現場所進行的「現場行動計畫」的執行活動，而不能在現場觀察到屬於概念、抽象層次的「戰術計畫」或「策略計畫」的施行活動，因此，「戰術計畫」的施行是隱藏在「現場行動計畫」的執行活動上，而「策略計畫」的施行則更是隱藏在「戰術計畫」及「現場行動計畫」的執行活動上。因而，策略的構思、規劃者若要使策略方案在施行過程中的任何一段「時間長度」內，讓現場行動所累積的成果能夠與「戰術計畫」所設定在該段「時間長度」預定要達成的「標的」相符合，他就必須在「現場行動計畫」與「戰術計畫」的規劃、研擬過程，特別針對這兩個不同層次計畫的「時間維度」，就各事項所涉及時間因素的情況，進行來回往復的比對、

斟酌及調整，這樣，他才有可能使這兩個不同層次的計畫在「時間維度」上獲得調和而具有同步、同時性。

在進行「現場行動計畫」與「戰術計畫」間的「時間維度」比對、校正時，應特別注意：「現場行動計畫」的每一行動，其速度、節奏都應該依現場的具體實況而定，並不能隨意想像，而「戰術計畫」上所考量的時間常常是概念、想像的時間，因此，當兩個計畫在時間因素上出現不一致或衝突時，應儘量尊重「現場行動計畫」對時間因素所作的考量。同理，在「戰術計畫」與「策略計畫」的規劃、研擬過程，策略構思、規劃者也必須針對時間因素在各個事項上的作用及影響而在這兩個不同層次計畫之間，進行來回往復的比對、斟酌及調整；當兩個計畫在時間因素上出現不一致或衝突時，雖然兩個計畫所考量的時間都偏向概念、想像的時間，不過，因為「戰術計畫」與「現場行動計畫」的關係遠較「策略計畫」與「現場行動計畫」的關係為密切而會較為真確，所以，原則上應儘量尊重「戰術計畫」對時間因素所作的考量。

總之，策略的構思、規劃者若是能夠依循上述原則來進行三個計畫在時間因素上的協調、處理工作，則「策略計畫—戰術計畫—現場行動計畫」這三個性質不同但卻必需同時推動執行的計畫，在它們被付諸執行時，才有可能於「時間維度」上保持同步及調和，而不會成為難以相互關連的三個獨立計畫。

3. 三種計畫因思維邏輯之差異而產生的調和問題

「策略計畫」、「戰術計畫」及「現場行動計畫」三者，固然都是機構（或系統）的最高領導人及策略構思、規劃者進行策略構思及規劃活動的產物，不過，由於三者的性質、功能分屬不同層次，因而，三個計畫雖屬於同一策略方案的產物，但它們的思維邏輯卻是有所差異，而難以自動地完全調和一致。就「策略計畫」的本質及功能而言，策略的構思、規劃者在規劃上層的「策略計畫」時，他們自然會從「如何選擇妥適的基本目標」這一方向，來建構他的思維邏輯，也就是說，由於設法提出一項策略方案所應該去追求的「基本目標」，就是策略規劃工作的核心任務，他們自然會針對該一「基本目標」的「可欲性」或「可想望性」(desirability)進行考量、論辯及說理，而這種考量與辯證就成為「策略計畫」在思維邏輯上的主軸。因而，「策略計畫」自然就以：(1)「所選擇要追求的基本目標」確實是機構（或系統）在所處環境及情境中最值得去追求的目標，也是最具有「可欲性」及「可想望性」的目標，以及 (2) 為此一目標的必要性、合理性及可行性所提出的種種論辯、說明，然後，再以這兩大項目的思考結論作為「策略計畫」內容的最主要論述邏輯。例如，諸葛亮在「隆中對」向劉備所建議的策略方案中，對於他所提出的「天下三分」此一目標所具有的「可欲性」及「可想望性」，就是他的思維邏輯的核心、主軸。

其次，「戰術計畫」的思維邏輯則著重於，「策略計畫」所訂「基

本目標」與「戰術計畫」所定「目的」兩者間的連結邏輯，以及「目的與行動」間的連結邏輯。關於第一項思維邏輯的建構，需要策略的構思、規劃者具有較高的抽象性、概念性及想像性的思維能力，因為要將「策略計畫」所訂定要去追求的「基本目標」，透過合理、具說服力的推理、論述、說明後，將它轉換為「戰術計畫」要設法去達成的具體、明確、特定、可見的「目的」或「標的」時，策略構思、規劃者除要能夠詮釋「策略計畫」所定「基本目標」的意義外，還要能夠洞見到各種不同「戰術目的」與「策略目標」之間的關係，如此，他才可能為「戰術計畫」設定合理、具說服力的「目的」或「標的」。至於第二項思維邏輯的建構，是指：針對既定的明確、可見的「目的」或「標的」與要達到該一「目的」或「標的」的連串部署行動，就兩者間的連結關係所作的邏輯推演。由於「戰術計畫」所規劃、設計的連串動員、佈署「行動」，並不能保證所定「目的」的必然達成，也就是說，「手段」（即「行動」）與「目的」之間並不具有邏輯的必然性，所以，強調「戰術計畫」所規劃的「行動」在達成計畫所定「目的」上所具有的「有效性」及「合理性」，就成為「戰術計畫」的第二項思維邏輯的主軸。

　　由上述兩項思維邏輯的意義的討論，顯示，「戰術計畫」所要達成的「目的」與「策略計畫」所要追求的「基本目標」，兩者間若是未能具有合理的關連，將使「策略計畫」與「戰術計畫」彼此間的思維邏輯出現差異，進而會陷於難以調和的矛盾之中，而使機構（或系統）的策略方案極

可能遭受挫敗。例如，三國時代中期（公元 221 年至 222 年期間），劉備原想依諸葛亮所定「天下三分」的策略，持續與東吳孫權結盟，共同合作對抗北方的曹魏，然而，劉備卻因關羽的死於孫權部將呂蒙的計謀，而以替關羽復仇為藉口，自率大軍攻伐東吳，終於在猇亭為東吳大將陸遜所敗，避走白帝城，且於隔年（公元 223 年）憂憤而死；劉備此舉使蜀漢元氣大傷，蜀漢自此次敗戰後就只能偏安西南一隅，而難以達成諸葛亮在荊州原擬策略所定問鼎中原的目標，顯然，劉備征伐東吳的戰術行動，就是一項在思維邏輯上完全背離「隆中對」所定「策略計畫」的「聯吳抗魏」此一「基本目標」的舉動。

當然，若是「戰術計畫」所定的「目的」確實是可以充分彰顯「策略計畫」所定「基本目標」的「標的」，而且，「戰術計畫」所規劃的連串部署「行動」在達成計畫所定「目的」的成功性上，也是具有「有效性」及「合理性」的方法和手段時，這樣，「戰術計畫」與「策略計畫」的思維邏輯就極容易相互契合。例如，在三國時代前期（公元 207 年），劉備在認同並接受諸葛亮所提出的「天下三分」大策略之後，當他於隔年（公元 208 年，建安 13 年）面臨曹操佔有荊州的不利情勢，他就果斷並迅速地進行與孫權的結盟，共同合作抗曹，終於獲得「赤壁之戰」的勝利，也奠定了「三足鼎立」的態勢，這就是「戰略計畫」與「戰術計畫」的思維邏輯相互調和所產生的結果。

「現場行動計畫」的思維邏輯則著重於在各現場的連串「行動」的

規劃、設計，以及配合這些行動所需各種資源在「資源配置」及「資源運用」上的安排，因此，所規劃的連串「行動」與所需安排、配合的「資源」之間所必須具備的「合理性」及「效率性」，就應該是規劃者在思維、規劃「現場行動計畫」時，要特別注意的思維重點。此外，由於「行動」與「資源」間的連結方式，並不是以兩者間的邏輯必然性作為規劃、安排的依據，而且，在各現場進行連串行動所需要的「資源」的種類項目及運用方式，極為多樣、繁複，所以，「現場行動計畫」的思維邏輯就顯得較為繁細複雜，而不像「戰術計畫」的思維邏輯顯得清晰、明白。因此，策略的構思、規劃者在進行「現場行動計畫」與「戰術計畫」間的思維邏輯的調和工作時，他就必須更為費心、耐心地深入理解這兩層次計畫的細節事項。

第10章

策略的評估與執行

　　從前述第九章有關「策略的構思暨規劃」的討論中，所謂的「所形成的策略（或策略方案）」是指：思維並規劃出「策略計畫—戰術計畫—現場行動計畫」（或「戰略計畫—戰術計畫—現場戰鬥計畫」）這三個具層次性關係的計畫。不論所思維、規劃出來的這三個計畫其內容是詳盡或簡略，機構（或系統）的領導人及策略構思、規劃者在形成一項策略之後，他們還應該進一步對該一策略再加評估，確認策略內容的妥適性，然後才將策略付諸實施。經過評估的策略才不會僅只是空泛的「紙上談兵」，而是能夠引導機構（或系統）達到它所要追求的目標的可靠指南。本章將就策略的評估與策略的實施、執行所涉及的各項課題，分別加以討論，以協助機構（或系統）的領導人及策略構思、規劃者能正確評估他們自己（或規劃工作團隊）所研擬的策略方案，而使所思維、規劃的策略，更臻周延，不但具有實施的可行性，並且具有施行的成功性。

10-1 策略妥適性的評估事項

策略的構思、規劃者通常極易掉入「老王賣瓜、自賣自誇」的「自以為是」的思維狀態，特別是在策略方案的三個具層次性關係的計畫都已推演、規劃完成之後，他們更是傾向於自我確信：自己所完成的這三個計畫已是竭盡個人聰明、才智後所能提出的最好策略。因而，他們就極難針對自己所研擬的策略方案，自我進行客觀、務實的評估與批判，導致策略方案這三個具層次性關係的計畫中所存在的盲點及矛盾，常常未能在事先及早被發現，使得策略方案在推出執行之後，成效難如預期，甚至適得其反。所以，策略方案的這三個具層次性關係的計畫在構思、規劃完成之後，包括機構（或系統）最高領導人在內的全體參與策略構思、規劃工作的人員，都必須共同以客觀、務實、嚴謹的方法及態度來評估、檢視所研擬的策略方案的妥適性。本節將就一項策略方案是否妥適所涉及的四項主要評估事項，分別探討如下：

1. **針對策略所要追求的基本目標，評估它對機構（或系統）所具有的吸引力，亦即，評估機構（或系統）對該一基本目標的渴欲程度以及該一基本目標所具有的合理程度。**

理論上，一個策略方案若是確實依據第九章第 9-3 節所討論的九項思維、規劃程序所完成的，則該一策略方案所擇定要去追求的基本目標對於

機構（或系統）所具有的吸引力，不論是該一基本目標在機構（或系統）的生存與發展上所具有的合理性，或是機構（或系統）對該一基本目標的渴欲性，應該都是勿庸置疑才對。不過，由於「基本目標」在本質上涉及「價值」的選擇而具有相當強烈的主觀色彩（參考第五章第 5-3-3 節），亦即，「基本目標」很可能只是最高領導人及策略的構思、規劃者少數幾個人的主觀偏好，而不一定能代表機構（或系統）的最佳利益，也不一定是最能吸引機構（或系統）絕大多數成員認同、支持的一項「目標」。是以，策略方案所擇定的「基本目標」，應該從機構（或系統）對它的「渴欲」程度來檢視，方可確定它是否確屬妥適；另方面，也應該從機構（或系統）所在環境及處境的實況來檢視，評估它對於機構（或系統）在近、中、長程的生存與發展上所具有的「合理」程度，以確定它是否確實是機構（或系統）所適宜追求的「目標」。也就是說，策略方案所擇定要追求的「基本目標」，對於機構（或系統）的大多數成員是否確能產生足夠的吸引力，以及是否能讓環境的重要構成分子不會公開強烈反對，在在都需要策略的構思、規劃者於策略形成之後，從「渴欲性」及「合理性」兩個向度，重新對該一「基本目標」再加以深入評估、檢視。

　　對於策略方案所擇定要追求的「基本目標」而言，無論是「外部性目標」或是「內部性目的」（參考第五章第 5-3-3 節），都是機構（或系統）想要藉由策略方案的實施來達到的一種「新狀態」，因為機構（或系統）會認為：自身若能順利處在這一種「新狀態」，它將能與外部環境的

情勢相調適，並且可以進而取得最有利於本身持續生存及發展的地位及機會。因而，機構（或系統）所擇定要追求的這一種「新狀態」，不僅只是運用美麗、感性、振奮人心的詞藻所描繪的「願景」，也不光是某一項「標的物的取得」或是某一項「具體活動的完成」的標示而已，這一種「新狀態」應該是機構（或系統）的一個「新的定常狀態」（「定常狀態」之概念參閱第五章）的達成，在此一「新的定常狀態」下，機構（或系統）的內部運轉（或運作）效率及效能可以提升到更高水準的穩定狀態，而它在環境中的地位及影響力也可以獲得提高及增強，並且可以增進它與環境中具重要關連性的其他機構（或系統）、個人間的良好、有益的互動關係。

策略方案所擇定要去追求的「基本目標」，究竟會對機構（或系統）的領導階層、幹部及基層人員產生何種強烈程度的「吸引力」，機構（或系統）的領導人及策略構思、規劃者應該具有客觀、正確的評估。因為，「基本目標」對機構（或系統）全體成員所具有的「吸引力」的強烈程度，將會影響機構（或系統）成員在策略施行過程的「士氣」的高昂程度，進而影響他們願意為該一目標作出奉獻的「承諾」的堅定程度，從而在根本上決定了策略施行的成敗。策略方案所擇定的「基本目標」對於機構（或系統）的領導階層、幹部及基層人員，若是具有強烈的「吸引力」，亦即，所擇定的「基本目標」確實是機構（或系統）絕大多數成員所「渴欲」去追求的目標，則機構（或系統）的全體成員就能以高昂的

「士氣」及堅定的「承諾」來為該一「基本目標」的達成，作出努力與奉獻。因而，機構（或系統）的全體人員自然較有可能會同心協力、共同合作，並努力克服策略方案在施行過程中的各種未知困難，以促成策略方案施行的成功。策略方案所擇定的「基本目標」若是無法讓機構（或系統）的絕大多數成員對它產生「渴欲追求」的動機時，就很難持續凝聚機構（或系統）成員的「士氣」，也就不容易促使成員們將他們的力量及能力投入策略方案的推動，進而也就難以期望策略施行的成功。因此，機構(或系統)的最高領導人及策略的思維、規劃者必須深入地評估、檢視：他們所擬定的策略目標，從機構（或系統）的領導階層、幹部及基層人員的不同立場、觀點來看待時，不同階層、不同部門及不同背景的人員對於這一目標是否都會有「渴欲追求」的動機，若都有追求的動機時，不同的成員其動機強度，分別會是如何？

　　理論上，機構（或系統）的領導階層、幹部階層及基層人員對於機構（或系統）所擬定的策略目標的看法及態度，是不會相同的，由於他們每一個人的年齡、學經歷的差異，以及在機構（或系統）中所擔任職務的不同，他們對於該一目標的理解、認同、支持及渴欲程度，必然會有相當的差異，所以，無論是怎樣的策略目標，在實際上是很難獲得機構（或系統）全體成員的一致認同與支持，而只能爭取到大多數或絕大多數成員的認同與支持。另外，策略目標常用美麗、感性、抽象的文字來進行陳述，而使文字所表達的目標更具有高度的抽象性質、想像性質、模糊性質及晦

隱性質，以致於透過文字所表述的策略目標來直接並全面地徵詢機構（或系統）全體成員對目標的意見時，必然會因為目標陳述文字上的欠缺明確及精準，而使成員們對目標的認識及瞭解僅能停留在膚淺、模糊的狀態，難以深入，也就無法知道成員們對目標的真正認同、支持及渴欲的情況。此外，有時候策略目標並不適宜公開給機構（或系統）的全體成員周知，但又需要全體成員在策略執行過程能以高昂士氣來支持機構（或系統）對策略目標的追求，這時，就更不容易正確瞭解到成員們對目標的真正看法及態度了。因此，不論策略目標是否適宜在構思、規劃階段公開給大多數成員知道，機構（或系統）的最高領導人及策略思維、規劃者都必須能夠以冷靜及「易地而處」的「同理心」(empathy)，分別從領導階層、幹部階層、基層人員的特有立場及角色，嚴肅並深入地評估不同階層人員對於所擬定的策略目標所可能產生的「認同感」及「渴欲性」。如果不同層級人員或不同部門人員對於所擬定策略目標的「認同感」及「渴欲程度」有著極大的差異時，則最高領導人及策略的構思、規劃者對於原先所擬定的策略目標就應該主動地重新檢討、修正，直到各層級、各部門人員對新修正的策略目標的「認同感」及「渴欲程度」已屬相當接近，這時的策略目標對於機構（或系統）的全體成員而言，才有可能是一項能夠讓他們產生高昂士氣、堅定承諾並且具強烈「渴欲追求」動機的目標，這時候所確立的策略目標對機構（或系統）成員所具有的「吸引力」，才能稱為妥適。

至於對所擬定的策略目標進行「合理性」的評估，主要是在檢視、

檢討所定目標是否為「師出有名」的目標。所謂「師出有名的目標」是指：所定「目標」對機構（或系統）的全體成員而言，確實是一項「理所當然」值得去追求的目標；另方面，從機構（或系統）外部環境（或超系統）中的各方利害關係人 (stakeholders)（不論是個人、法人或機構）的立場來看時，這一「目標」也是一項可被理解的「名正言順」而難以公開表示反對的「目標」。只有當目標對內是「理所當然」而對外則是「名正言順」時，此項策略目標才具有「合理性」。大多數的策略目標擬定者對於由他們所主導擬定的策略目標，通常都會具有強烈去追求的「渴欲性」，因而就極易「自以為是」地認為所定的目標必然是「理所當然」而且「名正言順」。不過，對策略目標擬定者個人具有強烈「吸引力」、「渴欲性」的目標，並不必然就會獲得機構（或系統）大多數成員的「理所當然」的認同與共鳴，更不必然能夠獲得外部環境（或超系統）各方利害關係人的認同而取得「名正言順」的正當性及合理性。所以，從機構（或系統）內外部人員的觀點來評估策略目標的「合理性」，要比策略目標擬定者個人對目標是否具有強烈「渴欲性」更為重要。

　　許多策略之所以失敗，常是導因於所定「基本目標」的合理性不足，而成功的策略則大多具有一個可以說服機構（或系統）內外部利害關係人的「師出有名的目標」。例如，諸葛亮在隆中為劉備所擬定的「奪佔荊益二州、外聯孫權、孤立曹操、三分天下」的策略目標，就是一個不但能夠讓劉備集團人員產生強烈「渴欲」追求動機的目標，同時也是天下群雄所

會認同而難以公開反對的具「合理性」的目標，因此，劉備集團在這一目標的引導下，終能形成東漢末年魏、蜀、吳三國分立的局面。相反的，曹操在兵不血刃地降服荊州之後，立刻就以他身居漢丞相的地位及平定華北的威望，利用收降荊州的聲勢，想以百萬水陸大軍的氣勢，乘勢一鼓作氣地蕩平江東孫權，達成統一天下的終極目標，這是曹操在公元 208 年（東漢獻帝建安 13 年）發動「赤壁戰役」時所定下的策略目標；這一目標對曹操個人及他的核心部屬而言，固然具有相當強烈「渴欲」的追求動機，但對新歸降的荊州水軍而言，這是否為「理所當然」的「合理性」目標，恐怕就不無疑問了；當時，劉備所率領的荊州、襄陽不願投降曹操的十數萬民眾，以及已據有江東達三世之久的孫權與其核心部屬周瑜、魯肅等人，更公開表明，絕對不會降服於曹操「挾天子以令諸侯」的大軍壓境征伐舉動，所以，曹操南征的策略就不會具有「名正言順」的正當性及合理性；因此，「赤壁之戰」的結果是曹操大敗，他的百萬大軍折損過半，也使曹操原本可以統一天下的有利局勢全面改觀，從而形成曹操、孫權、劉備三人鼎足而立的形勢，進而造成後來魏、蜀、吳三國長期分裂的局面。另外，又如西元 221 年蜀漢劉備為了替其結拜兄弟關羽復仇，並奪回一年前被東吳孫權部將呂蒙以奇襲之計占領的荊州，而親自率領大軍攻伐東吳；對於此一策略目標，除劉備本人及其另一結拜兄弟張飛共同具有強烈的「渴欲性」外，蜀漢朝廷的百官都認為「此時不該置魏而攻吳，是捨本以取末，殊非上策！」也就是說，劉備的東伐孫權之舉，不但對蜀漢軍民

不具有「渴欲性」，而且以當時蜀漢內部統治的優先順序及外部魏蜀吳三國間的國際情勢而言，興兵征吳完全不具有「理所當然」或「名正言順」的「正當性」及「合理性」；劉備感情用事，一意孤行，而在西元222年於猇亭為孫權部將陸遜所敗，劉備大軍崩潰，全軍覆沒，他個人只能倉惶西逃至白帝城，就此羞愧病逝於白帝城，蜀漢經此挫敗，元氣大傷，縱使諸葛亮鞠躬盡瘁、死而後已，也僅能勉強偏安於西蜀一隅，雖有多次出兵祁山，實際上已難再與曹魏爭雄於中原了。

2. 針對策略施行時所要面對的真實環境情況，評估真實環境對策略的施行及成功所具有的有利程度。

對策略方案的研擬者而言，對於自己經過深思熟慮後所研擬、規劃的策略方案，他必然深信：在機構（或系統）當前所在環境（或超系統）及所面臨處境所形成的特殊情境中，確實存在一些「有利」於機構（或系統）去推展、施行他所擬定之策略方案的條件及因素，因此，策略方案在推出施行之後必定可以獲得成功。換言之，策略方案常是基於機構（或系統）所在環境及處境存在著一些有利條件及因素的「假設」或「前提」而被研擬、提出的，因此，機構（或系統）的最高領導人在評估策略方案的妥適性時，就必需針對所推測的環境未來演變趨勢（詳前述第九章第 9-3 節第 3 事項），深入詳查策略的構思、規劃者所「假設」或「先行設想」的有利條件及因素，是否確實存在於當前及未來的環境中，同時嚴格地檢

視與評估它們是否確實有利於策略方案的執行。

　　就前述第九章第 9-1 節「需要構思、規劃策略的情況」一節所述及的各種情況，顯示，需要進行策略構思、規劃的背景情況，可以粗略歸納為兩大類，即第一類情況：環境及處境明顯不利於機構（或系統）的生存及發展，與第二類情況：環境及處境明顯有利於機構（或系統）的生存及發展。換言之，機構（或系統）在研擬、規劃策略方案的時候，它所面臨的環境及處境情勢，不外是「處處充滿危機」或是「到處形勢一片大好」；這兩類截然不同的情況對所研擬策略方案所具有的「有利性」，必然明顯不同，因此，如何針對機構（或系統）的內外部環境實況，進行客觀、深入、冷靜的評估，以確認策略方案在預計施行當時所要面對的真實環境情況，對於策略方案在推展、施行的可行性上以及達成預期目標的可能性上，是否確實存在一些可靠的有利條件及因素，就成為機構（或系統）的最高領導人及策略構思、規劃者在評估他們所主導研擬的策略方案的妥適性時，所必須去面對的基本課題。

　　由於策略方案（即「策略計畫—戰術計畫—現場行動計畫」）必須在機構（或系統）所處環境中去推展、實施，而環境中的眾多其它機構（或系統）、社群、個人及各種事物又是變動無常且交互影響，所以，若是環境中並不存在一些適合或有利於去推展、實施該一策略方案的可靠條件和因素時，則該一策略方案將僅只是策略的構思、規劃者個人「一廂情願」式的主觀空想，此時，機構（或系統）的領導人如果不顧環境實況的欠缺

有利條件，而仍執意去施行個人主觀所偏好的策略，則該一策略方案不但不可能成功，反而會傷害機構（或系統）的能力及力量。因此，針對實施「策略計畫—戰術計畫—現場行動計畫」這三個具層次性關係的計畫所需要的環境條件，深入檢視當前及未來真實的環境情況是否能夠滿足實施策略方案所需要的環境條件，就屬於策略方案評估上的必要工作。

如果當前環境的真實情況以及未來的演變情勢，確實存在一些實施策略方案這三個具層次性關係的計畫所需要的條件及因素時，則此種環境情勢對該一策略方案的推展、實施，可以稱之為具有「有利性」。理論上，如果機構（或系統）在研擬策略方案當時，它所面對的環境及處境是「到處形勢一片大好」時，則策略的構思、規劃者對於策略方案這三個具層次性關係的計畫所需要的環境條件，就會傾向於以樂觀的態度作寬鬆的設定。當策略方案的這三個計畫都已研擬完成，而要開始作策略方案妥適性評估之時，如果這時候的環境情況仍是「形勢一片大好」，則實際的環境情況就有可能可以滿足（或符合）策略方案實施時所需要的環境條件；然而，如果這時候的環境情況已經有所變動，已不再是原先的「形勢一片大好」時，則實際的環境情況就不容易滿足（或符合）策略方案實施時所需要的環境條件，從而將使策略方案的這三個計畫難以在實際環境及處境中推展、實行，這時，策略方案的評估者就必須果決、明確地指出，原擬策略方案的這三個計畫已不能適用於此時的環境情況，並且要求策略規劃工作團隊立刻依環境實況修正策略方案的這三個計畫，務使修正後的策略方

案的這三個計畫在已不是「形勢一片大好」的實際環境情況下，仍然能夠具有推展、施行的可行性並有獲得成功的高度可能性。

同理，如果機構（或系統）在研擬策略方案當時，它所面對的環境及處境是「處處充滿危機」時，則策略的構思、規劃者對於策略方案這三個計畫所需要的環境條件，就會傾向於以謹慎的態度作保守的設定。當策略方案的這三個計畫都已研擬完成，而要開始作策略方案妥適性評估之時，不論實際環境情況的形勢是比策略方案規劃當時變得更好或變得更壞，由於原擬計畫所需要的環境條件是以較為保守的態度來設定的，因而環境的實況比較不會過度偏離計畫所需要的環境條件，所以，也就比較容易確保策略方案的這三個計畫具有推展、施行的可行性。

很顯然，策略的構思、規劃者對於環境情況的發展趨勢及可能變動所作的「推測」或「設想」，如果不會因為過度樂觀或保守而偏離實況，則他對於策略方案這三個具層次性關係的計畫在施行上所需要的環境條件，就比較可能做出合理的設定。然而，不論策略的構思、規劃者對環境發展趨勢及可能變動的「推測」是保守或樂觀，當策略方案的評估者在作策略方案妥適性的評估時，他必須獨立、客觀地重新針對下述問題進行探究及檢視：實施策略方案所需要的環境條件與當前的真實環境情況相比較，兩者之間的符合程度究竟是如何，而兩者之間的差異究竟又是怎樣，以及這些差異是否會影響策略方案的施行。從而，策略方案的評估者也就比較容易評估出：當前的環境及處境是否有利於所研擬之策略方案這三個計畫

的推展、實施，進而也就能確認出：策略方案的這三個計畫在當前環境下推行實施的可行性及達成預期目標的可能性，究竟是如何。最後，策略的構思、規劃者就能依據策略方案的評估者對策略方案妥適性所作評估的結果，進行策略方案的這三個計畫的修正與調整。

　　策略方案在預計要開始施行的時間點到臨之前不久，如果當時的真實環境情況與策略方案的這三個計畫所設想的環境條件，仍然是大致相符合或差異不大時，則策略方案的這三個計畫只需依據環境實況稍加微調，就可以予以啟動、施行。不過，如果當時的真實環境情況與策略方案的這三個計畫原所設想的環境條件，有著太大的差異時，則很顯然，策略方案的這三個計畫的內容及施行時機一定要重新調整、修正。這時，機構（或系統）的最高領導人及策略構思、規劃者對於最初在研擬策略方案的這三個計畫時所設想的環境條件，就必須依據真實的環境情況重新設定，並且將這三個計畫的內容進行大幅度的修正，之後，再重新經過策略方案妥適性的評估，若於評估後能夠確認經修正後的策略方案的這三個計畫，在真實環境中確實具有推展、施行的可行性時，才可以啟動、施行此項修正後的策略方案。若是策略方案的這三個計畫的內容，十分難以依照當時環境的真實情況作大幅度修正，此時，機構（或系統）的最高領導人就應該斷然放棄在此一時間點去施行這項策略方案，絕對不要勉強，同時，他也應該馬上要求策略的構思、規劃者（即策略規劃工作團隊），即刻針對當時的真實環境情況，重新構思、規劃新的策略方案的這三個具層次性關係的計畫。

　　由於機構（或系統）外部環境的實際情況隨時在變動，也就是所謂的「時移而勢異」，當外部環境的情勢已經有所改變時，則策略方案的這三個計畫也就應該依環境的實況作必要的修正。然而，若是環境情勢的變動幅度已遠超過最初構思、規劃策略方案時所能設想到的程度，則不論當時是策略方案的這三個計畫正準備要啟動施行或是已經施行一段時間，機構（或系統）的最高領導人都應該放棄原訂策略方案的繼續施行，而即刻重新構思、規劃能夠因應環境新形勢的新策略方案及所對應的三個具層次性關係的計畫。若要使機構（或系統）能夠如此敏銳、機動地回應環境的突變或劇烈變動，則機構（或系統）的最高領導人及策略構思、規劃者就必須能夠隨時正確掌握到環境的真實情況，並且能夠正確評估環境實況對策略方案的三個計畫在實施上的有利及不利狀況。機構（或系統）的最高領導人若不能正確評估環境所顯現的變動對策略方案的這三個具層次性關係的計畫在實施上的有利及不利影響，反而自我陶醉於以往的成功經驗，或是自滿於策略方案實施初期所獲得的成果，而不願面對或不能正確評估環境情況變動對繼續推動策略方案的不利性，仍然「一意孤行」地堅持原擬策略方案的三個計畫的推行，最終必定會使策略方案的施行遭致重大失敗，也讓機構（或系統）蒙受重大損失。

　　例如，東漢末年三國分立跡象尚未出現之時，曹操在西元 208 年秋（東漢獻帝建安十三年八月），趁荊州牧劉表剛過世，調動中原幾十萬大軍，以雷霆萬鈞之勢殺奔荊州，劉表次子劉琮不敢抵抗，立即舉州迎降，

曹操兵不血刃，長驅進入荊州，取得重大勝利；然而，此時在荊州樊城屯兵的劉備及諸葛亮雖然率領十餘萬民眾敗退至漢水與長江交口處的江夏樊口，卻不願投降曹操，反而由諸葛亮過江說服江東的孫權共同結盟，一起在赤壁隔著長江與曹操大軍對峙；從九月對峙到十一月，時序已進入隆冬，江風寒冷，曹操的北方部隊不習慣南方的水土氣候，有大量士兵染患疾病，而且，曹操的中原兵馬不擅水戰，而新近投降歸附的荊州水兵對曹操並非真心順服，顯然，曹操大軍這時候所面對的內外部環境情勢，已經從「形勢一片大好」悄悄地轉變為相當不利，但是，曹操仍然志滿意得地在戰艦方陣中與將士飲酒取樂，橫槊高歌「短歌行」；所以，水師停泊在長江南岸的周瑜一旦掌握到冬天不常出現的東南風的風勢時，就突然發動火攻，周瑜及劉備部隊水陸並進，瞬間就使曹操的八十萬大軍折損大半；一場赤壁大戰使得天下局勢為之扭轉，原本掌握著統一天下大好局勢的曹操，經此敗戰後，已無能南顧，而曹、劉、孫三家鼎立的三國分立局面，在赤壁戰後就逐漸形成。顯然，曹操在赤壁之戰的失敗，主要在於他對於赤壁戰場的環境、天候及處境可能會出現哪一些變化，以及當發生機率極低的天候變化一旦真的出現時，究竟會對他的部隊（即他的系統）及佈陣（即他的戰略、戰術計畫）產生那些不利的影響，他或是未能察覺，或是輕忽，或是未能正確評估，而仍持續施行大軍南下之初所擬定的策略計畫及戰術計畫，所以，赤壁長江上的東南風一起，就使曹操招致他一生最大的敗戰，也促成了後來三國鼎立的局面。

3. 針對執行策略所需要的各種資源，評估機構（或系統）所掌握的資源的充裕性。

任何策略方案的推展、施行，必然要耗用機構（或系統）大量的人力、物力及財力等各種類資源。由於策略方案在施行過程中要面對環境許多難以事先精確預測的變化，因而策略方案的施行過程充滿不確定性，是以，沒有任何人能夠在策略方案施行之前就正確估算出：執行該一策略方案直到達成預期目標所需經歷的「時間長度」及所需耗用的「資源數量」。然而，為了避免策略方案在施行過程出現所需資源不足或欠缺而導致失敗的情況，在策略方案施行之前，機構（或系統）的領導人及經營者就務必要確保：他已確實掌握到相當充裕的人力、物力、財力等各種資源，可以在所規劃的「時間長度」內持續地提供現場行動單位所需要的各種資源，直到成功地達成策略方案所要追求的目標。所以，針對執行策略方案所需要的各種資源，正確評估機構（或系統）對這些資源的掌控、調度能力，以確保機構（或系統）可以提供充裕的資源來支持策略方案的執行，就成為機構（或系統）最高領導人在下達策略方案的三個具層次性關係的計畫的執行命令之前，他必須審慎進行的一項評估工作。

策略方案所需要的各種資源如果不能在執行過程中及時地充分提供，則策略方案將無法產生任何實效，而只不過是「紙上談兵」的空想性創意。如果機構（或系統）所能掌控的資源有所不足或欠缺時，最高領導人卻貿然下達執行策略方案的命令，則不僅策略方案無法獲得成功，甚或會

為機構（或系統）帶來重大禍害。因此，《孫子兵法》的第二篇〈作戰篇〉即開宗明義地強調：「孫子曰，凡用兵之法，馳車千駟，革車千乘，帶甲十萬，千里饋糧；則內外之費，賓客之用，膠漆之材，車甲之奉，日費千金，然後十萬之師舉矣。」顯示，國家領導人及將領在舉兵興師之前，務必備妥充裕的作戰需用資源，已是自古以來的戰略明訓及圭臬。

　　至於機構（或系統）對於施行策略方案所需用的各種資源，究竟應該分別擁有多少數量的掌控、調度能力，才算是具充裕性，則因策略方案的三個計畫所要面對的環境因素複雜多變，而使所需用的各種類資源的消耗情況充滿不確定性，因而，在一般情況下是難以深入各細類資源去精確評估機構（或系統）所作的掌控、調度準備是否可稱充裕。雖然，要在策略方案執行之前就精確評估機構（或系統）所需用各種類資源的準備是否充裕，確是極為困難，有時甚或是不可能，但是，最高領導人及策略方案的評估者在策略方案施行之前針對機構（或系統）所掌控各種類資源的充裕性，作適度且合理的評估，不僅是必要而且也是可能的。若要合理地評估機構（或系統）執行策略方案所需用各種類資源是否已有充裕的準備，策略方案的評估者就不能僅只針對策略計畫及戰術計畫所需用的資源來評估機構（或系統）所掌控資源的充裕性，還必須深入到現場行動計畫的資源需求，評估者若能以現場行動計畫的詳細需求來檢視機構（或系統）所準備的資源種類及各類資源的數量是否充裕，並且深入檢視機構（或系統）的後勤支援運作機制是否能夠及時地將所需求的不同種類資源如實如數地

運送到各行動現場，如此，所作的資源充裕性評估才可說是適當且合理。換言之，策略方案的評估者必須有能力深入瞭解策略方案執行時各行動現場的細部動態的各種可能實況，他才有可能正確評估機構（或系統）所準備的需用資源是否充裕。

　　事實上，縱使是具備豐富經驗的最高領導人，當他面對策略方案所要應對的新環境時，也常會出現錯估他所準備的需用資源的充裕性，而遭致策略執行的失敗。例如，西元 1812年 拿破崙率領五十萬大軍準備進攻俄羅斯[註10.1]，在開戰前有整整一年的時間，拿破崙一直在為大戰作準備，包括：軍隊、軍火堆棧、後備軍、一千四百尊大炮、攻城炮隊、築橋器材、浮橋、要由成千上百船隻及車輛運送的小麥穀物軍糧等資源的籌集調度，這麼龐大數量的人員、輜重、物資，必需在開戰前從拿破崙所統治的中歐、西歐及南歐各地，集結到俄羅斯與波蘭邊界的涅曼河西岸附近；當拿破崙準備渡河發動攻擊之前，他才發現，從波蘭以至莫斯科的整個東歐大草原上，並沒有幾個可以將麥子磨成麵粉以供軍隊烘製麵包的磨坊，而且同樣棘手的，他這時也發現他無法確知，東歐大草原上的青草是否有足夠的草料可供軍馬之需，草料若是不足，他已根本無從自後方運輸十五萬匹

■ [註10.1]

參閱 Emil Ludwig (1881~1948) 所著《Napoleon I., Emperor of the French, 1979~1821》之中譯本《拿破崙傳》第四章（大地出版社，2002 年 4 月，台北）。

軍馬所需的飼料到俄羅斯前線；因此，當俄軍避而不戰地向後方撤退並同時實施堅壁清野的戰術時，俄軍燒掉撤軍沿途的全部糧倉，使拿破崙所率領的法軍沒有麵包，沒有蔬菜，只有不新鮮的肉食，軍中痢疾日益流行，而戰馬則因吃了茅屋上帶有泥土的枯草後，大量倒斃，積屍塞途；在向莫斯科進軍途中並無重大戰鬥，但法軍兵馬雖未接戰卻是傷亡慘重，實已注定拿破崙的征俄作戰要以慘敗收場。

　　就現代企業而言，企業對於執行某項策略方案所需資源的準備是否充裕在進行評估時，企業通常都將需求資源準備的評估，轉換為對該一策略方案所對應的財務計畫的評估，也就是說，一般都只針對執行策略方案的這三個計畫所對應的財務計畫，深入並務實地評估財務計畫的合理性及可行性。不論在理論上或實務上的經驗，都一再指出：若是策略方案的財務計畫不具備合理性及可行性，則不管該一策略方案本身是如何的具有渴欲性，當前的環境是如何的具備有利性，企業的最高領導人及經營者都不應該貿然地進行該一策略方案的推展、施行。然而，許多企業領導人及經營者卻常基於他個人對市場的樂觀預期，積極地規劃各種經營策略，在同一段時間內進行了多項投資計畫，不過，他卻未能務實地評估各項投資計畫所匯聚的資金需求在現金流通量上所形成的動態性變動情況，而常過度地操作財務槓桿來調度資金，以致當經濟景氣或市場供需情況突然出現大幅意料外的變動時，自然就造成企業「資金缺口」的瞬間擴大，進而出現資金週轉失靈，終於發生財務危機，甚至不得不宣布倒閉。

　　1997 年亞洲金融風暴期間，南韓、印尼、馬來西亞、泰國等地無數企業的破產、倒閉，幾乎都是上述企業自有資金充裕性評估不切實所造成的案例。此外，1998 年及 1999 年我國的台鳳公司、萬有紙業、安鋒鋼鐵、國產實業、耀元電子、東隆五金、新巨群集團、漢陽集團、櫻花集團、東帝士集團、宏福集團等上市上櫃公司，都相繼發生財務危機，造成這些企業或倒閉或更換經營者，這些發生財務危機的我國企業案例，也都顯示，這些企業在推展各種經營策略方案（不論是開拓新市場、擴增產能、上下游整合、或多角化經營）的過程，它們的領導人及經營者並未正確或務實地評估執行策略方案所需資源的充裕性（即財務計畫對應於企業整體資金需求的合理性及可行性）。而 2008 年由次級房貸所引發的全球金融海嘯，對全球經濟體系之各行各業所造成的重大衝擊，更是再次顯示：由於企業經營環境的高度不確定性，因而企業在推展各種投資或營運的策略方案時，務必準備好充裕的自有資金、穩健財務計畫的重要性。所以，企業領導人及經營者所構思、規劃的各種經營策略，不論策略方案具有多大的渴欲性或當時環境出現多難得的有利性，都必須在具有合理性及可行性的財務計畫相匹配時，才能將策略方案予以推展、執行。

4.針對機構（或系統）的領導幹部，評估他們推行策略的執行力。

　　通常，機構（或系統）的最高領導人在提出或認可一項策略方案時，都會不自覺地假設：他自己及機構（或系統）的幹部、成員在機構（或系

統）既有的組織文化與運作機制下，一定能夠確實貫徹該一策略方案的執行。因而，機構（或系統）的最高領導人及策略的構思、規劃者在提出一項策略方案時，他們就很少嚴格地檢視自家機構（或系統）既有的組織文化、運作機制及幹部成員們的能力或素質等因素，究竟會與策略方案的三個計畫在執行上產生什麼關係，因而也很少針對這些因素來客觀地評斷：自家機構（或系統）對於該一預備要施行的策略方案，究竟具有何種水準的執行力？如果一個機構（或系統）的組織文化、運作機制及幹部成員們的能力或素質，對於一項策略方案的落實執行，在本質上是難以配合或是有明顯不足時，則該項策略方案不論其目標是如何的宏偉，構想是如何的奇妙，內容是如何的周全，推理邏輯是如何的嚴謹，基本上仍只是一項「紙上談兵」的空泛想像，就像是寓言故事裏所講的那則笑話，所謂的「奇謀妙計」，只不過就是故事中那一群無膽、無能在貓脖子上吊掛鈴鐺的老鼠所作的空論。

　　要評估一個機構（或系統）對於某項特定策略方案究竟具有何種水準的執行力時，除了要檢視該一機構（或系統）的最高領導人對於該項策略方案的認識深度及支持熱忱外，也要檢視他的經驗、性格及領導力，此外，更重要的是，要檢視該一機構（或系統）的「整體運作機制」，是否協調並具效率、效能，以及該一機構（或系統）的組織文化，能否促成參與策略方案執行的各級幹部與全體成員，嚴明紀律並齊心一致。由於策略方案在施行的過程要經歷相當長度的時間，在這段期間，機構（或系統）外部環境

的各個構成分子、關連因素等，仍然會依照它們各自既有的角色功能、運作節奏進行它們各自的常規、例行活動，它們的這些常規、例行活動基本上並不會受到機構（或系統）所施行的策略行動及相關舉措的影響（除非是由策略行動所要作用的環境構成分子所施行的活動，才有可能受到策略行動的影響），依然會出現各種對機構（或系統）而言是難知、難測的變動，所以，機構（或系統）在策略方案施行過程所面對的內外部環境，必然充滿高度的不確定性，而使機構（或系統）在策略方案施行過程的每一個階段，它的運作機制及幹部員工們都必須承擔許多非預期的困難及壓力。對於這些非預期性的困難及壓力，只能倚賴機構（或系統）的最高領導人、各級幹部及全體成員所具有的執行力來應對、克服。因此，策略的評估者必須正確評估：機構（或系統）的領導階層、各級幹部及全體成員，他們在既有的組織文化及運作機制下，當他們面對策略方案執行過程所必然出現的各種非預期性困難及壓力時，他們究竟能夠具有什麼水準的執行力來推行策略方案的這三個計畫？經過這樣的評估，機構（或系統）的最高領導人才能確知該一策略方案的三個計畫是否可以被落實執行，而且瞭解到他所帶領的幹部是否能夠以靈活、有效的方式及堅定的意志去應對、克服策略執行過程所出現的各種非預期困難及壓力，然後，他才能進一步研判，他所領導的機構（或系統）是否能夠達成策略方案所要追求的目標並獲致策略的成功。

事實上，機構（或系統）的最高領導人如果具備冷靜的性格及客觀的態度並且擁有豐富的現場實戰（或指揮執行）經驗時，則他本人應該就

是，最能深入評估機構（或系統）在策略方案的推行上究竟具有何等執行力的最佳人選。因為，機構（或系統）的最高領導人是唯一必須承擔起機構（或系統）生存及發展的最終成敗責任的人，也是他在負責帶領、指揮整個機構（或系統）的全盤運作，他不僅是最了解機構（或系統）幹部、人員及資源實況、細節的人，而且也是最清楚策略方案推行的重點及關鍵所在的人，所以，在理論上，只要最高領導人具有客觀的態度及冷靜的性格，那他自然就是最能深入評估機構（或系統）推行策略方案的執行力的最佳人選。另外，雖然每一個人在臨事時都不免會有「當局者迷，旁觀者清」的盲點，而需要聽取局外第三者的意見，不過，由於策略方案對任何機構（或系統）而言，常是高度機密之事而不能隨便向外人道及，所以，通常極難找到適宜的局外第三者來作客觀的評估，因此，機構（或系統）的最高領導人就責無旁貸地必須擔任評估機構（或系統）在策略方案推行上所具執行力的最重要角色。

　　1796 年 3 月，拿破崙率領三萬名軍隊，翻越冬雪尚未融化的阿爾卑斯山進軍義大利，應該就是最高領導人精確掌握一個機構（或系統）所具有的策略執行力的極佳範例[註10.2]。1796 年 3 月拿破崙奉革命後的法國督政府

■ [註10.2]

參閱[註10.1]《拿破崙傳》一書之第二章。

的命令進兵義大利，向奧匈帝國與義大利北方薩丁王國所組成的聯軍發動攻擊，以解除歐洲各國王室聯盟對法國共和政權的威脅。拿破崙所率領的這支軍隊已在阿爾卑斯山邊境駐守三年之久，長年食不果腹、衣不蔽體，有四分之一的士兵生病住院，另有四分之一，或是死於戰鬥、被俘，或是開小差逃亡，士氣極為低落；當時整支軍隊的實際裝備只有二十四門山砲，四千匹飢餓的瘦馬，三千萬枚銀法郎和供這三萬名士兵按每日一半口糧標準維持一個月的糧食，軍隊中沒有工兵軍官，沒有正規炮兵，沒有一個人曾參加過攻城戰。拿破崙孤身一人及三、四個忠實僚屬從巴黎奉命前來率領這支挨餓中的軍隊，要以這點可憐的武器糧餉，前去征服義大利。拿破崙親自擬定的進軍義大利的戰略，是師法西元前 218 年迦太基名將漢尼拔率軍以 15 天翻越阿爾卑斯山進攻羅馬共和國的策略，因此，他必須在 4 月中旬冰雪融化之前繞越過阿爾卑斯山的群峰，然後出其不意地攻入義大利北方平原。拿破崙在到任後的最初二十天，像旋風般地工作，他親自規劃並執行作戰計畫，發出一百二十三項書面命令以確保軍隊糧餉的供應；他同時大力整頓軍紀，平定一個旅的兵變，檢閱部隊，發布每日軍誌，鼓舞士氣，終於使這些原本軍心動搖、萎靡不振的士兵變成為一支勁旅。最後，拿破崙與他的三萬士兵也和二千年前的漢尼拔軍隊一樣，以兩週的時間越過阿爾卑斯山脈，並於 1796 年 4 月 12 日在義大利北部皮埃蒙特平原擊潰奧匈帝國與薩丁王國的聯軍。這時，距離他受命為遠征義大利的軍司令官（1796 年 2 月 23 日）還不到 50 天，距離他率軍啟程開赴義大利

（1796 年 3 月 11 日）也才僅一個月而已。

　　拿破崙成功進軍義大利的事例，充分顯示：拿破崙對於自己所擬定的「趁冬雪未融之時儘速翻越阿爾卑斯山」的創意戰略，確實是他深思熟慮並精密計算後所擬定的戰略，對於此一「戰略計畫」所含括的「戰術計畫」及「現場戰鬥計畫」所涉及的諸多執行細節，以及要獲取這項戰略計畫的成功所必需先行塑造、安排的具體條件，他都了然於胸，同時，他對於他所率領的這支三萬名士兵所組成的遠征軍的心理狀態、體能狀態、戰鬥能力以及武器糧餉供應狀況等，都有極為深入且正確的評估及掌握，所以，他才能帶領他的士兵貫徹執行他所研擬的這一項一般人所不敢想像的大膽、創意「戰略計畫」，並在最後獲得戰略的最大成功。

10-2　策略方案的基本執行步驟

　　所謂的「策略執行」，就是機構（或系統）將所思維、規劃並經評估後而擇定的策略方案所含括的「策略計畫—戰術計畫—現場行動計畫」這個具三層次性關係的計畫，予以推動、執行的整個過程。理論上，任何一個經過機構（或系統）正式確定要去施行的策略方案（即「策略計畫—戰術計畫—現場行動計畫」這三個計畫），必然是機構（或系統）的策略

構思、規劃者及規劃工作團隊業經過周詳的規劃、設計以及縝密的評估之後才能形成的，而且，機構（或系統）的最高領導者（或領導團隊）也認可了該一策略方案的合理性、可行性及高度的成功可能性，最後，機構（或系統）的最高領導人才會正式下達將其付諸執行的命令，因而，機構（或系統）各部門、各單位的全體人員只要依據該一策略方案的三個計畫的內容，照表操作，應該就可以達成該一策略方案所要追求的目標。然而，正如本書前述各章所再三強調的基本觀點：機構（或系統）內外部環境的複雜多變本質（即多變、無常），使得各種難以預知、預見的變動及變化，隨時都有可能發生、出現，因此，幾乎沒有任何一個策略方案的執行過程，是完全遵循原規劃的三個計畫的內容來照表操演的。所以，在實際上，機構（或系統）各層級主管及人員在策略方案執行的過程，他們都必須依據內外部環境的變動實況，隨時靈活地修正、調整原規劃的三個計畫所訂定的活動、措施、作法或動作，這樣，他們才有可能達成機構（或系統）所要追求的策略目標。總之，機構（或系統）的最高領導人及領導團隊在推動、執行策略方案的三個計畫的整個過程，他們應該針對在本節下述篇幅所討論的各注意事項，特別予以關注，才能在策略方案執行過程中，隨時靈活、機敏地因應策略方案的三個計畫所未預見但卻出現的內外部環境變動及變化，進而確保策略目標的達成。以下即就策略方案執行過程中，機構（或系統）最高領導人依序應該特別注意的各事項，事實上，也就是任何策略方案的三個計畫的基本執行步驟，分別進行探討。

1. 指派或募集合適的核心人員組成「任務小組」(Task Force)。

如果策略方案的三個計畫經評估後已決定予以推動、執行，這時，機構（或系統）的最高領導人就應該依據策略方案這三個具層次性關係的計畫的任務特性，儘速從機構（或系統）內外部去尋求、募集、指派適合擔任該項策略方案執行任務的核心人員，並將他們組成任務小組 (task force)，然後授權此一任務小組，讓他們全力去執行策略方案的三個計畫所規劃的內容。這也就是《孫子兵法》之〈勢篇〉所謂的「擇人而任勢」，亦即依據該一策略方案的三個具層次性關係的計畫的任務需求，挑選可以承擔這些任務的合適人員去執行該一策略方案，也就是「量人之材，隨短長以任之，不責成於不材者也。」

顯然，負責推動、執行策略方案的任務小組就是機構（或系統）推行策略方案的引擎，小組的每一成員既然是策略執行的核心人員，因此，他們都必須深入瞭解、認同策略方案的這三個計畫所要達成的策略目標，也都必須要熟悉這三個計畫的內容細節。此外，任務小組的每一成員也都要充分認識機構（或系統）既有的組織文化與運作機制，這樣，任務小組才有可能在機構（或系統）中成為推動策略方案的力量源頭，發揮出帶動整個機構（或系統）的所有部門、人員及資源來合作執行策略方案的作用。因此，機構（或系統）的最高領導人（實質之最高領導人而非僅只是名義上或形式上的最高領導人），他若是能夠親自擔任此一任務小組的領導人、指揮官、支配者，將能使任務小組的運作，確實可以帶動整個機構

（或系統）傾全力投入策略方案的執行。

2. 確定行動計畫 (Action Plan)。

　　執行策略方案的任務小組在組成之後，應該立即依據策略方案的三個具層次性關係的計畫的內容以及機構（或系統）的組織、運作機制、人員及資源等的實況，迅速研擬出執行策略方案的「行動計畫」(action plan)。這個行動計畫必須包括本書第四章圖 4-2 中的「行動計畫」的各個事項，亦即：(1) 行動的總目標，(2) 行動的具體步驟及每一步驟所要達成的狀態，(3) 每一步驟的人員、組織及分工，(4) 每一步驟在進行過程中各種相關訊息的傳遞機制，(5) 每一步驟的指揮鏈、負責人及相關協調機制，(6) 每一步驟在進行過程中若是遭遇突發或意料外的情況時，應依循的應變處理程序或機制，(7) 行動的每一步驟在進行過程中所需要的後勤支援事項及其作業流程，(8) 行動的每一步驟的啟動狀態及結束狀態（即每一步驟的起始及終了的時機），(9) 全部行動預計要耗用的總時間長度及推行的日曆期間，以及 (10) 行動的每一步驟的進度時程（即行動計畫中各個步驟的施行時間表）等十個事項。只有當任務小組的每一成員都已相當清楚行動計畫的上述十個事項的所有內容細節時，機構（或系統）才能正式啟動策略方案的執行活動。

3. 調整機構（或系統）既有的運作活動，並展開執行策略方案所需要的人力、物力佈署。

　　任何一個機構（或系統）在開始推展任何一項策略方案時，它必須一方面維持既有的日常運作，一方面則同步推展策略方案所需要進行的各種活動，這種「兩面作戰」的狀態，通常必須持續到策略目標達成之後才有可能結束。因此，執行策略方案的三個計畫的任務小組在依循行動計畫所研訂的步驟，要開始啟動行動步驟之前，小組必須針對上述所稱之機構（或系統）所要面對的「兩面作戰」的情況，先行完成因應這種情況所需要的各項調整、動員及佈署工作。換言之，任務小組必須針對機構（或系統）既有的日常及例行運作活動先進行適度的調整，以使機構（或系統）既有的必要日常及例行運作活動，能夠以最小量的人力、物力資源投入就可獲得維持，然後，任務小組才有可能將執行策略方案之行動計畫所需的大量人力、物力資源，自機構（或系統）的各個部門、單位予以抽調、動員、集結。在完成機構（或系統）既有運作活動的調整工作之後，任務小組必須將所抽調、動員、新徵集的大量人力、物力資源，儘速予以集結、盤點，並確保這些資源的種類及數量可以滿足策略方案之行動計畫的需要。然後，小組就可依循行動計畫所作的規劃，將這些人力、物力資源進行配置、調度，以完成策略方案進入執行階段所需要的佈署工作，而使整個機構（或系統）確實完成「開戰」的準備，也就是說，這時候的機構（或系統）業已針對策略方案的三個具層次性關係的計畫的執行（即行

動計畫的啟動），準備妥當，機構（或系統）的最高領導人已能隨時下達「開戰」或「GO」的啟動指令。

4. 查核周遭環境實況與行動計畫所預設情況的相符程度，並確定行動的啓動時間。

　　行動計畫的各項佈署工作若是業已準備妥當，機構（或系統）的最高領導人接著就要決定行動計畫的第一個行動步驟的啟動時間。適當和正確的行動啟動時間，能夠使行動計畫中的戰術安排發揮最大的效果，例如：三國時代的赤壁戰役，周瑜及諸葛亮在戰前的各項作戰準備雖然已是「萬事俱備」，但卻一定要等到「東南風吹起」時，才下達開戰的行動指令；再如，1944 年第二次世界大戰盟軍反攻歐洲大陸的諾曼第登陸戰役，盟軍統帥艾森豪將軍也是在陸海空三軍近百萬部隊登陸作戰的準備業已萬事俱備的情況下，依據英倫海峽的天候變化，才確定以六月六日作為登陸作戰的「D Day」。從上述兩個歷史例証，充分顯示：機構（或系統）的最高領導人在策略方案的行動計畫的佈署工作已經準備妥當後，最高領導人仍然必須非常慎重地再三查核周遭環境實況與行動計畫所預設情況的相符程度，然後在環境實況已發展或演變至最接近行動計畫所預設情況的時候，也就是一般所謂的「時機成熟」時，最高領導人才確定行動的啟動時間點並下達啟動指令。另外，上述的兩個歷史案例也顯示：由於行動啟動時機的正確、適當，而使策略（或戰略）方案所規劃的戰術設計（例如「赤壁

之戰」的「火攻戰術」及「諾曼第登陸戰」的「奇襲戰術」），發揮了最
大的效果，而使策略（或戰略）目標可以圓滿地達成。

　　要再加強調的是：所謂的「正確、適當的行動啟動時間點」並沒有任
何客觀的判準可供事前設定，通常也只有在這個行動計畫啟動執行並且獲
致初步成功之後，才能確定行動啟動時間確為正確、適當。所以，行動計
畫的啟動時間只能依憑機構（或系統）最高領導人他個人對於行動計畫內
容的瞭解深度，對周遭環境實況相關資訊的掌握程度（特別是對於環境重
要訊息在精確性、即時性與及時性上所具有的掌握程度），以及他個人的
領導、指揮實戰經驗與性格等因素，由最高領導人獨自作出決定。

5. **各現場的行動實況及行動結果的各種訊息，應即時 (real time)
　並儘可能充分地將其回報給任務小組，由任務小組研判現場行
　動實況有無偏離行動計畫之預期，並立刻針對已偏離行動計畫
　之預期的現場行動作出必要的修正。**

　　機構（或系統）一旦正式開啟策略方案的執行行動，原則上，機構
（或系統）的各部門、各單位都會依據行動計畫所安排的行動步驟，在各
行動現場依序執行各自的任務。不過，由於行動現場的環境實況及行動執
行人員的臨場作為都具有高度的不確定性，並非行動計畫所能完全預知和
預設，因此，現場的行動實況及行動結果必然無法完全如行動計畫所預期
般的發生、出現，而會與預期情況有所出入甚或偏離。為了避免現場實況

過度偏離行動計畫的預設情況而造成策略方案所要追求的目標無法達成，任務小組及機構（或系統）的最高領導人就必須儘可能同步、即時 (real time) 地掌握到各行動現場的實況訊息，特別是行動計畫所訂各行動步驟的執行實況及行動結果的相關訊息，更要即時並充分地被回報給任務小組知道，以使任務小組能夠即時確認出行動的結果是否有偏離行動計畫的預期範圍。如果某一現場的行動結果已經偏離預期的範圍時，任務小組就要迅速地要求該一現場執行人員作出必要的修正，以確保該一現場的後續行動的結果，能夠讓該一現場的實況回復到行動計畫所預期的情況，進而促成策略目標的達成。因此，任務小組在行動啟動之前就必須依據行動計畫所訂定的「每一行動步驟在進行過程中各種相關訊息的傳遞機制」，確實在機構（或系統）內部所有參加行動計畫之執行的各個部門、各個單位中，建立起這一套行動計畫相關訊息的優先傳遞機制，以使各行動現場的行動實況及行動結果的相關訊息，能夠即時 (real time) 並及時 (in time) 地被優先傳遞至任務小組的指揮中心。

當然，任務小組的指揮中心本身必須具備快速且精準的訊息判讀及分析能力，指揮中心必須能夠正確研判各現場的行動實況是否處於行動計畫所預期情況的範圍內，並且，當某一個行動現場的實況即將偏離預期情況時，或是稍稍偏離預期情況時，就有足夠的能力作出正確研判，並且可以立即作出必要且有效的修正性指令，並將該一修正性指令依行動計畫所建立的指揮鏈，迅速下達至在該一現場的各部門、各單位的行動執行人員，

讓他們可以快速地依新指令立即採行修正性行動，而使該一行動現場的實況能儘快回復至行動計畫所預期的情況範圍內。

6. 任務小組應評估是否需要在期中進行行動計畫的修正，並迅速提出修正後的後半期程行動計畫，以使後續的行動更能促成策略目標的達成。

在行動計畫的各項行動已進行至接近計畫所訂期程的一半時間長度時，任務小組的指揮中心就必須儘速將前半期程所施行的各項行動的結果，進行深入、客觀的評估及檢討，針對行動計畫在前半期程所執行的各項行動的成果或進展，與計畫所預定要達到的成果或進展，作深入比較，查核兩者間的差異，並分析產生差異的原因。

在期中的評估及檢討上，若是前半期程的實際成果或進展沒能達到行動計畫的預定成果時，應進一步分析不符預定成果的原因，瞭解其究竟是因為現場環境實況的複雜性及不確定性遠超乎行動計畫所預估而造成的，或是因為各行動現場的各部門及各單位其實際執行力不足（明顯低於行動計畫所規劃），或是各行動現場各部門各單位間的行動協調配合不順暢（造成行動相互干擾、行動遲滯）所造成的。若是前半期程的實際成果或進展已超過或符合行動計畫的預定成果時，也應進一步分析其原因，瞭解其究竟是因為現場環境實況全在行動計畫的預測及掌握之中以及各部門、各單位的行動也完全依計畫所定而行所造成的，或是因為出現了預料外的

特殊事件而使現場環境實況較行動計畫所預估者更有利於各項行動的有效執行所造成的。

不論前半期程的實際成果或進展與行動計畫的預定成果間的差異是超過或不及，也不論造成差異的原因究竟是前面所論及的哪一種，任務小組的指揮中心都必須依據前半期程執行成果或進展的檢討、查核及分析的結論，深入評估行動計畫後半期程的各項行動。對於後半期程究竟是依然按照原行動計畫所定的行動項目及每一項目的行動內容、行動方式、行動步驟來繼續執行？或是應該將行動計畫的後半期程內容作局部性或大幅度的修正，才有可能在後半期程終了時，達到行動計畫所要追求的策略目標？這是期中檢討評估所必須提出的明確結論。期中評估的結論若是指出後半期程的行動項目、行動內容、行動方式或行動步驟有必須進行修正之處，則任務小組的指揮中心就要立即依據前半期程各項行動的檢討結論與所發現的缺失，迅速規劃出能夠在後半期程的時間期限內達成策略目標的全新行動計畫。

規劃此一全新的後半期程行動計畫時，任務小組首先必須嚴肅評估：在後半期程的時間期限內，本機構（或系統）可以達成原定的行動總目標的可能性究竟是如何？然後，再決定是否需要修正原定的行動總目標。若是需要修正原定的行動總目標時，則應依據期中檢討、評估的結論及對後半期程時間限制內的環境情況的最新推測，重新以本機構（或系統）於當時所具之執行能力為基礎，來設定出最有可能在後半期程時間範圍內所

可達成的一些行動標的，作為行動計畫後半期程的行動總目標（此一總目標必須能與原定策略方案所要追求的目標相符或相容），之後，再據以進行後半期程行動計畫內容的設計或調整。任務小組經此一程序來完成後半期程行動計畫的修正後，還必須將其送經機構（或系統）最高領導人的核可、批准，才可由指揮中心下達至各現場的各部門、各單位，好讓各現場的人員可以立即依照修正後的後半期程行動計畫進行各項行動的執行，如此，才可確保後半期程所執行的行動能夠達成機構（或系統）所要追求的策略目標。

7. 在後半期程的執行過程中，任務小組應依據執行實況，持續評估本機構（或系統）能否在行動計畫所定期限內達成策略目標，同時，任務小組也要嚴肅考慮最壞情況的出現，並且作出行動計畫執行失敗時的應變及善後方案，以供備用。

在行動計畫施行時間已經超過所定期程時間長度的一半時，機構（或系統）的最高領導人及負責督導行動計畫執行的任務小組指揮中心，就必須隨時依據各行動現場所回報的現場實況訊息，持續評估策略目標是否能夠在原定期限內達成。因為，行動現場的環境因素通常都是繁雜多變，而使得各現場實況的發展、演變具有極大的不確定性，即使行動計畫自啟動後以至後半期程一直都進行得極為順利，也無法保證在計畫的最後階段不會出現「功虧一簣」的意外，所以，機構（或系統）的最高領導人在行動計畫的後半期程就必須加強防範「功虧一簣」意外的發生，以確保計畫所

要追求的策略目標可以順利達成，同時也要預想：萬一最不利情況真正出現時，行動計畫所可能面臨的最大挫折會是怎樣的情況，並且務實評估：在最大挫折情況下，計畫所要追求的策略目標是否還有可能達成。換句話說，因為環境的高度不確定性以及無法完全排除出現「功虧一簣」的意外的風險，機構（或系統）的最高領導人及任務小組必須要有行動計畫到最後仍有遭遇失敗可能性的心理準備，特別是在行動計畫後半期程的期間，任務小組更要「戒慎恐懼」地預作準備。因此，任務小組必須在後半期程密切監控行動計畫的進展情形，預先就規劃好行動計畫最終若是遭遇失敗時的應變及善後方案，以使機構（或系統）儘可能地「留得青山在」，好讓機構（或系統）及其最高領導人保有未來「東山再起」的條件及能力，這樣，才不會因為一項策略方案推行的失敗就造成機構（或系統）的「一蹶不起」或覆亡。

總之，行動計畫雖然是策略方案的三個具層次性關係的計畫的執行安排，不過，機構（或系統）的最高領導人必須將行動計畫的執行視同是一場「戰役」的進行，只不過這是一場具有極強烈策略意涵的特別「戰役」，因而，行動計畫若是不幸遭遇失敗，也就如同是一場「戰役」的失敗，機構（或系統）的最高領導人絕不能讓一場「戰役」的失敗變成為整場「戰爭」的失敗，所以，他必須要求任務小組備妥行動計畫執行失敗時的應變及善後方案，以使機構（或系統）長遠的最高策略目標仍有在未來達成的機會及希望。

10-3　領導人應於策略執行結束後立即為機構在後續階段的「新定常狀態」進行建構

　　任何機構（或系統）在任何情況下所推動的任何策略方案的行動計畫，基本上，都不可能無限期地執行下去，策略方案的執行總會有結束之日。另方面，策略方案執行到最後的結果，不論是成功或失敗，是滿意或不滿意，機構（或系統）內外部各方面的狀態在策略方案執行結束後，必然會與執行前的狀態有所不同。因此，機構（或系統）必須在策略方案執行結束後，儘速與當時的外部環境各重要構成分子建立合理、穩定的新互動關係，使機構（或系統）依據行動計畫結束當時所呈現的狀態及條件，就可以在當時的環境情況下，確保住往後於其中生存及發展的機會。所以，機構（或系統）在策略方案的三個具層次性關係的計畫（即行動計畫）執行結束之後，就必須儘速調整自身的組織結構、人事安排與運作機制，以促使本身就可以在當時的環境中快速地進入一個「新定常狀態」，俾使機構(或系統)在往後就能以「新定常狀態」在已經不同的環境中持續地發展。

　　如果機構（或系統）的策略方案的執行結果為成功時，意指行動計畫所要追求的策略目標業已達成，也代表這時候的內外部環境情況對機構（或系統）的束縛、制約或壓力，已大幅舒解、降低，而使機構（或系

統）擁有更為優勢、有利的條件、能力及機會，去進行有助於自身持續生存及發展的各種活動。因此，機構（或系統）的最高領導人、幹部及全體成員不能過久或過度地耽溺在策略目標成功達成的歡愉自滿情緒中，而應該迅速展開機構（或系統）「新定常狀態」的建構工作。這時，機構（或系統）的最高領導人可以運用他剛帶領機構（或系統）成功達成策略目標所獲得的特殊威望及優勢地位，針對新情勢下各種流體（參閱第六章及第七章）在機構（或系統）內部及內外部間的流動程序及規則，進行必要的調整工作，讓各種流體在機構（或系統）內部（即在各部門、各單位之內及之間）以及內外部間（即在與外部環境各相關機構、系統之介面間），能夠快速恢復正常、合理、穩定的流動，並且促使機構（或系統）的內部結構與運作機制朝向更為複雜、精密、高效能的方向演進，從而，他才能夠使機構（或系統）在與新情勢下的環境進行各種互動時，可以儘速進入一個更高價值層次的新「整體全面均衡狀態」，如此，他才算是完成機構（或系統）「新定常狀態」的建構。之所以需要儘速完成機構（或系統）「新定常狀態」的建構，主要是由於環境情勢的複雜與多變，使得機構（或系統）在已達成的策略目標上所具有的優勢狀態不必然能夠長時間保有，因此，在這種優勢狀態還沒有消失之前，機構（或系統）的最高領導人就必須帶領其部屬儘速完成機構（或系統）「新定常狀態」的建構，才能確保機構（或系統）在新情勢下的新環境可以持續成長及發展，而不能逕自沈醉在策略執行成功的自滿情緒中。歷史上明朝末年李自成的崛起及

快速敗亡的事例，就是一項最能說明：策略方案執行成功後，若是最高領導人未能快速有效建構「新定常狀態」，將會導致他所領導的機構（或系統）在達成策略目標後，由於無法因應新形勢下的內外部環境的衝擊，竟迅速潰敗、滅亡。茲將這段歷史案例簡述如下[註10.3]，以為借鏡。

　　李自成（1606 年~1644 年）於 1630 年（明崇禎 3 年）加入陝西流寇軍，1636 年繼位「闖王」，成為流寇軍的領袖。他在 1642 年（明崇禎 15 年）摧毀了明朝政府在河南的精兵之後，改變了流寇軍以往流動作戰的戰術，確立了「先取陝西關中，繼取山西，後佔北京」的大策略。他依策略逐步向東進軍，在 1644 年（明崇禎 17 年）一月在西安正式建立「大順」政權。到了同年 3 月 16 日，大順軍已攻佔北京紫禁城西北約 65 公里處的明王朝歷代皇陵，在 3 月 19 日大順軍攻進紫禁城之前，明朝崇禎皇帝就已在後宮的梅山自縊身亡，李自成確實已達成了兩年前所設定的策略目標，率軍進入北京城，滅亡明朝朱家政權。然而，李自成未能正確掌握當時的內外部環境情勢，沒有致力於新政權在當時環境情勢下的「新定常狀態」的建構。李自成進入北京城後，他除放任大順軍的官兵在北京城搶劫店舖

■ [註10.3]

參閱 吳蔚所著《1644：中國式王朝興替》一書（陝西師範大學出版社出版，2005 年 12 月，中國西安市）之第一篇〈甲申國變〉。

和居民外，也未能合理對待投降的明朝官員及將領，他更是忽略了在山海關外存在著早就虎視眈眈注意明朝政局變化的滿清軍隊。因而，當明朝山海關守將吳三桂為報大順政權殺父奪妻之仇，就率爾決定打開山海關大門引進多爾袞所率領的滿清軍隊時，李自成竟完全沒有料想到這種情況的發生。所以，李自成的大順軍就在 4 月 21 日至 4 月 22 日的山海關戰役中，被以逸待勞的優勢清軍所擊敗。李自成敗回北京後，於 4 月 29 日即帝位，過一下當皇帝的癮頭，隨即倉皇率軍離開占領 42 天的北京城，而在匆促退回西安的途中，他於5月初在部隊途經湖北通山縣境時遭地方團練襲擊身亡，大順軍也隨李自成的死亡而覆滅。李自成用了兩年的時間達成的策略目標，卻在目標達成後不到 50 天，就讓自己與所率領的十餘萬大順軍徹底地覆滅，實為歷史上不多見的案例。李自成在成功後的迅即敗亡，實在可歸因於他未能在策略目標達成時，立即依當時所處環境的新形勢，迅速為他的政權及部隊建構出「新定常狀態」。

另方面，如果機構（或系統）的策略方案執行結果為失敗時，也就是說，機構（或系統）各部門、各單位依行動計畫的要求，經過大家共同付出人力、物力、財力及時間的努力之後，業已確知策略方案所要追求的目標確實是無法達成了。很顯然，當機構（或系統）已付出大量的人力、物力、財力及時間等資源之後，行動計畫竟然無法獲得原先所預期的成果，這時，機構（或系統）的最高領導人若是不能坦然、誠實地面對策略方案的這三個計畫（即行動計畫）業已執行失敗的事實，反而將機構（或系

統）所剩餘的資源，全數「孤注一擲」地賭上最後一把，期望這種「置之死地」式的衝刺，可以讓機構（或系統）出現「起死回生」的奇蹟，則機構（或系統）所受到的傷害，將不僅是策略方案遭受失敗的挫折而已，恐怕會使機構（或系統）就此「一蹶不起」而難再恢復生機。

例如，企業經營者在進行大規模的策略性投資計畫時，若是遭遇到市場、技術、資金、政府政策等因素出現非預期的重大變動，致使投資計畫難以達到原訂的策略目標時，這時候，常會有一些自認為雄才大略的經營者，他們絕不願意自行承認投資計畫的目標業已無法達成，為了維護自己的「面子」或虛名，反而透過各種途徑去設法張羅大量資金，希望藉更多資金的挹注來使投資計畫「起死回生」。不過，一項投資計畫未能成功的原因並非僅只是資金不足而已，若是不計後果地挹注資金來挽回已然失敗的投資計畫，終將因「資金缺口」的持續擴大而爆發財務危機，最後竟使公司因「週轉不靈」而倒閉或被整併。像是台鳳公司、安鋒鋼鐵、東隆五金、漢陽集團、瑞聯集團、國產集團、廣三集團、宏福集團及東帝士集團等企業的經營者，他們都積極地推動一些大型投資計畫，當這些投資計畫在 1998 年至 1999 年期間受到亞洲金融風暴餘燼的衝擊時，這些經營者都以財務操作方式來因應所發生的經營危機，然而，這些企業最後卻都無可倖免地面對倒閉或重整的結局，就是明顯的例證。

另外，成語「大意失荊州」所描述的歷史典故，其實也是最高領導人未能正確面對策略方案執行失利的另一個案例。關羽在西元 219 年（東漢

獻帝建安 24 年）秋，發兵攻打曹操的襄陽、樊城，關羽雖獲初步勝利，但兵圍樊城卻久攻不下，關羽不願意承認北伐攻佔樊城的策略目標已是無法達成，竟鋌而走險，將派駐在荊州各地用以防備東吳入侵的大量守軍，全部投入到樊城前線，希望因此而攻下樊城；然而，關羽此一「孤注一擲」的行動，卻致使荊州因無防軍而遭東吳大將呂蒙的大軍所偷襲進佔，關羽的荊州大軍在樊城前線聽聞家鄉陷落的消息，立即軍心動搖而潰敗，關羽本人也在敗逃途中於麥城被俘遇害，所以後人才有關羽「大意失荊州」的成語；由於關羽身亡及荊州失陷，使得劉備的蜀漢政權只能偏安於西蜀一隅，而讓諸葛亮再也無法實現他在「隆中對」所規劃的問鼎中原的大策略了。關羽失荊州此一事例，更充分顯示：機構（或系統）的最高領導人必須坦然地面對行動計畫執行失利、策略目標無法達成的事實，絕不可以「一意孤行」地將機構（或系統）的所有剩餘資源全部投入已明顯無望的行動計畫，以求挽回策略方案的失利情勢，才不會讓機構（或系統）陷入徹底敗亡、覆滅的厄運。

因此，當策略方案的執行結果已是失敗之時，機構（或系統）的最高領導人必須即刻坦然、冷靜地面對失敗的事實，並且保持著「留得青山在，不怕沒柴燒」的觀點，立即針對策略已然失敗當時的內外部環境情勢，設法建構出可以讓機構（或系統）順利面對新情勢的「新定常狀態」。這樣，最高領導人才能夠讓機構（或系統）在「元氣」已然大傷的情況下，仍然可以保有在環境中繼續生存及發展的能力與機會，使機構

（或系統）在「休養生息」之後，仍可「東山再起」。不可否認的，要求機構（或系統）的最高領導人主動、公開地承認他所負責、主導推動的策略方案已是執行失敗，並非易事，因為這將嚴重傷害他在機構（或系統）的領導權威，並且也會動搖部屬對他的信心，有時候甚至會使他喪失領導人的地位，所以，只有極少數的最高領導人有勇氣及智慧來坦然面對策略方案執行失敗的事實。

　　機構（或系統）的最高領導人在面對策略方案執行失敗的事實時，首先，他自己絕不能「懷憂喪志」，更不能讓「失敗」的「負面情緒」持續瀰漫在整個機構（或系統）中，他必須在策略方案已是執行失敗的事實基礎上，從機構（或系統）往後的生存及發展需要來著眼，立即調整組織結構、運作機制及人事安排，以儘速為機構（或系統）建構出能與當時環境達成「整體全面均衡」的「新定常狀態」。由於機構（或系統）早已將大量資源消耗在策略方案的執行上，因而當策略方案執行失敗時，機構（或系統）已經沒有充裕的資源可供調用，機構（或系統）本身很可能已處於運作不利，甚或已瀕臨運作失靈的狀態，這時，機構（或系統）的最高領導人必須針對「機構（或系統）維持基本生存所需要的各種重要流體在內部及內外部間所分別必需保有的最低穩定流動狀態」，迅速調整機構（或系統）的內部結構、人事安排與運作機制，並修正各種流體在機構（或系統）內部及內外部間的流動規則、程序，以促使「維持機構（或系統）基本生存所需要的幾種重要流體」都可以在較低的均衡水準下，與策略執行

失敗情勢下所面對的環境達成「整體全面均衡」的「新定常狀態」。

為期這種較低均衡水準下的「新定常狀態」能夠快速建構完成，以使機構（或系統）的生存可以在策略方案執行失敗後仍能獲得周全保障。此時，機構（或系統）的最高領導人在內部結構、人事安排與運作機制的調整上，不能過於細瑣、求全，或是「瞻前顧後」、「猶豫不決」，他必須果斷地做出必要的取捨與妥協，才能讓機構（或系統）的結構與運作機制朝向單純、有效率的方向調整，從而，他才有可能在機構（或系統）遭遇挫敗後立即完成「新定常狀態」的建構，並率領機構（或系統）保持正常的運作，以等待再起或再發展的機會。

毛澤東率領十萬名中國共產黨人[註10.4]於 1934 年 10 月至 1935 年 10 月，從江西蘇區經過十一個省份的敗退轉進，最後抵達陝西西北延安，此一路程長達二萬五千里的「長征」（抵達延安時全員僅剩下一萬人左右），就是毛澤東及中共在蔣介石及國民黨軍隊圍剿下，在面對他們與國民黨政府所進行的武裝鬥爭策略及游擊戰術已經遭遇全面失敗的事實時，毛澤東迅速地決定帶領「紅軍」進行「新定常狀態」的調整，才能僥倖躲

[註10.4]

參閱 Bruce Elleman 著，李厚壯譯《近代中國的軍事與戰爭》一書（時英出版社出版，2002 年 8 月，台北）之第十三章〈中國的國共內戰〉。

過被國民黨軍隊消滅的命運，並在陝北地區「重起爐灶」。由於「長征」的保留剩餘實力，才使毛澤東及中共在 1936 年後能夠利用中國對日本的抗戰，讓共產黨的武裝力量獲得空前的壯大，終於使中國共產黨的解放軍能夠在 1949 年完全擊潰蔣介石的國民黨軍隊，成為中國的新統治者。毛澤東在 1934 年能夠勇敢地面對中共在江西蘇區武裝鬥爭策略失敗的事實，經過一年的「長征」並轉進至陝北延安重新建構共軍的「新定常狀態」，為共產黨的生存留下「青山」，這應該是共產黨與國民黨在中國長達二十餘年的鬥爭過程中最具關鍵性的一次重大決斷。上述國共內戰歷史的事例，充分印證：機構（或系統）的最高領導人必須有勇氣並坦然、冷靜地面對策略方案失敗的事實，並且要迅速、果斷地去建構能因應失敗後新形勢的「新定常狀態」，這樣，他才能為機構（或系統）保住往後的「生機」，因為，只要「青山」仍在，機構（或系統）總會有「東山再起」的機會。

總之，策略方案的三個具層次性關係的計畫在執行接近尾聲時以至結束後，不管執行的結果是成功或失敗，機構（或系統）的最高領導人都不可以將自己的心思與情緒停留在策略方案的執行結果上，他必須立即依據當時內外部環境的情勢，果斷地進行機構（或系統）內部組織結構、人事安排與運作機制的調整，以使機構（或系統）與環境間各種流體的互動能夠儘快地進入新的「整體全面均衡狀態」，亦即進入「新定常狀態」，這樣，他才能在新的環境情勢下成功地帶領機構（或系統）邁向新階段的發展。

參考書目

1. Ackoff, Russell L. "The Future of Operational Research is Past." <u>Journal of the Operational Research Society</u> 30.2 (1979): 93-104.

2. ---. "Systems Thinking and Thinking Systems." <u>System Dynamics Review</u> 10.2-3 (1994): 175-188.

3. Ashby, W. R. <u>An Introduction to Cybernetics</u>. New York: Wiley, 1956.

4. Beer, S. <u>Diagnosing the System for Organizations</u>. Oxford, England: University Press, 1985.

5. Bertalanffy, L. Von. <u>General Systems Theory: Foundations, Development, Application</u>. New York: Braziller, 1968.

6. Churchman, C. W. <u>The System Approach</u>. Dell, 1968.

7. Drew, D. R. and Hsieh, C. H. <u>A Systems View of Development</u>. Taipei: Cheng Yang, 1984.

8. Espejo, Raul. "What is Systemic Thinking." <u>System Dynamics Review</u> 10.2-3 (1994): 199-212.

9. Forrester, Jay W. <u>World Dynamics</u>. Wright-Allen press, 1971.

10. Hall, A. D. <u>A Methodology for Systems Engineering</u>. Princeton, NJ: Nostrand, 1962.

11. Kaplan, R. S. and Norton, D. P. <u>The Balanced Scorecard: Translating Strategy into Action</u>. Boston, MA: Harvard Business School Press, 1996.

12. Kaufman, R. <u>Strategic Thinking: A Guide to Identifying and Solving Problems</u>. (Rev. Ed.) Washington, DC: The International Society for Performance Improvement and Arlington, VA: American Society for Training and Development, 1998.

13. Lafleur, D. and Brethower, D. M. <u>The Transformation: Business Strategies for the 21st Century</u>. Grand Rapids, MI: IMPACT GROUP works, 1998.

14. Miller, J. G. <u>Living Systems</u>. New York: McGraw-Hill, 1978.

15. Murthy, P. N. "Paradigm Shift in Management." <u>Systems Research</u>. 13.4 (1996): 457-468.

附錄

附錄A、B兩章的內容，係以第貳篇所述之「系統」暨「動態」觀點為基礎，討論模型的意義以及有關於建構流體動態模型時所應該依循的程序。對於想運用建構模型的方法來規劃策略方案的三個具層次性關係的計畫（即策略計畫—戰術計畫—現場行動計畫）的讀者，附錄 A、B 兩章的內容對他們的模型建構工作，將會有所助益。至於一般讀者，也可經由對「模型」及「模型建構」等相關概念的認識，提升自己對機構（或系統）動態行為的觀察及分析能力。

附錄A 模型的意義

A-1 「模型」是什麼？

「模型」在中文辭典上的解釋是：仿造實物製成的樣品。因此，像「模型飛機」、「模型汽車」……、以及「模型玩具」等詞彙，就是在被仿造對象的名稱之前加上「模型」這個名詞作為形容詞，而使這些詞彙所指涉的樣品能夠與真正的實物相區分。基本上，一般人在日常生活或工作中是極少使用「模型」這一名詞。不過，對自然科學、工程學、社會科學等學術或專業領域的工作者而言，「模型」就屬於相當普遍被使用的名詞及概念，他們常常會運用「模型」來進行問題的分析與處理。近二、三十年，社會科學各學科的學者更是頻繁、廣泛地使用「模型」的概念，同時也經由建構各種「社會系統模型」，來進行各種複雜問題的研究。所以，社會科學(尤其是經濟學、社會學、管理學)的學者們，在談論起他們對問題的觀點時，常會聽到這樣的一段話，「對於這項問題的研究與分析，應先設法建構一個『模型』……。」，或是「根據我（們）所建構的『模型』（或是根據『模型』的分析結果），我(們)對這項問題的看法是……。」，使得一般實務工作者在聽到「模型」這個字眼時，就敬畏有加而不想觸

及。這主要是因為，一方面，「模型」代表著學者的深奧學問，而令人尊敬；另方面，則是因為「模型」代表它不等同於「真實」，所以，害怕或是擔心「非真實的模型」所可能帶來的偏差與失誤。

如果，「模型」本身是可觸摸的實體，則「模型」的意義及功能就可清楚地被瞭解。例如：「模型玩具」除可供玩賞外，並可啟發孩童的想像力；「建物模型」可幫助建築師及工程師，透視建物在空間上的安排以及與其他建物（或設施）在空間上的關係；「水工模型」則可幫助水利工程師，瞭解各項水利工程設施（水庫、壩堰、堤防等）的特性和功能。然而，如果將「模型」的使用只限制在可觸摸的實體時，則「模型」這個詞彙所包含的概念及在使用上所可發揮的功能，就極其有限，因為，真實世界中有很多現象，是不可能以實體性模型來作完全、同一的表現。

學術界的專業研究人員所常稱述的「模型」，通常並不是指「實體性的模型」，而是指非實體的「概念性模型」。所謂非實體的「概念性模型」，是指，將我們腦海中或心智中對於真實世界的事物或現象所具有的想像、意念或概念，以口語、文字或符號所作出的描述或說明。由於「概念性模型」是經由口語、文字或符號所作的描述或說明，是以，這類「模型」所作出的描述，僅只是「模型」建構者描述他個人腦海中或心智中對於他所認識或經驗的真實世界事物或現象的想像、意念或概念，而不一定就是真正、實在、完全的真實世界。不過，我們若是將這些個人的想像、意念或概念的內容就當成是真實世界事物或現象的仿造或替代時，則這些

想像、意念或概念也就可以被稱為「概念性模型」了。此外，又因為這種「概念性模型」通常都是以非實體的言辭、文字、符號、圖像或圖形等作為表現方式或表達工具，所以，凡是使用前述這些非實體性表達工具對真實事物或現象所作的描述或說明，都可說是非實體的「概念性模型」。

由於真實世界的事物或現象，極為複雜、多變，又具動態性，所以，學術界的專業研究人員所建構的「概念性模型」（本書所稱的「模型」即通指「概念性模型」），對於真實世界的真實事物或現象，通常，只是就研究人員他個人所關心的重要對象、現象、事件關係或變化原則等，予以描述、說明而已，他並沒有必要，也沒有能力將多面向、多層次、多變化及動態性的真實世界事物或現象，在所建構的「模型」中作全面性、鉅細靡遺式的描述、說明。所以，「模型」只是學者以及研究人員，為處理複雜、多變、動態的真實世界事物或現象，所運用的手段或工具而已。

A-2 呈現模型的方式

「模型」可以說，就是一個人對外在真實世界事物或現象的想像、概念或「心智意象」(mental image)，例如：我們對街道位置的概念與記憶，就是一種「靜態模型」；我們對各種球賽規則的認識與記憶，則是一種「動態模型」；我們對未來生活的憧憬想像，也是一種「動態模型」；顯然，我們的心智，可以產生並記憶無限多的模型。不過，每一個人在他心智中的模型如果還沒有用適當的方式加以明確呈現時，將沒有任何人

（包括擁有該一心智模型的當事人本身），能夠清楚地瞭解模型的內容。

　　模型的建構者為了自我修正、完善他所建構的模型，或是必須針對他所建構的模型與他人進行討論、溝通，或是為了要讓他人能夠認識、瞭解自己所建構的模型，在在都需要將自己在心智中所建構的模型，以適當的方式加以呈現、表達。例如：我們常以圖形配合文字來呈現、表達街道位置的地圖，就是以地圖型態所呈現的街道位置模型；另外，我們也常看到以多媒體的聲音、影像、文字等來作公司或機構概況的介紹或簡報，就是以多媒體所呈現的公司或機構模型。綜合言之，我們若要呈現我們心智中的模型，通常有下述幾種表達的方式，可供我們選擇、運用：(1) 以言辭 (verbal) 方式表達，即用口語或文字作為表達模型的工具，因而，以言辭方式所呈現的模型，又稱為「言辭模型」(verbal model)；(2) 以圖畫、畫片、流程圖、箭頭或其他圖繪形式作為表達模型的工具，此種以圖形方式所呈現的模型，稱為「圖形模型」(diagrammatized model)；(3) 以數學符號及數學方程式作為表達模型的工具，此種以數學符號及數學方程式所呈現的模型，稱為「數學模型」(mathematical model)。

　　一個人要將他心智中的模型作出明確的呈現、表達，基本上，並非容易之事。因為，我們的心智思維過程以及思維所得的意念要旨，對絕大多數人而言，常常是含混不清、模糊晦昧、理智與感覺併行，而很難「說清楚，講明白」。此外，一個人在心智中要形成有關於真實世界事物或現象的確切認知、概念或模型時，在他思維的過程必然會存在以及必然有需

要去建立一些假設與前提，但是這些假設或前提常會在模型（或概念、認知）形成之後，隨即潛藏在模型各項內容所涉及的相關意念中，除非進行思維的當事人將這些假設或前提作主動交帶、說明，否則，就很難從最後所形成的模型（或概念、認知）中被察覺。因此，模型建構者很難將他所建構的模型所涉及與含括的假設、前提、結構、內容、運作機制等，全部直接在模型中作明確、完整、精準的表達與呈現，並作出詳盡的解釋、說明。換言之，一般人所呈現、表達的「模型」（不論是用什麼方式來呈現、表達），都只是近似他個人心智中對於他所認知的真實事物或現象的「想像」而已。研究者就是以這種本質上是想像之產物的模型，來作為他所要研究的真實現象的替代，並利用這種想像的模型，進行與真實現象相關的各種課題的探究、分析工作。換言之，研究者以模型為對象所從事的探究、分析活動，本質上，是一種「以假練真」（以假設的對象來作真正功夫的演練）的不得已作為。因而，研究者對於「模型」的有效性與有用性，應該以比較嚴格及謹慎的態度來看待，而不要「以假為真」或「以假亂真」地以不可靠的「模型」所作的分析、探究結果，來增加在真實世界的實務工作者的混淆與困擾。

另外，模型並非只要被呈現、表達出來，即可讓他人瞭解、知曉該一模型的真意。古今中外許多小說、詩詞、學術論著的作者，常常感歎他們真正的思想、意旨，是在他們作品的「字裡行間」，或是「意在言外」，而不在他們作品的「字面」上或「言辭」上。因而，在「作者」與「讀

者」之間，或是在「言說者」與「聽聞者」之間，必然會存有溝通的隔閡以及理解的落差，而難有「心有靈犀」的共鳴。所以，不管一個模型使用什麼方式來呈現、表達，它都無法「盡如人意」、「令人滿意」。雖然，再如何「維妙維肖」的模型都無法完全等同於真實的事物或對象，不過，心智工作者及知識工作者仍然應該盡力使他們所建構的模型，能夠清楚、正確地反映出他們所關心的真實現象的「整體輪廓」與「重點狀況」，從而，他們才有可能使所構建的模型，成為探究、分析、處理真實世界所存在的各種問題或現象的有效工具。

A-3 建構有用模型的基本概念

如附錄 A 第 A-1 節所述，模型是許多社會科學學者在他們處理複雜、多變、動態的真實社會的事物或現象時，他們所常運用的工具或手段。同時，也如附錄 A 第 A-2 節所述，模型是研究者（即問題處理者）將他心智中對他所處理的真實世界事物或現象所具有的概念，以文字、言辭、符號或圖形所作出的表達與呈現。因此，模型建構者如何使他所建構的模型，能夠與模型所對應的真實事物或現象，在彼此間確實具有適度的「同形同構」(isomorphism)，以使所建構的模型確實可以成為所對應真實事物或現象的代表或替代，應該是他所建構的模型能否有用及可用的重要前提，因而，如何使模型確可作為真實的代表，就成為模型建構者在建構模型時所要面對的核心課題。

　　企業、產業、社群、社會、國家（政府）等複雜、動態的真實社會系統，在本質上並不是如同汽車、飛機或電視等僅只是純粹的「人造物」(artifact)，也不是如同各種自然物質及生物等僅只是純粹的天然產物。社會系統是以「人」為中心，經由「人」的互動，為了「人」的福祉，而由「人」的集體努力所發展出來的系統。這些規模不同、功能各異的各種社會系統，雖然它們確是真實地存在著，但卻只能由個人的心智來感受、認識它們的形貌與構造，進而確認到它們的存在，然而，它們卻無法像人造物或天然產物般地可以直接加以觸摸或完全目睹。所以，人類社會的各種社會系統，一方面，它們確是明確、具體地存在著；另方面，它們卻又難以完全觸摸、目睹；因而，我們必須經由各種資料的舖陳，方可說明、描述它們的活動、運作、構造、特性及形貌。然而，有關於說明、描述一個真實社會系統所需要的各種事實資料的蒐集與舖陳，仍然必須經由描述、說明的那一個人運用他個人心智中的概念，方可進行。換言之，由各種事實資料所表示的真實系統，僅只是一種經過概念化作用後所建構的系統，它並不一定會完全等同於大家（與該真實系統相關的人）所感知或認知的真實系統。因此，研究者（或問題處理者）要建構各種社會系統的任何模型時，為使他所建構的模型有用、可用，他就要先瞭解下述四種系統的差異：(1) 大家所直接感知或認知的真實系統；(2) 事實資料所表示的真實系統，即由各種觀測資料所顯示的系統；(3) 研究者心智中對真實系統的概念，即概念系統；以及 (4) 研究者想要呈現或想要建構的模型，即模型系

統；然後再針對這四種系統彼此間的關係，設法加以釐清，如此，他才有可能使他所建構的模型所表示的系統，即模型系統，能夠與模型所要代表的真實系統確實保有適度的「同形同構」。

基本上，我們永遠無法確知任何一個真實系統的真正完整全貌及全部內涵（人類在科學及知識上的所有努力，只是讓我們能夠盡可能地趨近、接近真實而已）。所以，研究者（即模型構建者）並不能在建構模型之前就先確知，「大家所直接感知或認知的真實系統」究竟是一個什麼樣的系統，而只能在「以可用的事實資料所表示的真實系統」已被呈顯並且被大家所接受之後[註附A.1]，他才能以「事實資料所表示的真實系統」作為基礎，來推想「大家所感知或認知的真實系統」。不過，事實資料的取得必須經由對真實系統進行適當的觀察與量測 (observation and measurement)，而對於任何真實系統要進行有意義的觀察與量測時，又與進行觀察的觀察者（或量測者、或研究者）他個人心智中對於該一真實系統的概念，有著極為密切的關係。因為，觀察者針對任何一個真實系統要進行觀察或量測

■ [註A.1]

關於任何人對某一個系統的認知與理解是否適當或正確，通常應該依據與該一系統相關的人士（即同行的專業人士），他們所共同認可的接受程序與接受基準來研判，因而，若是有關某一個系統的事實資料已被行內的大多數人士所接受，即表示該一系統及相關事實資料，業已通過行內所認可的該一接受程序與該一接受基準。

時，包括，觀察或量測項目的選擇，觀察或量測的方法、工具、程序、步驟的決定，觀察或量測所得資料的選擇、取捨，以及觀察或量測所得資料的舖陳表達等，都會受到觀察者個人心智中所具有的概念（包括他個人對於有關該一真實系統的各種理論或假說、他個人過去的觀測經驗、他個人對其他相關資訊的看法等）所影響。此外，觀察者在進行觀察或量測的過程中，他個人心智中的概念也會受到實際觀察或量測活動進行狀況的影響，而有所改變。另外，還要再加強調的是，真實社會系統本身並非停滯不動地靜止在那裡，好任由觀察者可在任何時間恣意地進行觀察或量測。事實上，在觀察者實施觀察或量測的瞬間或期間，被觀察、量測的真實系統也同時在進行它本身的各種運作活動及演變，而這些同時出現的活動及演變常常難以讓觀察者可以完全同步地觀察到或量測到。因而，一般人想要將真實系統、事實資料所表示的系統以及研究者心智中的概念性系統這三者作明確的分辨，基本上，並不是一件容易的工作。不過，模型建構者如果能夠深入分辨及正確瞭解他所要探討、處理的系統在真實、資料及概念這三個面向間的關係，對於他要建構一個有用、可用模型的工作是極有助益的，因此，我們有必要對一個社會系統在這三個面向的關係，作進一步的討論，以幫助模型建構者正確掌握這三個面向的關係。圖附 A-1 即為社會系統在這三個面向的關係的示意。

　　由於「模型」是研究者（或問題處理者）基於他個人心智中對他所探究、處理的真實系統的認知、理解，而作出對該一系統的「正式描述」

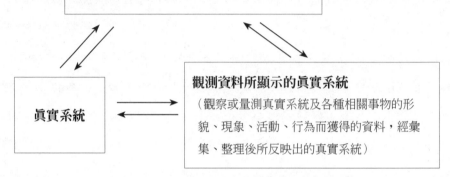

圖附A-1：「真實系統、概念系統及觀測資料所顯示的系統」三者關係示意

（formal description），因而，「模型」的內容，基本上，都是源自於研究者心智中的概念。換言之，當研究者個人心智中針對某一真實系統已經形成某種清晰而可以與該一真實系統相對應的「概念性系統」（conceptual system）或稱「概念系統」時，他將心智中的該一「概念系統」以適當的表達工具所作出的「正式描述」，就是所謂的「模型」。然而，研究者心智中的「概念系統」其內涵極為繁雜，凡與他所探究、處理的真實系統相關的理論、假說、觀點、想法、資訊等，都可能是概念系統的構成元素，所以，「概念系統」不必然會與「真實系統」具有「同形同構」的關係。

另外，針對「概念系統」所作的「正式描述」，即「模型」，又會受到附錄 A 第 A-2 節所討論的模型呈現（即正式描述）上的各種困難的影響，也使得「模型」與「概念系統」之間，也不必然會有「同形同構」的關係。

綜合上述討論，顯示，模型建構者若要使他所建構的模型有用，則他對於真實系統、觀測資料所顯示的系統、概念系統以及模型系統四者之間的對應關係，應有正確的瞭解與認識，如此，他才有可能使他所建構的「模型」與模型所要代表的「真實系統」之間，確實具有「適度」的「同形同構」。至於所謂的「適度」究竟應該如何拿捏，則僅能由模型建構者依據他個人對於真實系統以及他所要處理之問題的實況在認識上的深入程度，自行作出判斷。如果，模型建構者的這項判斷是適當的，則就有可能確保他所構建的「模型」會是「真實系統」的「同形同構」替代。

A-4 「真實─模型─理論」三者的關係

如附錄 A 第 A-3 節所論述的，「模型」是模型構建者心智中對應於特定「真實系統」之「概念系統」的「正式描述」，而「概念系統」之所以能夠被轉換為一個可以作為它的「正式描述」的「模型」，主要是因為，「概念系統」的內容是以與該一特定「真實系統」相關的理論、假說[註附A.2]、觀點、想法、經驗、資訊等為基礎，再經邏輯性思維的演繹、歸納，而綜整出對該一特定「真實系統」的結構、運作、性質及行為等的具條理性的概念。所以，只要模型構建者的心智能夠就所面對的特定「真實系

統」，思維出有關該一特定「真實系統」之性質、構造、機制、活動、行為等的一系列具條理性的概念，再將這些條理性概念予以呈現並作正式的描述，這樣的思維及描述過程即為模型的建構。因此，「概念系統」與模型之間，有極為密切的關係。不過，如果建模者心智中的「概念系統」其內容只是一些空泛的觀點、想法，則他所建構的模型也就模糊、鬆散，模型就難以與「真實系統」產生「同形同構」的對應；反之，如果建模者心智中的「概念系統」是基於嚴謹的理論、假說而發展的，則他所建構的模型其結構、條理必然清晰、可辨，模型也就易於查驗是否與「真實系統」具有「同形同構」的對應。對於各種社會系統及管理系統進行專業性的處理時，研究者（即問題處理者）所發展的「概念系統」自然要以嚴謹的理論、假說為基礎，而不能隨意採用空泛的觀點、想法，所以，研究者（即模型構建者）對於「真實系統」、「模型」、「理論」三者間的關係，也應有進一步的瞭解，他才能使所構建的模型符合專業的水準。

■ [註A.2]

「假說」(hypothesis) 是指無法經由直接觀察來判斷其為「真」(truth) 或為「偽」(falsity) 的「陳述」(statement)；至於「假說」之真偽的判定，則必須經由「假說」之「陳述」內容，演繹出一些可直接觀察的「預測」(predictions)，藉由檢驗所作的「預測」的正確與否，來間接決定假說的真偽；而「理論」(theory) 是由一系列的「假說」以及由「假說」所演繹出來的一系列的「預測」，這兩者所共同構成；「理論」或「假說」都是用來解釋、說明、描述我們所關心或興趣的「真實系統」的各種現象。

　　圖附 A-2 是「真實系統」、「模型」、「理論」三者關係的示意圖。首先，就「模型」與「真實系統」間的關係而言，一方面，「模型」是「真實系統」的替代，因此，「模型」的「呈現」或「表示」應該力求能與「真實系統」間具有適度的「同形同構」；另方面，研究者是要利用「模型」來進行不方便或不適宜直接在「真實系統」上實施的探究、分析工作，因而，為使在「模型」上所作的探究、分析的結果可以引介到「真實系統」上加以實施，或是讓這些結果可以對「真實系統」的運作調整或

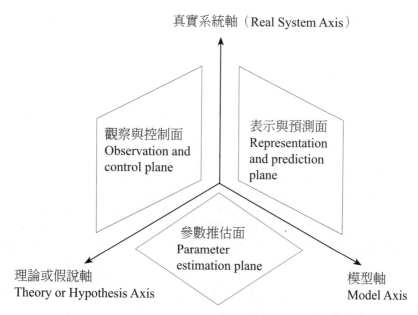

圖附A-2：「真實系統－模型－理論」的關係示意

問題排除具有參考價值，則應該使「模型」具有預測「真實系統」行為或變動的能力。所以，「模型」在「呈現」、「表示」上與「真實系統」所具有的「同形同構」程度，以及對「真實系統」行為的「預測」能力，就成為「模型」與「真實系統」間所要確立的關係重點。

其次，就「模型」與「理論」（或假說）間的關係而言，由於「理論」(或假說)是建構「模型」的基礎（或可比喻為模型的基因），而「模型」則是「理論」（或假說）的展現媒介物（因為「模型」就是抽象理論所描述、詮釋、預測的「真實系統」的明確代表）。建模者若要使「模型」能依循「理論」（或假說）的論述來建構，並與「真實系統」間具有「同形同構」的對應，則他對於「模型」的各個「參數」(parameters)[註附A.3]的設定以及各個「參數」數值的推估，是否合理、適當，就成為「模型」能否與「理論」(或假說)、「真實系統」相互連結的關鍵。

■ [註A.3]

雖說「模型」是「真實系統」的「同形同構」對應，但「模型」是以抽象的文字或符號來表達「真實系統」中的「構成實體」(entity) 以及各「構成實體」間的互動關係；由於「模型」只是將「真實系統」所呈顯現象中屬於我們所關心或感興趣的部分予以表現，所以，「模型」所對應要處理的對象可分為兩大類型，一類是我們所最關心或興趣的對象，在「模型」中我們就使這些對象與它們在真實系統中一樣地會變動、變化，這類對象我們稱之為「變數」或「變項」(variables)；另一類，在「模型」中我們就假設它們在「真實系統」中是固定、不會變動的，這類對象我們稱之為「參數」或「參數項」(parameters)。

最後，就「理論」（或假說）與「真實系統」間的關係來討論，由於「理論」（或假說）是我們在面對複雜、變動的「真實系統」時得能「以簡馭繁」的依憑，所以，尋求具堅實科學基礎的理論知識，是所有經驗學科（包括自然科學及社會科學的各學科）專業人士的努力目標。但是，「理論」（或假說）不可能憑空杜撰或想像，而必須符應「真實系統」的構造及行為實況，並且要經過以客觀事實及經驗所作的檢驗後，才能確立。因此，如果「理論」（或假說）是適用且正確時，我們就可運用「理論」（或假說）來控制「真實系統」的操作，以收「以簡馭繁」之效。另外，如果「理論」（或假說）尚待確立時，或是可能因「真實系統」的演變而不再適用時，我們就應加強對「真實系統」相關現象的觀察，俾能據以精煉或修正「理論」（或假說）。所以，「觀察與控制」可說是「理論」（或假說）與「真實系統」間的關係重點。

綜上所述，「真實系統」、「模型」、「理論」三者間的關係，應可由圖附 A-2 的三條正交軸線及三條軸線間的三個平面來表示。至於能否在「表示與預測」平面、「參數推估」平面以及「觀察與控制」平面建立起適當的連結與協調，則是建模者所建構的模型在實際運用時，是否能在「真實系統」、「模型」與「理論」間具備適度的一致性 (congruity) 的關鍵了。

附錄B 建構流體動態模型的程序

B-1 確認模型所要處理的問題

由於「流體動態模型」是經營者、管理者及策略規劃者在處理企業系統或社會系統有關經營、發展、管理及運作上所遭遇（或預期會面臨）各種具體的動態性問題時，可以使用的工具。因此，在發展這項工具之前（即發展「流體動態模型」之前），對於想藉這項工具去處理的「具體的動態性問題」，究竟是什麼，必需明確地加以釐清、確認，以確保手段（工具）與目的之間具備應有的合理性。換言之，將建構「流體動態模型」的具體目的，予以釐清、確認，應是模型構建者在著手建構模型之前，所必需優先完成的工作。

本書第壹、貳兩篇各章所論述的觀點，係在強調：我們若想認識機構（或系統）的動態行為，就要經由形成一個機構（或系統）在經營、管理、運作、發展等面向的各種問題的「基底機制」，才能「正本溯源」地正確探究一個機構（或系統）的動態行為。所以，模型構建者所建構的「流體動態模型」，自然就必需呈示出他想要利用模型去處理的問題的

「基底機制」，尤其是，有關於所要處理的問題中所涉及會促成一個機構（或系統）之動態行為的「動力機制」，更是他建構「流體動態模型」時所必需納入的核心部分。因此，在建構模型之前，模型建構者必需針對他所要處理的具體的經營、管理、運作或發展問題，深入地思考、探索：他究竟想利用以「基底動力機制」(underlying dynamic mechanism) 為核心所建構出來的「流體動態模型」，來做什麼呢？由本書各篇章所討論的基本概念來看，我們可將建構「流體動態模型」的目的，大體歸納成下述幾項：

1. 分析、評估經營政策或策略的改變，對機構（或系統）的營運績效在短期以及長期所可能分別產生的影響。

2. 分析、評估機構（或系統）所處環境若出現重大變動時，對機構（或系統）的生存及發展，會在短期以及長期分別產生那些衝擊。

3. 分析、評估機構（或系統）的內部組織運作結構或運作機制進行重大調整時，對機構（或系統）的營運績效在短期以及長期所可能分別產生的影響。

4. 分析機構（或系統）在所處環境與情境中，與環境的各種重要「實在物」(entity)（即各種重要流體）的互動關係。

5. 分析、設計機構（或系統）在所處環境與情境中，它所擁有的各種「實在物」（例如，物品、金錢、人員、文件、資訊等）在機構

（或系統）內部各部門、各單位間進行流通或互動的程序（即各實在物在機構（或系統）內部的「流通機制」，亦即，所謂的「內部運作結構」或「運作機制」）。

6. 甄辨出機構（或系統）的「運作機制」所可能存在的「政策操作點」(policy entering points)[註附B.1]。

　　一個「流體動態模型」的建構目的，有時不會僅有單項的目的，而可能是多項目的，甚至可能同時含括上述六項目的。由於建構模型時，有關模型內容的範圍大小以及繁細程度等事項，必須依據建構模型的目的，以及考量模型所要處理的具體問題的性質及內容，才能適切決定。所以，模型建構者必須在開始模型建構的技術性工作之前，先依所要處理的具體問題，就前述六種模型建構目的之類項，確認所要建構之「流體動態模型」所要達成的具體、明確目的，然後，他才能以所確認的目的，作為後續有關模型範圍、模型粗略或繁細程度、模型變項、模型變項關係式以及模型效度等建構工作事項的執行依據。

■ [註B.1]

當屬於概念層次的某項政策，要在某一個特定機構（或系統）的運作層次中予以實施時，如果能夠利用「運作機制」中的某些變項或變項間的某些互動關係，來進行該項政策的操作時，將可以使該項政策的預期效果最容易出現或效果最為顯著，則「運作機制」中這些可以配合該一政策進行操作的變項或互動關係，就可稱為是該項政策的「政策操作點」或「政策介入點」。

以上有關模型建構目的之討論，係以模型建構者是要利用模型來直接處理某一個（或某一類）特定機構（或系統）所面臨的某項具體問題為前提而作的討論。不過，建構模型的目的，有時候並不一定是要直接處理特定機構（或系統）當前所面臨的特定具體問體，而僅是在為某一（或某類）機構（或系統）建立或發展一座虛擬的「實驗室」(laboratory) 或「訓練教室」，希望在這個虛擬的「實驗室」中，該機構（或系統）能藉所建構的「流體動態模型」來訓練、測試它的各層級、各部門的經理人員，讓他們在面對複雜、多變、動態的機構（或系統）經營管理問題時，具有策略及戰術的思維、探究能力。在此情況下，該機構（或系統）雖然沒有需要使用模型去處理的任何特定問題，但是，前述六種建構模型的目的，全都可以作為該機構（或系統）發展虛擬的「經營管理實驗室」，或是成立培訓策略暨戰術規劃人員的「訓練教室」時，所不可或缺的重要建置參考。

　　另外，「流體動態模型」如果從「定性動態模型」（或簡稱為「定性模型」）轉換為「模擬模型」後，將可藉由量化指標並經電腦模擬來估測一個機構（或系統）的未來行為。「模擬模型」雖然具有預測的功能，不過，我們認為，為某一特定事件的會否發生來進行電腦模擬預測，並不適宜作為建構「流體動態模型」的主要目的。

B-2 策略層次模型與戰術層次模型的區辨

釐清並確認所要建構的「流體動態模型」的目的，是模型建構者（以後簡稱為建模者）在進行模型建構前首先要做好的工作。針對某一特定機構（或系統）在策略或戰術相關課題的探究、規劃上而建構的模型，通常可能同時含括前述六項模型建構目的中的數個目的，以致，「流體動態模型」很容易成為極為複雜的模型。此外，建模者常會將涉及策略層次的因素、變項連同涉及日常作業層次的因素、變項，同時納入所要建構的模型中，從而，使得所建構的「流體動態模型」變得極為複雜，以致不論在模型效度的判定上或是實際的操作上，都有相當的繁複度而不易讓人信服。為使所建構的「流體動態模型」確能作為機構（或系統）的經營者及管理者在研擬、規劃各種經營策略暨運作戰術的基礎與工具，則建模者對於他所要建構的模型與機構（或系統）所要研擬、規劃的策略或戰術間的關係，也應在模型建構之初就加以釐清。

依本書第三章「策略暨戰術之基本概念」所作的討論，顯示：策略與戰術雖然是關係極為密切，但是，兩者在本質上則是屬於不同層次的思維課題。正如第三章第 3-3 節的討論所闡釋的，「策略」的角色在使機構（或系統）的「營運機制」於實際運作時能確實「做正確的事」，以使機構（或系統）在中長期的生存及發展上獲得有利的確保；而「戰術」的角色則在使機構（或系統）的「運作機制」及「管理程序」在每日具體的營運上能將「應該去做的事確實做好」，以使機構（或系統）所從事的各種

營運活動最終都能以合理、有效率的方式達到預定的「目的」(ends)。顯然，若要將「策略」以及「戰術」這兩種思維層次顯著不同的概念，同時包含在一個模型中，必然會使該一模型所包括的因素、變項及變項間的關係，變得繁多、龐雜、混淆而不易釐清，當然，這樣的一個模型也就很難讓他人信服、接受了。

　　由於「策略」與「戰術」在機構（或系統）營運上所扮演的角色，明顯有層次上的不同，而且，規劃、考量「策略」與「戰術」時所要思考、處理的因素與變項，並不會完全相同（縱使是同一個因素或變項，也會因「策略」與「戰術」層次上的不同，而使思考的觀點、角度以及在模型中處理的方式有所不同）。所以，並沒有必要，也不適宜，將「策略」層次問題與「戰術」層次問題所分別涉及的因素、變項以及各因素、變項間的關係等，全都納於一個模型中來考量、處理。因此，在釐清並確認建構「流體動態模型」的目的之後，建模者應分辨並確認：他所要建構的模型究竟是屬於要處理「策略」層次問題的「策略模型」，或是屬於要處理「戰術」層次問題的「戰術模型」，這樣，他才能使所要建構的模型在協助經營管理人員處理機構（或系統）營運問題上所要扮演的角色，獲得明確、清楚的澄清。因此，建模者如果想要利用「流體動態模型」來同時處理機構（或系統）所面臨的「策略」與「戰術」問題時，他就必須分別建構「策略層次動態模型」以及「戰術層次動態模型」，然後，再將所要處理的「策略」問題及「戰術」問題在這兩個不同的模型上分別操作、分

析、處理，最後依據這兩個不同層次模型的操作結果，來處理「策略」與「戰術」上的連結問題。

為釐清並確認所要建構的「流體動態模型」究竟是「策略層次動態模型」或是「戰術層次動態模型」，建模者可以利用第三章表 3.1 的「策略與戰術意涵的差異比較表」為基礎，審慎考量他想要經由他所建構的模型來處理的機構（或系統）問題，究竟是策略問題或是戰術問題，或是「策略—戰術—現場行動」併同處理的問題。原則上，建模者最好一次僅只建構一個模型，並應儘量避免同時、同步建構「策略模型」暨「戰術模型」。如果，建模者已能確認他所要建構的是「戰術層次模型」時，則他必須注意「戰術」所要達到的「目的」(ends) 應該是一些已經確定或已給定的「目的」。換言之，如果，建模者所要處理的問題是「如何將該做的事做好」，則他所要建構的模型應該就是「戰術層次模型」了，不過，此時他就必須對「該做的事」究竟是什麼「事」，確實了然於胸並且十分確定；反之，如果他所要處理的問題是「什麼才是應該去做的正確的事」時，則他所要建構的模型就是「策略層次模型」了。

總之，我們之所以再三強調「策略層次模型」與「戰術層次模型」的區辨與確認，最主要是希望建模者在建構模型時，對於模型的目的以及模型的內容，可以減少不必要的龐雜或混淆，以使所建構的模型易於瞭解並易於操作。

B-3 決定模型的含括範圍及所要含括的流體種類

模型是為了幫助我們處理真實系統的具體問題而特別建構、開發的工具，所以，模型必須是真實系統的替代品，亦即，它是已出現了具體且待處理的問題之真實系統的替代品。因此，模型除了必需清楚、正確反映真實系統的「整體輪廓」與所要處理之「策略」或「戰術」問題的「重點狀況」外，還要讓模型使用者於運用模型來進行各項具體問題的處理時，他們可以方便地操作手中的模型。換言之，建模者應該以此一原則來考量模型所要包含事項的範圍。

由於機構（或系統）的「動力機制」是形成它的各種動態行為的源頭，動態模型自然也就必須反映出此一源頭的內容，所以，機構（或系統）的「動力機制」的內容及構造，也就成為決定模型範圍的依據。理論上，機構（或系統）所有涉及時間因素的問題，必然是經由機構（或系統）所顯示的動態行為而被察覺、觀察或測量得知的，而相關的動態行為則又源自於機構（或系統）的「基底動力機制」，因此，凡與機構（或系統）所要處理的問題相關的動態行為，以及與形成這些動態行為有關的「基底動力機制」的元件、構件及程序等，自然就是模型的核心部分，也是建構模型時必需要優先含括的部分。換言之，建模者應以他想要藉模型來處理的機構（或系統）所面臨的「策略」、「戰術」問題作為思考的起點，而所有與這些問題相關的動態行為有關連的因素或事項，或是與形成這些動態行為的「基底動力機制」有關連的因素或事項，他都必需將它們

含括在模型的考量或處理範圍內，而不應有所遺漏。

　　機構（或系統）的動態行為極為複雜，與機構（或系統）經營管理有關的動態行為常會涉及政治、法律、社會、經濟、金融、技術、組織、財務、生產、行銷、人事、心理、文化、傳統及歷史等諸多面向的因素或事項。建模者在建構模型時，原則上，凡是與他所關切的動態行為相關的各面向因素或事項，他都要予以考量、評估，而不應任意地加以排除。不過，建模者若是要將所有可能涉及的因素或事項，鉅細靡遺地都加以考量、評估並予以處理，事實上是不可能，也不需要。尤其是，在開始建構模型之初，建模者若是太過細瑣地將所有可能涉及的因素或事項都列入考量、評估，他很可能會陷入龐雜因素的取捨，而讓自己模糊了他建構模型的目的及模型應該關注的核心焦點所在。所以，依據上述的討論可以歸納出以下原則，供建模者在考慮要將哪些因素或事項納入所要建構之模型時的參考：

1. 模型中所含括的因素或事項中，要有能夠代表或反映出機構（或系統）的「整體輪廓」的因素，特別是環境中足以襯托出該機構（或系統）的「整體輪廓」的因素，也都必須加以含括；

2. 與所要處理的問題有關的重要動態行為所涉及的因素或事項，都應該被納為模型中的變項（或變數）；

3. 模型中所含括的那些因素或事項，應該足夠用來描述或說明機構

（或系統）重要動態行為的「動力機制」，換言之，這些因素或事項經轉換為模型的變項（或變數）及參數項後，就可以表現出「動力機制」的構造及程序；

4. 為便於應用、操作模型以達成模型的建構目的，凡與模型建構目的以及與模型操作有關的因素或事項，也都應該將它們含括於模型之中。

雖然，上述原則可供建模者作為他建構「流體動態模型」時，在有關模型含括範圍的決定上的具體參考，不過，建模者在進行模型建構時，他還應該盡量參考那些與模型所預備處理問題相關的知識、理論、事實報導等資訊，並請教對該問題有實務經驗的人士。這樣，他才能對問題所涉及的各個面向、各個層次的狀況，有適當的瞭解、認識，從而他才有可能正確辨認模型所要處理問題所涉及的因素或事項，進而，他才能在上述認知基礎上運用本節所述及的各項原則，來考量並決定要納入模型的因素或事項的範圍。另外，當模型所含括的因素或事項增多時，模型的規模自然就增大，模型的構造也自然會較複雜。因此，建模者在決定模型所要含括的因素或事項的範圍時，他對於所要含括的因素或事項的數量多寡以及模型建構、操作上的複雜程度，也都應該一併考量。

雖然，以上的討論已將有關決定模型含括範圍的原則以及相關的考慮，作出澄清，不過，模型範圍的決定並沒有精確的「判準」(criteria) 或

「標準」(standards) 可資遵行。建模者唯有透過實際建構模型的體驗，累積「建模經驗」(modeling experiences) 至相當程度後，他才能在處理企業或社會系統相關問題的建模工作時，迅速而適切地掌握到模型的含括範圍。

建模者在模型含括範圍的決定上，若要更為明確、具體、有效率，則除了以上所討論的原則與概念應加以考量之外，他還應該依據第六章系統流體的概念，同時考量並決定要納入模型中加以處理的系統流體究竟是哪幾種流體。由於「流體動態模型」所要呈顯的動態系統及其動態行為，依據第六章的討論，事實上就是由系統的幾種重要流體及其流動所形成的。因此，建模者若能確認並決定：模型究竟是要處理哪幾種流體的動態行為，以及每一種流體的動態行為究竟是由哪幾種其他流體的流動所造成的，則他將能在模型含括範圍的考量上，獲得明確、具體的方向指引。換言之，建模者若能先決定模型所要含括的是哪幾種流體，然後，再依據本節所討論的模型含括範圍的考量原則，去確認各流體流動及互動所涉及的因素或事項是哪些，如此，他將能使模型範圍的決定工作易於進行。

在考量要將哪幾種流體含括於模型時，建模者應該依第六章所述六種流體的性質以及模型所要處理的具體問題，深入並仔細考慮他必須含括於模型中的流體究竟是哪幾種流體。依據第六章有關各種流體性質的分析，建模者應該是很少有機會遇到必須將六種流體都同時納入一個模型中來處理的問題。其次，從流體流動的觀點而言，任何一個機構（或系統）所追

求的目標，就是它內部各流體「定常狀態」的達致或維持，而各流體「定常狀態」的達致或維持則端賴機構（或系統）在資訊流體上的流動及操控，因此，資訊流體是所有「流體動態模型」中所必定要含括的流體。此外，前述第六章有關流體的流動性質分析所強調的時間尺度，是建模者在考慮哪些種類的流體需要被納入模型時的重要決定依據。因而，建模者對於他在觀察、分析機構（或系統）各種行為、現象時所應該採取的時間尺度，就要先予以確定，從而，他才能依據所確定的時間尺度來決定模型所要含括的流體種類。

B-4 確認模型內各種流體的流動機制

有關一般系統的六種流體的性質以及它們的流動特性，在第六章已分別有所分析與討論。因為，建構「流體動態模型」的目的，是在呈顯機構（或系統）的動態行為及其特性，而機構（或系統）的動態行為及其特性，從系統「定常狀態」的觀點而言，則為系統各主要流體經由流動與互動以追求系統的「定常狀態」而呈顯的現象或狀態。所以，如何將機構（或系統）各主要流體（即要含括於模型內的那幾種流體）的流動與互動，作出適當且正確的表達、描述，以使所建構的模型不論是在「策略」層次問題的處理，或是「戰術」層次問題的處理，都能顯現出機構（或系統）的動態行為及特性，就成為建模者在「建模」(modeling) 工作上的重點及關鍵。因此，為使建模的工作能夠順利，建模者必須在建模之前，就

先針對他準備要含括於模型內的各種流體的流動機制與流動特性，進行徹底、深入的分析及釐清。

當然，不同種類的流體其性質與流動特性都不相同，自然，它的流動機制也會不同。不過，由於「系統整體定常狀態」的達致與維持，是任何生命系統所追求的目標，而「系統整體定常狀態」實即為一個機構（或系統）內各種流體均處於「定常狀態」的整體均衡狀態，因此，一個機構（或系統）內的各種流體不論其性質與流動特性是如何的不同，但是，它的流動機制在運作、安排上必然是以追求該種流體「定常狀態」的達致與維持，作為最高的設計、考量原則。一個生命系統（或機構）為使它所擁有的各種流體在系統內部能達致或維持於所需要的「定常狀態」上，則系統所發展出來的流體流動機制至少要包括兩個部分，一是流體的「推進移動機制」，另一是流體的流質、流量及流速的「調控機制」。

流體流動機制的這兩個部分，彼此的關係極為密切，亦即，「推進移動機制」的操作是依「調控機制」的操作而定，同樣，「調控機制」的操作則是依「推進移動機制」的操作結果而動。換言之，流體流動機制的「推進移動部分」與「調控部分」，相互形成一種回饋性互動的關係，而這種回饋性則是藉由回饋資訊的傳遞來形成的。「推進移動機制」為能將流體順利地推進移動，通常，是依流體的本性來累積足夠的「動能」(momentum) 以使流體被推進移動。所以，「推進移動機制」要有適當的裝置、設施、安排或設計，以供「動能」的累積、儲存。有時，為使流體推

進移動的速率能維持穩定,「推進移動機制」就要有類似「馬達」(motor)
的裝置,來產生「動力」。此外,每一種流體在流動時所經過的「管線」
或「導管」(pipeline),也會影響該種流體的推進移動,因而,有關於「管
線」、「導管」的容量(即管徑與長度)、佈置 (layout) 等,也是「推進
移動機制」的重要構成要素。總之,對於每一種流體的「動能」的累積與
儲存設施、「動力」的發動裝置、「流通管線」及其佈置,這三項「推進
移動機制」的最基本構成元件,建模者在建模之前就必須要分辨、確認清
楚,此外,對於它們三者間的互動關係也要予以釐清、確定,從而,他才
有可能釐清流體的「推進移動機制」。至於流動機制的「調控機制」,由
於「調控機制」的功能是在確保「推進移動機制」的運作,以使流體的流
動達到或維持於所冀望的「定常狀態」,因此,「調控機制」在本質上就
是在進行「調整程序」(adjustment process);而所有生命系統的「調整程
序」,基本上,都是藉回饋而施行的,所以,「調控機制」的構造及其作
用就如同第五章第 5-3-1 節回饋概念所討論的構造及作用,此處就不再贅
述。

綜上所述,流體的流動機制是藉「推進移動機制」與「調控機制」的
交互作用而形成。當流體的種類不同時,或是流體所要達到或維持的「定
常狀態」不同時,流體的「推進移動機制」與「調控機制」間的交互作
用,就會有所不同,因而,流體的「流動機制」也就有所不同。所以,建
模者對於要納入模型中的各種流體,應分別釐清它的「動能」的累積與儲

存設施、「動力」的發動裝置、「管線佈置」、回饋資訊、調控訊號發送器等，然後，確認這些元件在促成流體穩定流動上所具有的互動關係，俾憑以作為建模的依據。

不可否認的，機構（或系統）的主要流體種類雖然只有第六章第 6-2 節所述的六種流體，然而，每一種流體在機構（或系統）內的「流動機制」常是模糊、晦隱、不明確並且會偶有變動，因而，每一種流體確實具有的流動機制，通常是難以由表相上的直接觀察而獲知。事實上，許多機構（或系統）的高階主管雖然已有多年實務經驗，但是他們對於自己所經營管理的機構（或系統）的各種主要流體所具有的「流動機制」，仍然無法有條理並明確地予以描述，亦即，他們對於自家機構（或系統）的各種流體的「流動機制」的認識，正是所謂的「只緣身在此山中，不識盧山真面目」。因此，「流體動態模型」的建構者必須針對他想利用模型去處理的問題以及問題在機構（或系統）中所呈現的動態現象，尤其是問題所涉及的各種流體的「流動機制」，有充分且深入的認識、瞭解，方能使他在後續的建模工作上，可以順利進行。

B-5　模型中所要列示之變項的決定與處理

在前述各節的工作完成後，接著的建模工作就是有關於模型中各「變項」（或變數）的決定與處理。由附錄 A 各節的說明，我們可以瞭解，模型是以抽象的文字或符號來表達真實系統中的構成實在物以及各項構成

實在物相互間的互動關係。模型中代表真實系統各構成實在物或其互動關係的文字或符號，一般均稱之為模型的「變項」或「變數」(variables)。因為「變項」（或變數）是專指，建模者在模型中所設定而用來代表真實系統的構成實在物的文字或符號，所以，「變項」（或變數）在模型中具有它所代表的實在物在真實系統中一樣會變動、變化的特性。由於建構者無法將真實系統的所有實在物全部都納於模型之中，他僅能針對他所關心的問題所涉及的某一些重要或明顯的實在物來處理，也就是將它們設定為模型中的「變項」（或變數），然後利用模型的操作，來使這些「變項」（或變數）顯示出它們的變動或變化。因此，建模者必須將那些與模型中的「變項」（或變數）相關但又不想直接處理的真實系統中的另一些構成實在物，在模型中假設它們是固定、不會變動的，而模型中代表這些固定、不會變動的真實系統構成實在物的符號或文字，則被稱為「參數項」或「參數」(parameters)。建模者有時為了模型操作上或問題處理上的方便，也會在模型中設定一些假想的實在物或假想的因素 (assumed entity or assumed factor)，這類假想的實在物或假想的因素在真實系統中並不能直接被觀察並獲得確知，不過，它們在模型中所對應的代表文字或符號，也依照它們被設定為是否具有變動、變化的性質，而被歸類為「變項」（或變數）或「參數項」（或參數）。

由於模型是真實系統的「同形同構」對應，所以，模型中的每一「變項」（不論是變數或參數）都應該在它所表徵的真實系統中，找到能夠相

互對應的構成實在物、構成因素或現象。建模者為使他所建構的模型中的所有「變項」都確實與真實系統的構成實在物、因素、現象相對應，他在建模前就要先決定：究竟要將真實系統中的哪些構成實在物、因素、現象列為模型中的「變項」。原則上，凡與促成真實系統中各流體流動的「流動機制」所涉及的各項實在物、因素、現象等，建模者都應該設法（包括：或予以篩選、或予以聚合 (aggregation)、或予以化約 (reduction)、或予以抽象 (abstraction)）將它們列為模型中的「變項」。

因為模型的建構，實際上，即為模型中各「變項」關係的安排，為使建模者建模工作（即各「變項」關係的安排、處理工作）能順利進行，我們特別提出下述原則供建模者參考：

1. 變項（即變數或參數），應該以它所對應的實在物、因素在真實系統中所使用的單位名目，作為它在模型中的單位名目。

   這是確保模型與真實系統間能夠具備「同形同構」對應關係的基礎。原則上，模型中代表實體物質或物品的「變項」，應該以其原有的度量單位作為單位名目，而不應該隨意做單位名目的轉換。例如，貨幣單位除了可做為金錢流體 (money flow) 的度量單位外，也可做為商品、貨品、勞務、資產等的價值度量單位，但在模型中若將代表商品、貨品、勞務、資產等實體物的「變項」全部改用貨幣單位表示時，則極易與金錢的「變項」相混淆，從而就會影響所

建構動態模型的正確性。由於在真實系統中貨品的訂單並不等於貨款，送離倉庫的貨品也不等於應收帳款，而應收帳款更不等於可用現金，所以，依所要對應的實際對象原本的單位名目，作為模型中變項的單位名目，才能有效確保建模的順利與模型的正確。

2. 「變項」所對應的實在物、因素或現象，應該具有能用數量尺度加以量測的性質。

雖然真實世界或真實系統中的各項實在物、因素或現象，並非都能用精確的數量尺度予以量測，不過，只要是被認定為在建構模型時必須將其列為「變項」的實在物、因素或現象，基本上都是一些重要而且在模型所要處理的問題上屬於不可忽略的實在物、因素或現象，因此，這些實在物、因素或現象必須具有能用數量尺度加以量測的性質（量測所使用的數量尺度不一定要有高度精確性，尺度只要具備量測功能而可以量度或標示出實在物、因素或現象的相對差異即可）。如果某些實在物、因素或現象確實找不到適當的尺度來量測時，則意謂著這些實在物、因素或現象還不是我們能以科學方法進行有效處理的對象，所以，建模者就沒有必要將它們列為模型的「變項」。因為，它們若是還無法用任何數量尺度來量測，就代表著它們還不是我們所能有效操作、處理的對象，是以，縱使建模者將它們列為模型中的「變項」也不具有意義。因此，建模者對於所有要列於模型中的每一「變項」，必需注意「變項」所對應的實

在物、因素或現象確實具有能用數量尺度加以量測的性質。

3. 各變項彼此間相互作用的時間先後順序及作用的時間長短，應該要與所對應的各實在物、因素或現象在真實系統中的順序及久暫，保持相符並做適當的表示。

這是建構「流體動態模型」所必需特別注意的必要處理。因為，如果不能正確釐清各「變項」彼此間相互作用的時間先後順序以及作用的時間長短，則真實系統的「基底動力機制」所包含的「行動與回饋資訊」循環，將無法在模型中被正確建構。所以，有關於真實系統中各實在物、因素或現象彼此間相互作用的時間先後順序以及作用的時間長短，建模者在建模之前，就應該先加查驗並詳予分析，這樣，他才能確定：要納入模型中的各「變項」，究竟是如何在進行它們彼此間的相互作用。

4. 從「變項」對應的實在物、因素或現象所含具的數值變動性質，分析並確認「變項」的意義及性質。

「流體動態模型」中的任何「變項」，尤其是與「基底動力機制」或是「流體流動機制」相關的「變項」，應該要能在模型中表現出它所對應的實在物、因素或現象所具有的變動特性，這樣，模型才具有處理真實系統的問題的能力。建模者對於真實系統各構成實在物、因素或現象的變動特性的瞭解與掌握，則必須奠基在他對於各

構成實在物、因素或現象的各種相關量測數據資料的認識及分析上。換言之，建模者必須藉由各實在物、因素或現象的長期量測數據資料在數值變動上所顯露出的特性，他才可能正確掌握到「變項」在模型中所應該呈現的意義與性質。另方面，若是建模者對於「變項」所具意義的詮解與模型使用者不同，有時會使決策者與建模者彼此對「變項」數值的認定、處理、詮釋產生差異。例如：「變項」的某一個數值可能是代表決策者或問題處理者對於該一「變項」所期望或冀求的 (desired) 狀態，也可能就是該一「變項」真正的 (actual) 本然狀態，但也可能只是資訊處理者或報導者、旁觀者對於該一「變項」所察覺的 (perceived) 狀態。很顯然，「冀求的狀態」、「真正的本然狀態」以及「察覺的狀態」這三者的意義，是有根本上的差異。建模者對於每一個變項的意義如果未能於建模之初就明確釐清，除會在建模過程中影響各個「變項」相互關係的處理外，也會於模型完成後在電腦模擬所產生各「變項」模擬數值的詮釋上，出現混淆，從而，降低了模型的有效性及貢獻。總之，從「變項」所對應的實在物、因素或現象所含具的數值變動性質以及數值變動所具有的意義上，來分析並確認每一「變項」的意義與性質，是建模者在建模過程所必須用心從事的工作。

索引

策略精論：系統暨動態觀點

■ 作　　者：謝長宏
■ 發 行 人：吳重雨
■ 社　　長：林進燈
■ 總 編 輯：顏智
■ 行政編輯：程惠芳
■ 封面設計：劉慧芬
■ 排版設計：黃春香
■ 出 版 者：國立交通大學出版社
■ 地　　址：新竹市大學路 1001 號
■ 讀者服務：03-5736308、03-5131542
　　　　　　（周一至周五上午 8:30 至下午 5:00）
■ 傳　　真：03-5728302
■ 網　　址：http://press.nctu.edu.tw
■ e - m a i l：press@cc.nctu.edu.tw
■ 出版日期：98 年 6 月第一版
■ 定　　價：500元
■ I S B N：978-986-84395-6-6
■ G P N：1009801301

展售門市查詢：http://press.nctu.edu.tw

國家圖書館出版品預行編目資料

策略精論:系統暨動態觀點 / 謝長宏 作.
── 第一版 ── 新竹市:交大出版社,
民98.06　面；　公分
參考書目:面
含索引
ISBN 978-986-84395-6-6(平裝)

1.策略管理　2.系統管理
494.1　　　　　　　　　　　98009266